高等职业教育通识类课程新形态系列教材

应用数学

主 编 吴小宁

副主编 邓积银

中国水利水电出版社
www.waterpub.com.cn
·北京·

内 容 提 要

本书为适应高职教育新发展的需要，实现培养应用型技术技能人才的教育目标，充分吸收其他优秀高等数学教材的精华，并结合编者多年的教学经验，针对当今高等职业院校学生的知识结构和学习特点编写的. 全书共 9 章，主要内容包括变量与函数、极限与连续、一元函数微分学、微分中值定理与导数的应用、一元函数积分学及其应用、常微分方程、二元函数微分学、二重积分、无穷级数. 为使学生更好地开展学习，每章设有"课前导学"和"知识脉络"，以期使学生在学习前对所学知识有系统性的了解. 每节知识点前设有"任务提出"和"学习目标"，学习本节知识技能后，设有"任务解决"，使知识点的编排更具职业性. 本书还注重知识点的引入方式，使知识点更易于被学生接受. 每章后面附有测试题并提供参考答案，方便学生自主复习。每章设立了"数学实训"，主要介绍数学软件的使用，提高学生的动手能力. 同时还设立了"知识延展"拓宽学生的知识视野.

本书可作为高等职业院校理工类、经济类专业"应用数学"课程的教材，也可作为社会人士学习数学知识的自学参考书.

本书配有电子教案，读者可以从中国水利水电出版社网站（www.waterpub.com.cn）或万水书苑网站（www.wsbookshow.com）免费下载。

图书在版编目 (CIP) 数据

应用数学 / 吴小宁主编 . — 北京：中国水利水电
出版社，2024.8（2025.2 重印）. —（高等职业教育通识
类课程新形态系列教材）. — ISBN 978-7-5226-2490-7

Ⅰ.O29

中国国家版本馆 CIP 数据核字第 2024WX5053 号

策划编辑：周益丹	责任编辑：张玉玲	封面设计：苏敏

书　　名	高等职业教育通识类课程新形态系列教材 应用数学 YINGYONG SHUXUE
作　　者	主　编　吴小宁 副主编　邓积银
出版发行	中国水利水电出版社 （北京市海淀区玉渊潭南路 1 号 D 座　100038） 网址：www.waterpub.com.cn E-mail：mchannel@263.net（答疑） 　　　　　sales@mwr.gov.cn 电话：（010）68545888（营销中心）、82562819（组稿）
经　　售	北京科水图书销售有限公司 电话：（010）68545874、63202643 全国各地新华书店和相关出版物销售网点
排　　版	北京万水电子信息有限公司
印　　刷	三河市德贤弘印务有限公司
规　　格	184mm×260mm　16 开本　16.75 印张　428 千字
版　　次	2024 年 8 月第 1 版　2025 年 2 月第 2 次印刷
印　　数	2001—5000 册
定　　价	49.00 元

高等职业教育通识类课程**新形态**系列教材

总策划　陈秀泉

编委会

主　任　黄春波

副主任　王　敦　陈秀泉

编　委　王　景　何红梅　黎天业

　　　　翟翠丽　阳代军　吴小宁

　　　　蒋戴丽　曾　静　何　飞

序

没有通识教育，就没有大学。作为一名从事人文教育研究近 30 年的教师，我对这一说法深以为然。亚里士多德说："人是有理性的动物。""理性"是人之所以为人的一个重要标准。理性来自博学多识，来自知自然人文、晓古今之事、通情而达理，也就是通常说的通识教育。

党的二十大报告提出："我们必须坚定历史自信、文化自信，坚持古为今用、推陈出新，把马克思主义思想精髓同中华优秀传统文化精华贯通起来、同人民群众日用而不觉的共同价值观念融通起来，不断赋予科学理论鲜明的中国特色，不断夯实马克思主义中国化时代化的历史基础和群众基础，让马克思主义在中国牢牢扎根。"通识教育的思想在我国可谓源远流长，《易经》提出"君子多识前言往行，以畜其德"；《中庸》主张"博学之，审问之，慎思之，明辨之，笃行之"。大学通识教育从性质上说，就是办学思想，是高等教育的重要组成部分；从目的上说，是通过增加学生知识的广度与深度，拓宽学生的视野，使学生兼备人文素养与科学素养，把学生培养成"全面发展的人"。《中国教育现代化 2035》中将"以德为先，全面发展，面向人人，终身学习"作为教育现代化的基本理念，这与通识教育的理念和目标不谋而合。

当前，我国高等职业院校都开设了一定数量的通识教育类课程，但不少学校和教师认为通识教育就是加强学生的人文修养，增加学生的人文知识，提升学生的审美品位，并未充分认识到在我国高等职业教育已经从规模扩张进入到内涵建设的新阶段，高等职业院校应更加注重学生道德情操和社会主义核心价值观的培养，更加注重学生知识广博性和心智的培养，应该把帮助学生了解自己与社会、文明与文化、科学与技术、过去与未来作为职业教育的一个重点，从而实现高等职业教育指导思想和办学观念的根本转变。

大学通识教育应该"通"什么、"识"什么，仍是一个值得讨论的问题。不同层次的大学、不同层次的教育，应该掌握的通识知识是有差异的。就高等职业教育而言，学生应该通过通识教育，具备良好的品德，具有较好的人际互动和团队合作能力，具有比较广阔的社会视野，成为一个具有较高素养的公民。学生在语言素养上，应该具有较好的沟通表达能力；在艺术素养上，应该具有较高的人文艺术和美感品位；在科学素养上，应该具有较强的思考、创造、自学能力和关怀生命、关怀自然的意识，应该拥有健康的体魄与心理调适能力。

正是基于以上对通识教育的认识和理解，我们编写了这套高等职业教育通识类课程新形态系列教材，探索构建与一流高等职业教育相适应的通识课程体系。系列教材策划编写力求体现"普、新、特、实"四个字。

"普"，就是基础性综合性视角。这套教材基于通识教育理念编写，既包括阅读与写作、应用数学等基础性课程，也包括大学生心理健康、公共体育、八桂文化等内容，旨在培养学生的思维能力、人文素质、人际沟通交往能力等，为学生终身成长和可持续发展奠定基础。

"新"，就是新形态教材形式。本套教材以新的形态组织内容，以融媒体等形式立体化呈现内容。

"特"，就是体例和撰写特色。在系列教材中，我们将以新的编排体例，为学生的学习和实操带来新体验和感受。

"实"，就是务实和实用。整套教材的内容选择和实操任务设置从高等职业教育特点出发，注重通识教育的实用性，既利在当前，又着眼长远，让学生在受到广泛通识教育的同时，在实操项目的情境化设置中提高动手能力和创造力。

这套教材的编写旨在为高等职业院校内涵建设打开一扇窗，为高等职业院校通识教育贡献绵薄之力。

陈秀泉

写于金葵湖畔

前言

　　姜大源在《高等职业教育的定位》中指出："培养目标指向高技能人才培养的高等职业教育，应遵循基于职业属性的教育规律。""应用数学"作为高等职业院校理工类、经管类专业学生的公共必修课，教材以高职专科、职业本科的人才培养目标以及普通高等院校专升本考试大纲为依据，以突出思想性、基础性、发展性、应用性、职业性为原则，结合专业课需求，满足学生可持续发展需要，围绕学生的个性需求和知识水平进行编写。本教材有如下特色：

　　一是内容编排的逻辑起点紧贴职业教育的职业属性，在保持数学课程知识体系科学性的同时，每一节的内容均按任务驱动法的教学步骤和流程进行知识点编排，按"问题情景（任务提出）—工具寻找（概念提出）—掌握技能（解题训练）—问题解决（任务完成）—结果合理性判断"的架构组织内容。每节的开始，提出一个实际问题，指出解决此问题所需要的数学知识技能，然后提出学习目标，随后开展知识学习，在掌握了相关知识技能后，每节的节末用所学知识技能解决开始提出的问题，使学生得到数学"有用"的收获，提高学习的主动性。

　　二是内容讲述适应高等职业院校学生的学情特点，降低难度，强化应用。根据高等职业院校学生学习基础偏弱的实际情况，在保证数学概念准确性的前提下，淡化理论推导，强化应用实效，尽量借助几何直观图形和实际意义阐述相关内容，内容由浅入深、简明扼要、通俗易懂。每章的章首设立了"课前导学"和"知识脉络"，帮助学生在章节学习前对整章的内容有框架性的了解，以提高学生学习的系统性。"知识脉络"的前置可以克服以往学习数学时"不识庐山真面目，只缘身在此山中"的不足。

　　三是教材内容适于各层次、各专业学生弹性选择使用，教材主体内容在满足后续专业课所需的前提下，按大多数省份高职毕业生专升本招生考试大纲进行编写，比如一元函数微分学及应用、一元函数积分学及应用、常微分方程等内容。同时，教材也可作为职业本科各专业高等数学教材使用，编排有二元函数微分学、二重积分、无穷级数等内容。各章节中还对有关知识点设置"进阶模块"，供不同需求的专业及学生选用。

四是注重教材内容与信息化教学资源的结合。为延展学生学习的时空，帮助学生有效地理解和掌握所学知识，对重要的知识点建有网络教学资源，配以视频讲解等。教材中每章最后针对本章的数学知识点设有"数学实训"，教会学生懂得操作软件MATLAB以解决数学问题，推动学生学习的参与度，激发学生的创新欲望，促进学生全面发展。多形态教学资源的组合有利于线下线上混合式的教学，培养学生的自主学习能力。

五是深入挖掘思政元素、人文元素、数学文化元素，并融入教材中。如每章的章首设置的"名人名言"，其中有伟大导师马克思、恩格斯、列宁对数学的高度评价；在每章的章末设置的"知识延展"，编排有"对极限概念作出贡献的中外数学家""历史上的第二次数学危机""马克思、恩格斯与微积分的渊源""数学里的美学""数学与语言学""数学与艺术的交互融合"等内容，这些延展内容提升了学生的文化修养，使学生切身感受人文情怀，培养学生积极进取、脚踏实地的作风，增强学生的文化自信和爱国情怀。

六是教材配套较丰富的习题、章节测验题并提供参考答案，每节的习题与该节的内容匹配度高，帮助学生理解和掌握知识点。习题根据难易程度进行分层，以满足不同层次学生、不同专业的教学目标要求，通过一定量的习题训练，有助于提高学生的自信心，增加学习的兴趣。

本教材由吴小宁担任主编，邓积银担任副主编，参编人员有蒋邕平、钟毓、刘馨励、刘鑫琳、冯少卫等，所有编者均为具有丰富的高等职业院校教学经验的一线教师。教材在组织编写和统稿过程中，参考了大量高等数学相关文献，在此向这些文献的作者表示衷心的感谢。

在编写过程中，我们虽然期望尽力把工作做好，但由于水平有限，书中难免有不足之处，敬请广大专家及读者批评指正。

编　者

2024 年 3 月

目录

第1章 变量与函数

一种科学只有在成功地运用数学时，才算达到了真正完善的地步．

——马克思

【课前导学】

党的二十大报告提出，要实施科教兴国战略，强化现代化建设人才支撑．"宇宙之大，粒子之微，火箭之速，化工之巧，地球之变，生物之谜，日用之繁，无处不用数学"，数学是重大技术创新发展的基础，已成为航空航天、国防安全、生物医药、信息、能源、海洋、人工智能、先进制造等领域不可或缺的重要支撑．本课程将为我们展示数学作为工具，如何应用于解决大量实际问题．

人们在大自然中观察到的一切现象，都是物质运动不同形式的表现，而物质的变化总是受相应量的变化所制约的，只有通过研究事物量的变化，才能认识质的变化．而数学的一项重要任务就是找出反映各种实际问题中量的变化规律，即其中所蕴含的变量之间的函数关系．函数是数学中最基本的概念之一，是变量之间的最基本的一种依存关系．本章将学习函数的概念、特性以及基本初等函数、复合函数和初等函数的概念及其图形等．

【知识脉络】

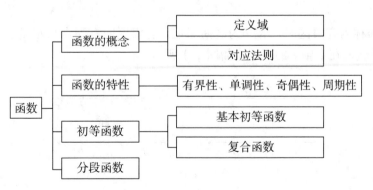

1.1 区间、邻域

任务提出

随着科学技术的发展，列车运行速度不断提高，运行时速达 200 千米以上的旅客列车称为新时速旅客列车. 在北京与天津间运行时速达 350 千米的京津城际列车呈现出超越世界的"中国速度"，使新时速旅客列车的运行速度值界定在 200 千米／小时与 350 千米／小时之间. 请用数学语言表示新时速旅客列车运行速度的范围.

解决问题知识要点：用区间表示变量取值范围.

学习目标

理解区间的概念，掌握用区间表示集合的方法.

知识学习

1.1.1 区间的概念

1. 有限区间

一个变量能取得的全部数值的集合，称为这个变量的变化范围，变化范围通常以区间的形式呈现.

设 a，b 是两个实数，且 $a < b$，则

（1）满足不等式 $a < x < b$ 的一切实数 x 的集合叫作开区间，记作 (a, b)；

（2）满足不等式 $a \leqslant x \leqslant b$ 的一切实数 x 的集合叫作闭区间，记作 $[a, b]$；

（3）满足不等式 $a < x \leqslant b$ 或 $a \leqslant x < b$ 的一切实数 x 的集合叫作半开半闭区间，记作 $(a, b]$ 或 $[a, b)$.

以上区间称为有限区间，a，b 为区间端点，有限区间右端点与左端点之差 $b - a$ 称为区间长. 这些区间在数轴上的表示，如图 1-1 所示.

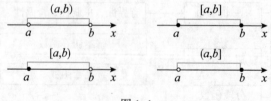

图 1-1

2. 无限区间

一切实数 R 可记为 $(-\infty, +\infty)$，记号 $+\infty$（读作正无穷大）及 $-\infty$（读作负无穷大），

$[a,+\infty)$，$(a,+\infty)$，$(-\infty,b]$，$(-\infty,b)$分别表示满足$x \geqslant a$，$x > a$，$x \leqslant b$，$x < b$的实数x的集合．如图1-2所示．

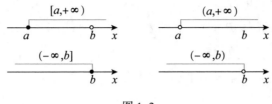

图 1-2

1.1.2　邻域的概念

设a与δ为两个实数，且$\delta > 0$，则数集$\{x \mid |x-a| < \delta\}$称为点$a$的$\delta$邻域，记作$U(a,\delta)$，即

$$U(a,\delta) = \{x \mid a-\delta < x < a+\delta\}$$

其中a称作$U(a,\delta)$的中心，δ称作$U(a,\delta)$的半径．

由于$|x-a| < \delta$等价于$-\delta < x-a < \delta$，即$a-\delta < x < a+\delta$，因此，$U(a,\delta)$也就是开区间$(a-\delta,a+\delta)$，此区间以点a为中心，长度为2δ，如图1-3（a）所示．

有些问题的研究需去掉邻域中心，点a的δ邻域去掉中心a后称为点a的去心邻域，记作$U^0(a,\delta)$，即$U^0(a,\delta) = \{x \mid 0 < |x-a| < \delta\}$．

为了方便，将开区间$(a-\delta,a)$称为点a的左邻域，开区间$(a,a+\delta)$称为点a的右邻域，如图1-3（b）所示．

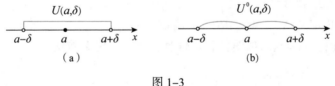

图 1-3

🏢 任务解决

解　新时速旅客列车运行速度值界定在200千米/小时与350千米/小时之间，可以用以下数学语言表示：

不等式表示：$200 \leqslant v \leqslant 350$；

集合表示：$\{v \mid 200 \leqslant v \leqslant 350\}$；

数轴表示：

区间表示：$[200,350]$．

能力训练 1.1

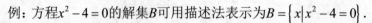

参考答案

1. 用描述法表示下列集合.

例：方程 $x^2 - 4 = 0$ 的解集 B 可用描述法表示为 $B = \{x \mid x^2 - 4 = 0\}$.

（1）不小于 6 的所有实数的集合.

（2）抛物线 $y = 3x^2$ 与直线 $y = 4$ 的交点的集合.

（3）椭圆 $\dfrac{x^2}{a^2} + \dfrac{y^2}{b^2} = 1$ 内部（不含椭圆边界）的一切点的集合.

（4）中心为 1，半径为 3 的去心邻域.

2. 解下列不等式并用区间表示解集.

（1）$-8 < \dfrac{-2x-1}{3} - 5 < 2$ （2）$|2x-3| > 5$ （3）$|3x+5| \leqslant 8$

（4）$x^2 - 2x + 1 > 0$ （5）$x^2 + 4x + 4 \leqslant 0$ （6）$12x^2 - 5x - 3 < 0$

1.2 函　数

📖 任务提出

在一次物流公司的货运任务中，一辆货车将货物从 A 地运往 B 地，到达 B 地卸货后返回，已知货车从 B 地返回 A 地的速度比从 A 地到 B 地的速度快 20 千米/小时. 假设货车从 A 地出发 t 小时时，货车距离 A 地的路程为 S 千米，S 与 t 的函数关系如 1-4 图所示. 请问：

（1）货车从 A 地到 B 地时行驶的速度是多少，a 表示什么？

（2）货车从 B 地到 A 地返程中 S 与 t 的函数关系式.

解决问题知识要点：从函数图像获取信息，运用待定系数法求函数解析式.

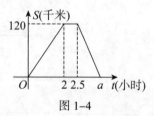

图 1-4

📘 学习目标

理解函数的定义，掌握简单函数的定义域、值域的求法和函数的表示法；掌握函数的有界性、单调性、奇偶性、周期性.

💡 知识学习

1.2.1　函数的概念

定义　设 x 和 y 是两个变量，D 是一非空集合，如果存在某一对应法则 f，使得对于 D 中每一个值 x 都有唯一的 y 值与之对应，则称对应法则 f 为定义在集合 D 上的一个函数，

记为

$$y = f(x), \quad x \in D$$

其中称x为自变量，y为因变量，D为定义域.

对于确定的$x_0 \in D$，与之对应的y_0称为函数$y = f(x)$在x_0处的函数值，记作

$$y_0 = y\big|_{x=x_0} = f(x_0)$$

当x取遍D中的所有数值，对应的函数值y的集合称为函数$y = f(x)$的值域，记作ω，即

$$\omega = \{ y \mid y = f(x), x \in D \}$$

由定义看出，定义域与对应法则一旦确定，函数也随之确定，因此把函数的定义域和对应法则称为函数的两个基本要素.

由此，只有当两个函数的对应法则和定义域都相同时，这两个函数才是相同的.

对于实际问题而言，函数的定义域由问题的实际意义来确定；在不考虑实际意义时，函数的定义域是使函数的解析式有意义的实数所构成的数集.

例1 某服装厂有员工 6000 人，x表示每天出勤的人数，则每天的出勤率为$y = \dfrac{x}{6000}$，求此函数的定义域和值域.

解 定义域为$\{ x \mid 0 \leqslant x \leqslant 6000, x \in Z \}$，值域$y \in [0, 1]$.

例2 求函数$y = \dfrac{1}{x-2} + \sqrt{4-x^2}$的定义域.

解 依题意得

$$\begin{cases} x - 2 \neq 0 \\ 4 - x^2 \geqslant 0 \end{cases} \Rightarrow \begin{cases} x \neq 2 \\ x^2 \leqslant 4 \end{cases} \Rightarrow \begin{cases} x \neq 2 \\ -2 \leqslant x \leqslant 2 \end{cases} \Rightarrow -2 \leqslant x < 2$$

因此，函数的定义域为$[-2, 2)$.

例3 求函数$y = \dfrac{1}{\ln(x-1)} + \sqrt{3-x}$的定义域.

解 依题意得

$$\begin{cases} \ln(x-1) \neq 0 \\ x - 1 > 0 \\ 3 - x \geqslant 0 \end{cases} \Rightarrow \begin{cases} x - 1 \neq 1 \\ x > 1 \\ x \leqslant 3 \end{cases} \Rightarrow \begin{cases} x \neq 2 \\ 1 < x \leqslant 3 \end{cases} \Rightarrow 1 < x < 2 \text{或} 2 < x \leqslant 3$$

因此，函数的定义域为$(1, 2) \cup (2, 3]$.

例4 求函数$y = \lg(x^2 + 4x - 5)$的定义域.

解 要使函数有意义，则需

$$x^2 + 4x - 5 > 0 \Rightarrow (x+5)(x-1) > 0 \Rightarrow x > 1 \text{或} x < -5$$

即函数y的定义域是$(-\infty, -5) \cup (1, +\infty)$.

【注】 函数中记号对应法则$f( )$具有广泛的含义，可以由一个数学解析式表示，也可

变量与函数

以由几个数学解析式（分段函数）表示，还可以由图形或表格表示，甚至可以由一段文字来描述.

例 5 已知函数 $f(x+1)=x^2+4x-3$，求 $f(x)$，$f(0)$，$f(1)$.

解 作变量置换 $x+1=t$，得 $x=t-1$，将其代入函数中，得

$$f(t)=(t-1)^2+4(t-1)-3=t^2+2t-6$$

因为函数关系与自变量的符号无关，故由上式得

$$f(x)=x^2+2x-6,\ f(0)=-6,\ f(1)=-3$$

例 6 已知函数 $f(x)=\begin{cases} e^x, & -2<x\leqslant 0 \\ x^2+2, & 0<x<2 \end{cases}$，求 $f(-1)$，$f(0)$，$f(1)$.

解 $f(-1)=e^{-1}$；　　　　$f(0)=e^0=1$；　　　　$f(1)=1^2+2=3$

例 7 判断下列函数是否为同一函数.

（1）$f(x)=x+1$，$g(x)=\dfrac{x^2-1}{x-1}$　　（2）$f(x)=3\ln x$，$g(x)=\ln x^3$

解 （1）函数 $f(x)$ 的定义域为 $(-\infty,+\infty)$，函数 $g(x)$ 的定义域为是 $(-\infty,1)\bigcup(1,+\infty)$，所以它们不是同一函数.

（2）根据对数基本性质知，$\ln x^3=3\ln x$，同时两个函数的定义域均为 $(0,+\infty)$，故两个函数是相同函数.

1.2.2　函数的基本特性

1. 有界性

设函数 $f(x)$ 定义域为区间 D，如果存在正数 M，使得对于 D 中任意的 x，都有

$$|f(x)|\leqslant M$$

则称函数 $f(x)$ 在区间 D 上有界. 否则，称函数 $f(x)$ 在区间 D 上无界.

函数 $y=\sin x$、$y=\cos x$ 在定义域 $(-\infty,+\infty)$ 是有界的，无论 x 取何值，都有 $|\sin x|\leqslant 1$ 和 $|\cos x|\leqslant 1$，这里的 1 就是有界定义中的正数 M.

2. 单调性

设函数 $f(x)$ 定义域为 D，区间 $I\subset D$，如果对于 I 内的任意两点 x_1，x_2，当 $x_1<x_2$ 时，恒有 $f(x_1)<f(x_2)$，则称函数在区间 I 内是单调递增的；如果 $x_1<x_2$ 时，恒有 $f(x_1)>f(x_2)$，则称函数在 I 内是单调递减的. 在定义域内单调增加或单调减少的函数统称为单调函数.

函数 $y=x+1$ 是单调递增函数；函数 $y=1-x$ 是单调递减函数. 如图 1-5 所示.

函数 $y=x^2$ 在 $(-\infty,0)$ 是单调递减的，在 $(0,+\infty)$ 是单调递增的，$(-\infty,0)$ 和 $(0,+\infty)$ 称为单调区间. 如图 1-6 所示.

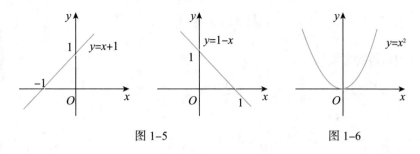

图 1-5   图 1-6

3. 奇偶性

设函数 $y = f(x)$ 的定义域 D 关于原点对称，如果对于定义域 D 中任意的 x，都有

$$f(-x) = -f(x)$$

则称函数 $y = f(x)$ 是 D 上的奇函数；如果对于定义域 D 中任意的 x，都有

$$f(-x) = f(x)$$

则称函数 $y = f(x)$ 是 D 上的偶函数.

奇函数和偶函数的图形都具有对称性，奇函数的图形关于坐标原点对称，偶函数图形关于 y 轴对称.

4. 周期性

设函数 $f(x)$ 定义域为 D，如果存在一个正数 $T(T \neq 0)$，对于定义域 D 中任意的 x，有 $x \pm T$ 也在定义域 D 内，且有

$$f(x \pm T) = f(x)$$

则称 $f(x)$ 是 D 上的周期函数，满足上式的正数 T 称为 $f(x)$ 的周期，通常我们所说的函数的周期是指最小正周期.

$y = \sin x，y = \cos x$ 都是以 2π 为最小正周期的周期函数；$y = \tan x，y = \cot x$ 都是以 π 为最小正周期的周期函数.

 任务解决

解 （1）从图 1-4 可知，货车从 A 地行至 B 地用时 2 小时行走了 120 千米，则货车从 A 地到 B 地行驶的平均速度为 $120 / 2 = 60$（千米 / 小时）. 由题意，货车从 B 地返回 A 地的速度为 $60 + 20 = 80$（千米 / 小时），返回的时间为 $120 / 80 = 1.5$（小时），a 表示货车执行完本次任务所用的时间 $a = 2.5 + 1.5 = 4$（小时）.

（2）由图 1-4 可知，S 与 t 的关系是直线关系且往返均为匀速，可设货车从 B 地返回 A 地时 S 与 t 的函数关系式为 $S = kt + b(k \neq 0)$，把点 $(2.5, 120)$ 和点 $(4, 0)$ 代入上式得

$$\begin{cases} 4k + b = 0 \\ 2.5k + b = 120 \end{cases}$$

解方程组得 $k = -80，b = 320$，所以 $S = -80t + 320$.

能力训练 1.2

参考答案

1. 求下列函数的定义域.

(1) $y = \dfrac{1}{1-\sqrt{1-x}}$ (2) $y = \lg\dfrac{x-2}{1-x}$ (3) $y = \sqrt{x^2-8x+15}$

(4) $y = \dfrac{1}{\lg(5-x)}$ (5) $y = \arcsin\dfrac{1}{x-2}$ (6) $f(x) = \dfrac{x-2}{x^2-3x-10} + \dfrac{1}{\sqrt{x(x-2)}}$

2. 已知函数 $f(x+1) = \dfrac{1}{x^2}$，求 $f(x)$，$f(0)$，$f(-1)$，$f\left(\dfrac{1}{x}\right)$.

3. 判断下列函数是否相同，并说明理由.

(1) $f(x) = \ln x^2$，$g(x) = 2\ln x$ (2) $f(x) = \sqrt{x^2}$，$g(x) = |x|$

(3) $f(x) = \dfrac{x^2-5x+6}{x-2}$，$g(x) = x-3$ (4) $f(x) = \sin^2 x + \cos^2 x$，$g(x) = 1$

4. 讨论下列函数的奇偶性.

(1) $f(x) = x^2(1-x^2)$ (2) $f(x) = x + \cos x$

(3) $f(x) = x\cos x$ (4) $f(x) = 1 + |\sin x|$

5. 指出下列函数在指定区间内的单调性.

(1) $y = \dfrac{x}{x-1}$，$x \in (-\infty, 1)$ (2) $y = x + \ln x$，$x \in (0, +\infty)$

1.3 初等函数

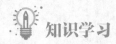 **任务提出**

为推进节能减排的落实，某市制定了以下用电收费标准，第一档：当每户月用电量低于 240 度时，电价为 0.488 元 / 度；第二档：月用电量超过 240 度时，超过部分电价为 0.538 元 / 度. 请建立该市用电量收费函数.

解决问题知识要点：分段函数及应用，会建立简单实际问题中的函数关系式.

学习目标

掌握基本初等函数的性质及其图像；掌握函数的四则运算与复合运算，学会分析复合函数的复合过程；理解分段函数的含义，理解初等函数的概念.

知识学习

由实际问题建立的函数关系虽然各式各样，但经过分析发现，凡是能够用解析式表示的函数，不管多么复杂，都是以基本初等函数，即常值函数、幂函数、指数函数、对数函数、三角函数以及反三角函数为基础，通过一定的方式结合而成的.

1.3.1 基本初等函数

1. 常值函数

函数 $y = c$（c 为常数）称为常值函数.

常值函数定义域为 $(-\infty, +\infty)$，对于任何 $x \in (-\infty, +\infty)$，对应的函数值 y 恒等于常数 c，函数图像是平行于 x 轴的直线. 如图 1-7 所示.

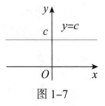

图 1-7

2. 幂函数

函数 $y = x^\alpha$（α 为任意常数）称为幂函数.

幂函数的定义域是使 x^α 有意义的实数（因 α 不同，定义域也不同），均过点 $(1,1)$. 如图 1-8 所示.

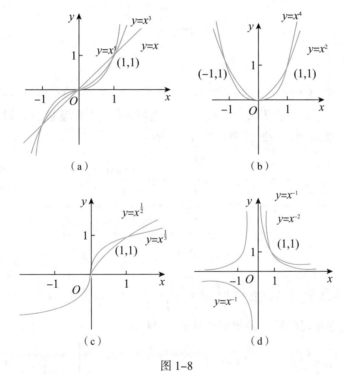

（a）　　　　　（b）

（c）　　　　　（d）

图 1-8

幂函数的性质：当 $x \in (0, +\infty)$ 且 $\alpha \neq 0$ 时，若 $\alpha > 0$，y 为增函数；若 $\alpha < 0$，y 为减函数.

3. 指数函数

函数 $y = a^x$（$a > 0$ 且 $a \neq 1$）称为指数函数.

指数函数定义域为 $(-\infty, +\infty)$，值域为 $(0, +\infty)$，图像均经过点 $(0,1)$ 且在 x 轴上方. 如图 1-9（a）所示.

指数函数性质：

（1）$y = a^x$ 恒大于 0；

（2）在区间$(-\infty, +\infty)$内，当$a>1$时，y为增函数；当$0<a<1$时，y为减函数.

4. 对数函数

函数$y = \log_a x(a > 0$且$a \neq 1)$称为对数函数.

对数函数定义域为$(0, +\infty)$，值域为$(-\infty, +\infty)$，图像经过点$(1, 0)$且在y轴右边. 如图 1–9（b）所示.

对数函数性质：在区间$(0, +\infty)$内，当$a>1$时，y为增函数；当$0<a<1$时，y为减函数.

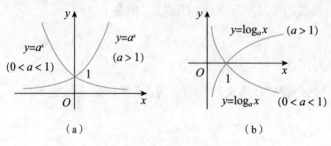

（a）　　　　　　　　　　（b）

图 1–9

5. 三角函数

函数$y = \sin x$，$y = \cos x$，$y = \tan x$，$y = \cot x$，$y = \sec x$，$y = \csc x$，统称为三角函数.

（1）$y = \sin x$与$y = \cos x$定义域为$(-\infty, +\infty)$，值域为$[-1, 1]$，都以2π为最小正周期，$\sin x$是奇函数，$\cos x$是偶函数，函数图像如图 1–10 所示.

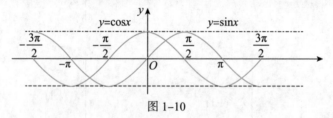

图 1–10

（2）$y = \tan x$定义域为$\left\{ x \mid x \neq k\pi + \dfrac{\pi}{2}(k \in \mathbf{Z}) \right\}$，$y = \cot x$定义域为$\left\{ x \mid x \neq k\pi(k \in \mathbf{Z}) \right\}$，都以$\pi$为最小正周期且都是奇函数，函数图像如图 1–11 所示.

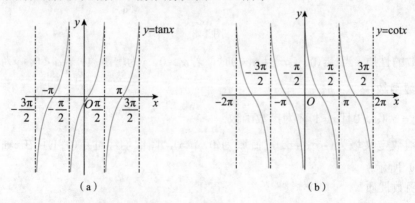

（a）　　　　　　　　　　（b）

图 1–11

6. 反三角函数

反三角函数是各三角函数在其特定单调区间上的反函数，图像与三角函数关于直线 $y=x$ 对称.

（1）反正弦函数 $y=\arcsin x$ 是正弦函数 $y=\sin x$ 在区间 $\left[-\dfrac{\pi}{2},\dfrac{\pi}{2}\right]$ 上的反函数，其定义域为 $[-1,1]$，值域为 $\left[-\dfrac{\pi}{2},\dfrac{\pi}{2}\right]$.

（2）反余弦函数 $y=\arccos x$ 是余弦函数 $y=\cos x$ 在区间 $[0,\pi]$ 上的反函数，其定义域为 $[-1,1]$，值域为 $[0,\pi]$.

（3）反正切函数 $y=\arctan x$ 是正切函数 $y=\tan x$ 在区间 $\left(-\dfrac{\pi}{2},\dfrac{\pi}{2}\right)$ 上的反函数，其定义域为 $(-\infty,\infty)$，值域为 $\left(-\dfrac{\pi}{2},\dfrac{\pi}{2}\right)$，函数图像如图 1–12（a）所示.

（4）反余切函数 $y=\text{arccot}\,x$ 是余切函数 $y=\cot x$ 在区间 $(0,\pi)$ 上的反函数，其定义域为 $(-\infty,\infty)$，值域为 $(0,\pi)$，函数图像如图 1–12（b）所示.

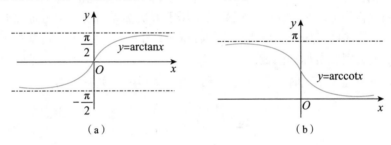

图 1–12

1.3.2 复合函数

定义 1 设 y 是 u 的函数 $y=f(u)$，u 是 x 的函数 $u=\varphi(x)$，若函数 $u=\varphi(x)$ 值域全部或一部分包含在函数 $y=f(u)$ 的定义域内，则 y 通过 u 构成 x 的函数，记为

$$y=f[\varphi(x)]$$

称此函数是由函数 $y=f(u)$ 与函数 $u=\varphi(x)$ 复合而成的复合函数，其中 u 称为中间变量.

【注】（1）函数的复合需要满足一定条件，不是任意两个函数都能复合成复合函数. 如函数 $y=\sqrt{u}$ 的定义域为 $u\geqslant 0$，而函数 $u=\sin x-2$ 的值域为 $-3\leqslant u\leqslant-1$，这两个函数就不能复合成复合函数.

（2）复合函数可以由多个函数复合而成. 如函数 $y=e^{\sin\sqrt{x}}$ 是由三个函数 $y=e^{u}$，$u=\sin v$，$v=\sqrt{x}$ 复合而成.

（3）学会分析函数的复合过程，能将复合函数分解出若干简单函数. 简单函数是指基本初等函数，以及若干基本初等函数经过有限次四则运算后得到的函数.

例 8 分析下列复合函数的复合过程.

（1）$y = (2+x)^{10}$ （2）$y = \tan\sqrt{x}$ （3）$y = \ln\sin x^2$

解 （1）$y = (2+x)^{10}$ 是由 $y = u^{10}$，$u = 2+x$ 复合而成.

（2）$y = \tan\sqrt{x}$ 是由 $y = \tan u$，$u = \sqrt{x}$ 复合而成.

（3）$y = \ln\sin x^2$ 是由 $y = \ln u$，$u = \sin v$，$v = x^2$ 复合而成.

由上例可知，复合函数的分解次序，应由外向里逐层分解.

1.3.3 初等函数

定义 2   由基本初等函数经过有限次四则运算或有限次函数复合所构成的，且能用一个解析式表示的函数称为初等函数. 例如：

$$y = \sqrt[3]{\sin\frac{x+1}{\sqrt{\cos x}}}, \quad y = 2^{x^2+\sin x-3}, \quad y = \frac{1+\cos^9 x}{\arctan(x^2+1)}, \quad y = \ln(x+\sqrt{x^3+2})$$ 等都是初等函数.

1.3.4 分段函数

有时一个函数要用几个式子表示，这种自变量在不同变化范围中，对应法则由不同式子表示的函数称为分段函数. 分段函数常常用于解决实际问题，学习时应加以重视.

例 9 南宁某同城快递公司运送货物的标准是：首重 15 元/千克，续重 12 元/千克，试建立同城快递公司收费标准函数.

解 假设货物重 x 千克时，收费为 y 元，由题意得函数关系式为

$$y = \begin{cases} 15, & 0 \leqslant x \leqslant 1 \\ 15+12(x-1), & x > 1 \end{cases}$$

以上函数关系不是由一个解析式表示，而是在自变量不同范围内由不同的解析式表示，此类函数称为分段函数.

【注】（1）分段函数的定义域是各段自变量取值范围的并集.

（2）分段函数不是初等函数.

（3）求分段函数的函数值时，要根据自变量的取值范围，用相应的表达式计算.

例 10 已知分段函数

$$y = \begin{cases} x+2, & x < 1 \\ 3-x, & x \geqslant 1 \end{cases}$$

（1）求其定义域，并画出图像；

（2）求 $f(0)$，$f(1)$，$f(2)$.

解 （1）其定义域为

$$(-\infty, 1) \cup [1, +\infty) \Rightarrow (-\infty, +\infty)$$

图像如图 1–13 所示.

（2）求函数值：

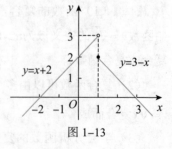

图 1–13

$$f(0) = 0+2 = 2; \ f(1) = 3-1 = 2; \ f(2) = 3-2 = 1$$

任务解决

解 假设用电量为x度时，用电收费为y元，则有

$$y = \begin{cases} 0.488x, & 0 < x \leqslant 240 \\ 117.12 + (x-240) \times 0.538, & x > 240 \end{cases}$$

能力训练 1.3

参考答案

1. 在下列各题中，求由所给函数复合而成的复合函数.

（1）$y = u^2$，$u = 1 + \sin v$，$v = 2^x$

（2）$y = \lg u$，$u = \sqrt{v}$，$v = 1 + \sin x$

（3）$y = e^u$，$u = x^2$，$x = \tan t$

（4）$y = \arccos u$，$u = \dfrac{x+a}{x-a}$

2. 将下列函数分解成基本初等函数.

（1）$y = \sin e^{\sqrt{x}}$ （2）$y = \ln \tan 2^x$ （3）$y = \arcsin \dfrac{1}{x}$

（4）$y = \sin^2 x$ （5）$y = \sin x^2$ （6）$y = e^{\sin \frac{x}{2}}$

3. 火车站行李收费的规定如下：当行李不超过 50 千克时，每千克收费 0.15 元；当行李超过 50 千克时，超重的部分按每千克 0.25 元收费，试求运费y与重量x之间的函数关系式.

4. 某企业生产某产品，日产量是 100 单位，它的固定成本为 130 元，每生产一个单位产品的变动成本为 6 元，求该企业日总成本函数及平均单位成本函数.

【数学实训一】

MATLAB 算法基础及绘图

MATLAB 程序是由 MathWorks 公司开发的一款用于算法开发、数据可视化、数据分析以及数值计算的软件. 它可以方便、快捷地计算出很多复杂的数学问题，不仅可以进行极限、导数、积分的计算，还可以进行代数方程和微分方程的求解等，这些运算功能将在后续相应的章节中介绍.

1. MATLAB 的启动与操作界面

在安装了 MATLAB 软件后，它的启动和其他程序一样，单击"开始"→"程序"，找到 MATLAB 文件夹后选择 MATLAB 启动程序（也可以双击桌面快捷方式启动），启动后屏幕上显示的 MATLAB 操作界面如图 1-14 所示，操作界面被划分出三个部分，分别是：当前路径窗口（Current Directory）、历史命令窗口（Command History）、命令窗口（Command Window）.

图 1-14

变量与函数

2. 实训项目

（1）命令窗口与算法基础.

【实训目的】

熟悉 MATLAB 操作界面，并进行简单运算.

【学习命令】

数学表达式	MATLAB 表达式	数学表达式	MATLAB 表达式
$a+b$	$a+b$	$\sqrt{x}$	sqrt(x)
$a-b$	$a-b$	$|x|$	abs(x)
$a\times b$	$a*b$	$\sin x$	sin(x)
$a\div b$	a/b	$\arcsin x$	asin(x)
a^b	$a\wedge b$	π	pi
e^x	exp(x)	∞	inf
$\ln x$	log(x)	≥或≤	>=或<=
$\log_a x$	loga(x)	=或≠	==或~=

【实训内容】

命令窗口位于 MATLAB 桌面的右边，命令需在双大于号"＞＞"提示符后面输入. 如果想得到一些数字表达式的值，只要简单地输入相应符号表达式即可.

例 11 计算 1.2×15.

操作 步骤 1：在命令窗口输入：

```
>>1.2*15
```

步骤 2：按回车键，则输出结果为

```
ans=
18
```

MATLAB 能迅速地输出结果，"ans"代表结果的意思，本例中由于结果没有赋给变量，所以在结果前默认显示"ans ="。当然，计算结果完全可以赋值给指定的变量名. 如例 12.

例 12 设变量为 x，计算 $x=10\times2$.

操作 步骤 1：在命令窗口输入：

```
>>x =10*2
```

步骤 2：按回车键，则输出结果为

```
x=
20
```

【注】 本例定义了表示结果的变量名 x，即结果显示为 $x=20$. 此时 x 已进入系统，可以直接调用，比如，接下来运行例 13.

例 13 设变量为 y，计算 $y=x\div5$.

操作 步骤 1：输入命令

```
>> y = x/5
```

此时，由于例 12 中的变量 $x=20$ 已进入系统，所以计算机运算时直接调用.

步骤 2：按回车键，则输出结果为

```
y=
4
```

【实训练习】

使用 MATLAB 计算下列各式.

1) $5 \times \left(\dfrac{4}{3}\right) + \dfrac{9}{5}$

2) $4^3 \times \left(\dfrac{3}{4} + \dfrac{9}{2 \times 3}\right)$

（2）绘制二维图形.

【实训目的】

学会用 MATLAB 绘制初等函数图像.

【学习命令】

用 MATLAB 绘图需进行三个步骤：

步骤 1：要指定所绘制的函数图形的自变量取值范围，此时也定义了自变量.

取值范围定义的格式为：[区间左端点 : 变量增量 : 区间右端点]

例如，要告之 MATLAB 在 $0 \leqslant x \leqslant 10$ 上以 0.1 的增量递增，则需输入 [0 : 0.1 : 10].

【注】在指定函数的取值范围时，必须告之 MATLAB 函数使用的变量的增量，而且使用较小的增量可以使得图形显示得更为平滑.

步骤 2：定义函数.

步骤 3：调用 MATLAB 的 plot(x, y) 命令，绘制二维图形.

【实训内容】

例 14 绘制函数 $y = \cos x$ 的图像.

操作 输入如下命令：

```
>> x=[0:0. 1:10];
>> y=cos (x);
>>plot (x, y)
```

按回车键，则输出结果如图 1-15 所示.

在输入命令时，每行都以分号";"结尾，以便抑制 MATLAB 输出结果，这样 MATLAB 就不会在屏幕中间输出一大串 x 值. 接着就可以按回车键，输入下一个命令，对于要输出结果的命令则不可加分号.

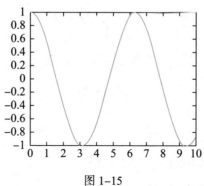

图 1-15

由图 1-15 可看出，该图没有坐标标签，如果想给图形添加标签，则可以在 plot（x, y）函数后面增加 $x$label 和 $y$label 函数来实现．具体格式为：

plot（x, y），xlabel（' 标签名 '），ylabel（' 标签名 '）

例如，以下的命令将产生如图 1-16 所示的图像：

```
>>x=[0:0.01:10];
>>y=cos（x）;
>>plot（x, y），xlabel（'x'），ylabel（'cos（x）'）
```

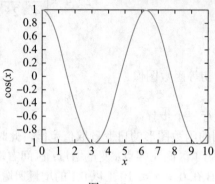

图 1-16

例 15 绘制函数 $f(x) = \dfrac{\sin x}{x}$ 在区间 $[-10\pi, 10\pi]$ 上的图像．

操作 输入方法为：

```
>>x=[-10*pi:0.01:(10*pi)];
>>y=sin（x）./x;
>>plot（x, y）
```

按回车键，则输出结果如图 1-17 所示．

说明：在使用 MATLAB 时，正确的输入方法是在四则运算符号（*、÷）前带上一个圆句点，如（.*、./).

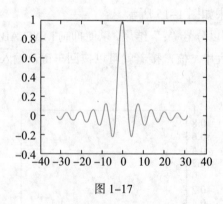

图 1-17

【实训练习】

使用 MATLAB 绘制下列函数图像：

（1）函数 $y = \sin(2x + 3)$ 在 $0 \leqslant x \leqslant 5$ 上的图像；

（2）函数 $y = \sin^2(5x)$ 的在 $0 \leqslant x \leqslant 5$ 上的图像．

微积分：科学史上划时代的贡献

17 世纪后期诞生的微积分，在科学史上具有划时代的意义，它在数学领域中占据着主导地位．微积分这门数学分支的最大特点就是成功地运用无限过程的运算，即极限运算．微分和积分这两个过程构成微分学和积分学的核心．17 世纪中叶，许多科学问题如瞬时速度、切线问题、最值问题、不规则图形的面积、不规则立体的体积、曲线弧长、物体重心等亟待解决，这些因素促成了微积分的诞生．历经多个世纪至今，微积分解决问题的思想和方法仍然沿用，可见微积分的伟大．

微积分的系统发展归功于牛顿和莱布尼茨，历史上关于微积分创立的优先权曾有过激烈的争论，牛顿在微积分方面的研究早于莱布尼茨，而莱布尼茨成果的发表却早于牛顿．1669 年牛顿计划出版一本关于导数和级数的论著，其中就有微积分基本原理，但论著一直没有出版．1684 年 10 月，莱布尼茨发表了论文《一种求极大极小的奇妙类型的计算》，被认为是数学史上最早发表的微积分文献．牛顿从力学的概念出发，运用集合方法研究微积分；莱布尼茨则从几何问题出发，运用分析学方法引进微积分概念，得出运算法则．牛顿接近最后的结论早于莱布尼茨，而莱布尼茨研究结论的发表早于牛顿，因此，后来人们公认牛顿和莱布尼茨各自独立地创建了微积分．

从公正的历史评价而言，事实上，微积分的创建并非一两个人的偶然发现，伽利略研究的落体运动、开普勒研究的行星运动、皮埃尔·德·费马研究的极大极小值等许多前辈的研究都滋养着后辈的科学家们，他们的研究都对微积分的诞生作出过贡献，比如牛顿的老师巴罗就曾几乎充分地认识到微分和积分的互逆关系，应该说最终是在牛顿和莱布尼茨的手中集其大成的．

英国著名诗人雪莱把这个人类思想史上伟大进步比作雪崩形成：一片一片的雪花，经过风暴的再三筛选，积成巨大的雪团，在阳光的激发下，形成雪崩！思想也是这样，一点一滴地积累在人们心中，终于迸发出伟大的真理，在世界引起响应！

第2章 极限与连续

宇宙之大，粒子之微，火箭之速，化工之巧，地球之变，生物之谜，日用之繁，无处不用数学.

——华罗庚

【课前导学】

极限的思想是社会实践的产物，在数学灿烂的历史长河中，就有很多典型的范例. 公元 3 世纪，我国古代数学家刘徽在注释《九章算术》时创立了"割圆术"，他提出用增加圆内接正多边形的边数来逼近圆，并阐述："割之弥细，所失弥少，割之又割，以至于不可割，则与圆周合体而无所失矣." 可见，刘徽对无穷的认识已相当深刻，方法已经有了直观基础的应用. 正是以"割圆术"为理论基础，刘徽算出圆周率，一直算到 3072 边形时得到 $\pi \approx 3.1416$. 用极限思想分析问题的方法在现代经济生活和科学研究的各领域中都有广泛的应用.

极限是微积分中重要的概念，也是研究微积分的重要工具，其思想贯穿整个微积分，而连续函数是微积分的主要对象. 在本章学习中，需正确理解极限与连续的概念与性质，掌握极限的运算规律与方法.

【知识脉络】

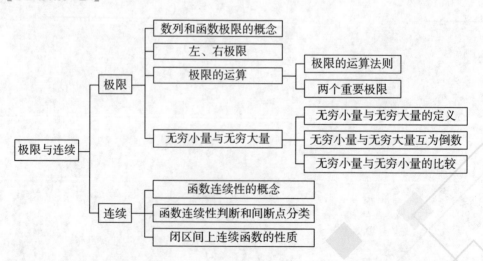

2.1 极限的概念

任务提出

随着人们生活水平的不断提高，生活垃圾、工业垃圾也在累积，如何科学、快速地处理各种垃圾成为城市管理者时刻关注的话题．根据某市 2022 年的统计资料，截至 2022 年底，该市的垃圾已经达到 100 万吨，且今后每年预计会产生 5 万吨垃圾．据估计，每年能处理上年剩下的垃圾的 20%，假如 n 年后所剩垃圾的数量为 a_n，请写出 a_n 的公式，同时请判断若干年后，能否把垃圾处理完？

解决问题知识要点：构建数列模型，数列极限的计算．

学习目标

理解极限的概念；了解数列极限、函数极限的描述性定义；会求函数的极限．

知识学习

引例 春秋战国时期哲学家庄子在《庄子·天下》中针对"截丈问题"写了一句名言："一尺之棰，日取其半，万世不竭．"这句话表达的意思是，对一尺长的木棒，如每天截取一半，则剩余木棒长度可表示为如下数列：

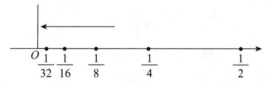

可见，随着截取的天数 n 的增加，剩余木棒的长度越来越短，当天数 n 无限增大时，剩余木棒的长度就无限趋于 0 了．

2.1.1 数列极限的定义

定义 按照某种规律依次排列的一列数

$$x_1, \ x_2, \ x_3, \ \cdots, \ x_n, \ \cdots$$

称为数列，记作 $\{x_n\}$，其中每一个数称为数列的项，x_n 称为数列的通项（或一般项）．

我们要研究的是：给定一个数列 $\{x_n\}$，当项数 n 无限增大时，通项 x_n 的变化趋势是什么？

（1）数列

$$\frac{1}{2}, \frac{1}{4}, \frac{1}{8}, \cdots, \frac{1}{2^n}, \cdots \tag{2-1}$$

第 2 章
极限与连续

数列通项为$x_n = \dfrac{1}{2^n}$，当n无限增大时，$\dfrac{1}{2^n}$越来越小，无限趋近于0．

（2）数列

$$1,\ -1,\ 1,\ -1,\ \cdots,\ (-1)^{n-1},\ \cdots \qquad\qquad (2\text{-}2)$$

数列通项为$x_n = (-1)^{n-1}$，当n无限增大时，数列的通项x_n交替取值1和-1，而不趋近某一固定的数．

（3）数列

$$3,\ 6,\ 9,\ \cdots,\ 3n,\ \cdots \qquad\qquad (2\text{-}3)$$

数列通项为$x_n = 3n$，当n无限增大时，数列的通项x_n趋向于无穷大．

上述三个数列，当n无限增大时的变化趋势不尽相同，数列（2-1）的通项x_n无限趋近一个确定的常数，称数列（2-1）是有极限的，数列（2-2）、（2-3）的变化趋势没有趋近某固定的常数，称数列（2-2）、（2-3）没有极限．

描述性定义 1　给定一个数列$\{x_n\}$，如果当n无限增大时，x_n无限趋近某个固定的常数A，则称当n无限增大时，数列$\{x_n\}$以A为极限，记作：

$$\lim_{n\to\infty} x_n = A\ \text{或}\ x_n \to A\,(n\to\infty)$$

这时也称数列$\{x_n\}$收敛，即当$n\to\infty$时，数列$\{x_n\}$收敛于A，否则，当n无限增大时，x_n不趋近某个固定的常数，则称当$n\to\infty$时，数列$\{x_n\}$发散．

由描述性定义 1 可知，数列（2-1）是收敛的，且

$$\lim_{n\to\infty} \frac{1}{2^n} = 0$$

而数列（2-2）和数列（2-3）都是发散的．

例 1　观察下列数列的变化趋势，写出收敛数列的极限．

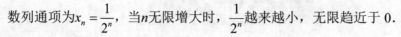

（1）$\{x_n\} = \{n^2+1\}$　（2）$\{x_n\} = \left\{\dfrac{n}{2n+1}\right\}$　（3）$\{x_n\} = \left\{\cos\dfrac{n\pi}{2}\right\}$

解　（1）当n依次取正整数1，2，3，$\cdots$时，数列各项依次为2，5，10，$\cdots$，n^2+1，$\cdots$，此时数列的各项值无限增大，通项x_n不趋近于某个固定的数，所以数列$\{n^2+1\}$是发散的．

（2）当n依次取正整数1，2，3，4，5，$\cdots$时，数列各项依次为$\dfrac{1}{3} = 0.33$，$\dfrac{2}{5} = 0.4$，$\dfrac{3}{7} = 0.42$，$\dfrac{4}{9} = 0.44$，$\dfrac{5}{11} = 0.45$，$\dfrac{6}{13} = 0.46$，$\cdots$，$\dfrac{n}{2n+1}$，$\cdots$，可以看出，当$n\to\infty$时，通项x_n越来越趋近于$\dfrac{1}{2} = 0.5$，所以数列$\left\{\dfrac{n}{2n+1}\right\}$收敛于$\dfrac{1}{2}$，即$\lim\limits_{n\to\infty}\dfrac{n}{2n+1} = \dfrac{1}{2}$．

（3）当n依次取正整数1，2，3，4，5，$\cdots$时，数列$\left\{\cos\dfrac{n\pi}{2}\right\}$各项依次为0，$-1$，0，

1，0，…，可以看出，当$n \to \infty$时，通项x_n没有趋近一个固定的数，因此数列$\left\{\cos \dfrac{n\pi}{2}\right\}$发散.

2.1.2 函数极限的概念

对于函数极限，根据自变量的变化过程分为$x \to \infty$与$x \to x_0$两种情形．为了方便讨论，作如下规定.

函数的极限

（1）$|x|$无限增大用记号$x \to \infty$表示；$x < 0$且$|x|$无限增大时，记作$x \to -\infty$；$x > 0$且$|x|$无限增大时，记作$x \to +\infty$.

（2）x无限接近x_0用记号$x \to x_0$表示．x从小于x_0一侧无限接近x_0时，记作$x \to x_0^-$；x从大于x_0一侧无限接近x_0时，记作$x \to x_0^+$.

1. $x \to \infty$时函数的极限

考察函数$y = \dfrac{1}{x}$，当自变量趋向无穷大，即$x \to \infty$时，函数的变化趋势.

函数图像如图 2-1 所示，这里分$x \to +\infty$和$x \to -\infty$两种情形观察，由图像可见无论是$x \to +\infty$还是$x \to -\infty$，函数的图像都越来越接近于x轴，而$y = \dfrac{1}{x}$的函数值越来越接近于 0.

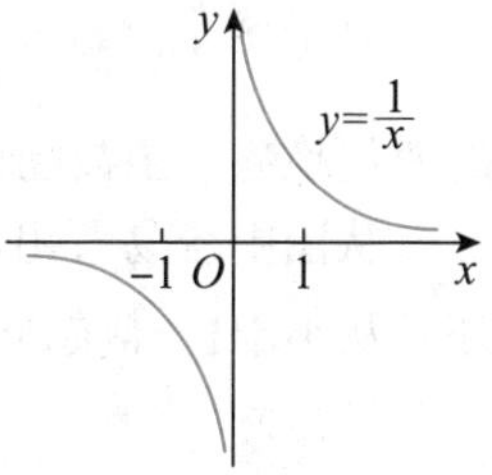

类似数列极限，给出$x \to \infty$时函数极限的定义.

描述性定义 2　对于函数$y = f(x)$，如果当x的绝对值无限增大时，对应的函数值$f(x)$无限趋近于某个确定的常数A，则称当x趋向无穷大时，函数$f(x)$以A为极限，记作

$$\lim_{x \to \infty} f(x) = A \text{ 或 } f(x) \to A (x \to \infty)$$

图 2-1

如果常数A不存在，则称当$x \to \infty$时，函数$f(x)$无极限.

由此，前述引例可写为$\lim\limits_{x \to \infty} \dfrac{1}{x} = 0$，此结论常用于极限的求解.

类似地，可以定义，当$x > 0$且$|x|$无限增大时，函数$f(x)$的极限记为$\lim\limits_{x \to +\infty} f(x) = A$；当$x < 0$且$|x|$无限增大时，函数$f(x)$的极限记为$\lim\limits_{x \to -\infty} f(x) = A$.

例 2　观察下列函数$y = f(x)$在$x \to -\infty$，$x \to +\infty$时的变化趋势.

　　（1）$y = e^x$　　　　（2）$y = \arctan x$

解　（1）由$y = e^x$的图像（图 2-2），可知：

当自变量$x \to -\infty$时，e^x的图像越来越接近x轴，e^x的值越来越接近于0，所以有$\lim\limits_{x \to -\infty} e^x = 0$。

当自变量$x \to +\infty$时，e^x的图像无限上升，函数值没有趋近某

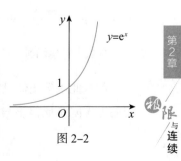

图 2-2

第2章

限 与 连续

21

个固定的常数，所以当$x \to +\infty$时，函数e^x的极限不存在.

（2）由$y = \arctan x$的图像（图2–3）可知：当自变量$x \to +\infty$时，函数图像越来越接近于直线$y = \dfrac{\pi}{2}$，函数$y = \arctan x$的值越来越接近$\dfrac{\pi}{2}$，所以$\lim\limits_{x \to +\infty} \arctan x = \dfrac{\pi}{2}$. 类似地，有$\lim\limits_{x \to -\infty} \arctan x = -\dfrac{\pi}{2}$.

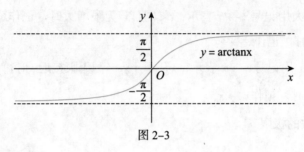

图2–3

3. $x \to x_0$时函数的极限

对于函数$f(x) = \dfrac{x^2 - 1}{x - 1}$，观察自变量$x$无限接近 1 时，函数的变化趋势，函数图像如图2–4所示.

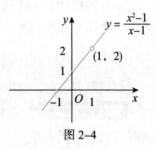

图2–4

从图中容易看出，自变量x无论是从大于1的一侧趋向于1，还是从小于1一侧趋向于1，图像都接近于点$(1, 2)$，函数值都趋近于常数2.

类似地，给出$x \to x_0$时函数极限的定义.

描述性定义 3　设函数$f(x)$在点x_0的某邻域内（点x_0可以除外）有定义，如果当x趋向于x_0（但$x \neq x_0$）时，函数值$f(x)$无限趋近于一个确定的常数A，则称当x趋向于x_0时，函数$f(x)$以A为极限. 记作

$$\lim_{x \to x_0} f(x) = A \text{ 或 } f(x) \to A (x \to x_0)$$

例 3　观察极限$\lim\limits_{x \to x_0} C$和$\lim\limits_{x \to x_0} x$.

解　因为$y = C$是常值函数，当$x \to x_0$时，函数值恒等于C，所以$\lim\limits_{x \to x_0} C = C$.

因为$y = x$是函数值等于自变量的函数，当$x \to x_0$时，函数值y也趋近于x_0，因此$\lim\limits_{x \to x_0} x = x_0$. 此例结论常用于极限的求解.

例 4　观察函数$y = \dfrac{1}{x}$在$x \to 0$时的变化趋势.

解　此函数图像见图2–1，由图可知，当自变量x无限趋向于 0 时，函数图像沿y轴正向向上无限延展但不与y轴相交，或沿y轴负向向下无限延展但不与y轴相交，即相应函数

值的绝对值无限增大而不趋近某确定常数，所以，$y=\dfrac{1}{x}$在$x\to 0$时的极限不存在.

为了便于叙述，这种极限不存在，也称"函数的极限是无穷大"并记作$\lim\limits_{x\to 0}\dfrac{1}{x}=\infty$.

4. 单侧极限（左极限、右极限）

前面讨论在$x\to x_0$的情形下函数$f(x)$的极限时，自变量x是要求从x_0的左、右两侧趋近x_0的，即$x\to x_0^{+}$和$x\to x_0^{-}$，但有些问题仅需讨论或只能讨论x单从x_0的左（或右）侧趋近x_0的变化趋势.

例如，分段函数

$$f(x)=\begin{cases}x+1, & x<0\\ 2, & x\geqslant 0\end{cases}$$

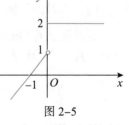

单侧极限

在$x=0$处，左、右两侧的表达式不同，因此在考察$x\to 0$，$f(x)$的极限时，必须分别考察x从0的左侧或右侧趋向0时函数的变化趋势，由此引入左极限、右极限的概念.

 描述性定义 4 设函数$f(x)$在x_0的某邻域内（x_0点除外）有定义，如果当$x<x_0$且x无限接近x_0时，相应的函数值$f(x)$无限趋近于固定常数A，则称A为函数$f(x)$在$x\to x_0$时的左极限，记作

$$\lim_{x\to x_0^{-}}f(x)=A \text{ 或 } f(x)\to A(x\to x_0^{-})$$

同样地，当$x>x_0$且x无限接近x_0时，相应的函数值$f(x)$无限趋近于固定常数A，则称A为函数$f(x)$在$x\to x_0$时的右极限，记作

$$\lim_{x\to x_0^{+}}f(x)=A \text{ 或 } f(x)\to A(x\to x_0^{+})$$

左极限、右极限统称为单侧极限.

 例 5 设函数$f(x)=\begin{cases}x+1, & x<0\\ 2, & x\geqslant 0\end{cases}$，考察$\lim\limits_{x\to 0^{-}}f(x)$，$\lim\limits_{x\to 0^{+}}f(x)$.

解 函数$f(x)$是分段函数，$x=0$是函数的分段点，如图 2-5 所示.

由图像显见，当$x\to 0^{-}$时，对应函数表达式为$f(x)=x+1$，此时函数值无限趋近于1，即

$$\lim_{x\to 0^{-}}f(x)=\lim_{x\to 0^{-}}(x+1)=1$$

当$x\to 0^{+}$时，对应函数表达式为$f(x)=2$，函数值无限趋近于2，即$\lim\limits_{x\to 0^{+}}f(x)=\lim\limits_{x\to 0^{+}}2=2$. 对于单侧极限，有以下定理.

 定理 当$x\to x_0$时，函数$f(x)$极限存在的充分必要条件是当$x\to x_0$时，函数$f(x)$的左、右极限存在且相等，即

$$\lim_{x\to x_0}f(x)=A\Leftrightarrow \lim_{x\to x_0^{-}}f(x)=\lim_{x\to x_0^{+}}f(x)=A$$

图 2-5

极限与连续

由此可知例 5 中，函数 $f(x)$ 在 $x \to 0$ 时极限不存在.

例 6 设函数 $f(x) = \begin{cases} x-1, & x < 0 \\ 0, & x = 0 \\ x+1, & x > 0 \end{cases}$，考察 $f(x)$ 在 $x \to 0$ 时的左、右极限，并说明 $f(x)$ 在

$x \to 0$ 时极限是否存在.

解　函数图像如图 2-6 所示，当 $x \to 0^-$ 时，对应函数表达式为 $f(x) = x-1$，此时函数值无限趋近于 -1，即

$$\lim_{x \to 0^-} f(x) = \lim_{x \to 0^-} (x-1) = -1$$

当 $x \to 0^+$ 时，对应函数表达式为 $f(x) = x+1$，此时函数值无限趋近于 1，即

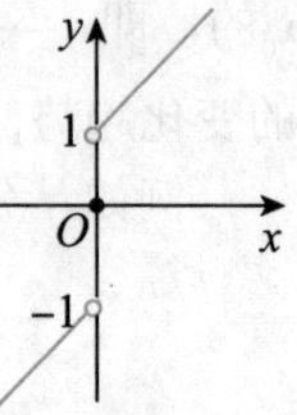

$$\lim_{x \to 0^+} f(x) = \lim_{x \to 0^+} (x+1) = 1$$

因为

$$\lim_{x \to 0^-} f(x) \ne \lim_{x \to 0^+} f(x)$$

所以 $f(x)$ 在 $x \to 0$ 时极限不存在.

图 2-6

任务解决

解　（1）据题意，每年底累积的垃圾量包括上年垃圾量的 80% 和新产生的 5 万吨垃圾，所以，有

$a_1 = 100 \times 80\% + 5 = 100 \times 0.8 + 5$

$a_2 = (100 \times 80\% + 5) \times 80\% + 5 = 100 \times 0.8^2 + 5 \times 0.8 + 5$

$a_3 = (100 \times 0.8^2 + 5 \times 0.8 + 5) \times 0.8 + 5 = 100 \times 0.8^3 + 5 \times 0.8^2 + 5 \times 0.8 + 5$

…

$a_n = 100 \times 0.8^n + 5 \times (0.8^{n-1} + 0.8^{n-2} + \cdots + 0.8 + 1)$

$= 100 \times 0.8^n + 5 \times \left(\dfrac{1 - 0.8^n}{1 - 0.8} \right) = 25 + 75 \times 0.8^n$

（2）当时间足够长时，即 $n \to \infty$ 时，有 $\lim\limits_{n \to \infty} (25 + 75 \times 0.8^n) = 25$（万吨）.

通过测算可以知道，该市的处理速度并不能将垃圾及时处理完毕，且剩余的垃圾会一直保持在 25 万吨.

能力训练 2.1

1. 观察下列数列是否收敛.

（1）1，2，4，8，16，…，2^{n-1}，…

（2）-0.1，0.1，-0.1，…，$(-0.1)^n$，…

参考答案

（3）$\left\{\dfrac{1}{3^n+1}\right\}$

2. 设 $f(x)=\begin{cases}\dfrac{1}{x}, & x<0 \\ \operatorname{arccot}x, & x\geqslant 0\end{cases}$，由函数图像考察函数 $f(x)$ 在 $x\to\infty$ 时的极限.

3. 设 $f(x)=\begin{cases}2x-1, & x<0 \\ 0, & x=0 \\ x+2, & x>0\end{cases}$，由函数图像考察函数 $f(x)$ 在 $x\to 0$ 时的极限.

4. 设 $f(x)=\begin{cases}x^2+2x-1, & x\leqslant 1 \\ x, & 1<x<2 \\ 2x-2, & x\geqslant 2\end{cases}$，由函数图像，考察下列极限情况 $\lim\limits_{x\to -5}f(x)$，$\lim\limits_{x\to 1}f(x)$，

$\lim\limits_{x\to 2}f(x)$，$\lim\limits_{x\to 3}f(x)$.

2.2 极限的运算

任务提出

如果某汽车工厂生产 n 个汽车轮胎的成本为 $C(n)=300+\sqrt{1+(60n)^2}$（元），显然生产 n 个汽车轮胎的平均成本为 $\overline{C}(n)=\dfrac{C(n)}{n}$，请问，当生产稳定，产量很大时，每个轮胎的成本是多少？

解决问题知识要点：应用极限的运算法则求极限.

学习目标

掌握极限的四则运算法则和复合函数的极限运算法则.

知识学习

在 2.1 节中，求函数的极限是通过观察图形的变化趋势来确定的，对于复杂函数的极限则无法再使用观察法，下面将介绍极限的四则运算法则，并利用运算法则求极限.

函数极限的四则运算遵循下列运算法则，当 $\lim f(x)$，$\lim g(x)$ 都存在时，有

$$\lim\left[f(x)\pm g(x)\right]=\lim f(x)\pm\lim g(x)$$

$$\lim Cf(x) = C\lim f(x)$$
$$\lim [f(x)g(x)] = \lim f(x)\lim g(x)$$

$$\lim \frac{f(x)}{g(x)} = \frac{\lim f(x)}{\lim g(x)} \quad (\lim g(x) \neq 0)$$

以上极限没有注明极限过程，是指对x的任何一种变化趋势都适用，极限的运算法则使求极限的方法公式化，极为方便．上节结论$\lim\limits_{x\to\infty}\dfrac{1}{x} = 0$，$\lim\limits_{x\to 0}\dfrac{1}{x} = \infty$，$\lim\limits_{x\to x_0} C = C$，$\lim\limits_{x\to x_0} x = x_0$将用于极限求解，请大家熟记．

例 7 求极限$\lim\limits_{x\to 2}(x^3 + 3x^2 - 5x + 2)$.

解 $\lim\limits_{x\to 2}(x^3 + 3x^2 - 5x + 2) = \lim\limits_{x\to 2}x^3 + 3\lim\limits_{x\to 2}x^2 - 5\lim\limits_{x\to 2}x + 2 = 12$

例 8 求极限$\lim\limits_{x\to 1}\dfrac{x^2 + 2x - 3}{x^2 - 1}$.

解 当$x \to 1$时，分子、分母的极限都为0，不能直接使用除法法则．而当$x \to 1$，但$x \neq 1$时

$$\frac{x^2 + 2x - 3}{x^2 - 1} = \frac{(x-1)(x+3)}{(x-1)(x+1)} = \frac{x+3}{x+1}$$

所以

$$\lim_{x\to 1}\frac{x^2 + 2x - 3}{x^2 - 1} = \lim_{x\to 1}\frac{x+3}{x+1} = 2$$

例 9 求极限$\lim\limits_{x\to 0}\dfrac{\sqrt{1+x} - 1}{x}$.

解 当$x \to 0$时，分子、分母的极限都为0，需要对分子进行有理化，用$\sqrt{1+x} + 1$同乘以分子、分母，得

$$\lim_{x\to 0}\frac{\sqrt{1+x} - 1}{x} = \lim_{x\to 0}\frac{(\sqrt{1+x} - 1)(\sqrt{1+x} + 1)}{x(\sqrt{1+x} + 1)}$$

$$= \lim_{x\to 0}\frac{x}{x(\sqrt{1+x} + 1)} = \lim_{x\to 0}\frac{1}{\sqrt{1+x} + 1} = \frac{1}{2}$$

例 10 求极限$\lim\limits_{x\to\infty}\dfrac{x^2 + 4x - 1}{3x^2 + 2}$.

解 当$x \to \infty$时，分子、分母极限不存在，不能直接使用除法法则，将分子、分母同除以x的最高次幂x^2，得

$$\lim_{x\to\infty}\frac{x^2 + 4x - 1}{3x^2 + 2} = \lim_{x\to\infty}\frac{1 + \dfrac{4}{x} - \dfrac{1}{x^2}}{3 + \dfrac{2}{x^2}} = \frac{\lim\limits_{x\to\infty}1 + \lim\limits_{x\to\infty}\dfrac{4}{x} - \lim\limits_{x\to\infty}\dfrac{1}{x^2}}{\lim\limits_{x\to\infty}3 + \lim\limits_{x\to\infty}\dfrac{2}{x^2}}$$

$$= \frac{\lim\limits_{x\to\infty}1 + \lim\limits_{x\to\infty}\dfrac{4}{x} - \lim\limits_{x\to\infty}\dfrac{1}{x}\lim\limits_{x\to\infty}\dfrac{1}{x}}{\lim\limits_{x\to\infty}3 + 2\lim\limits_{x\to\infty}\dfrac{1}{x}\lim\limits_{x\to\infty}\dfrac{1}{x}} = \frac{1+0-0}{3+0} = \frac{1}{3}$$

例 11 求极限 $\lim\limits_{x\to\infty}\dfrac{2x^2+4x-1}{3x^3-2x^2+5}$.

解 当 $x\to\infty$ 时，分子、分母极限不存在，不能直接使用除法法则，将分子、分母同除以 x 的最高次幂 x^3，得

$$\lim\limits_{x\to\infty}\frac{2x^2+4x-1}{3x^3-2x^2+5} = \lim\limits_{x\to\infty}\frac{\dfrac{2}{x}+\dfrac{4}{x^2}-\dfrac{1}{x^3}}{3-\dfrac{2}{x}+\dfrac{5}{x^3}} = \frac{\lim\limits_{x\to\infty}\left(\dfrac{2}{x}+\dfrac{4}{x^2}-\dfrac{1}{x^3}\right)}{\lim\limits_{x\to\infty}\left(3-\dfrac{2}{x}+\dfrac{5}{x^3}\right)} = 0$$

例 12 求极限 $\lim\limits_{x\to\infty}\dfrac{3x^3-x+2}{2x^2+3x-1}$.

解 当 $x\to\infty$ 时，分子、分母极限不存在，不能直接使用除法法则，将分子、分母同除以 x 的最高次幂 x^3，得

$$\lim\limits_{x\to\infty}\frac{3x^3-x+2}{2x^2+3x-1} = \lim\limits_{x\to\infty}\frac{3-\dfrac{1}{x^2}+\dfrac{2}{x^3}}{\dfrac{2}{x}+\dfrac{3}{x^2}-\dfrac{1}{x^3}} = \infty \text{（极限不存在）}$$

总结例 10 至例 12，可得如下结论：

$$\lim\limits_{x\to\infty}\frac{a_0x^m+a_1x^{m-1}+\cdots+a_{m-1}x+a_m}{b_0x^n+b_1x^{n-1}+\cdots+b_{n-1}x+b_n} = \begin{cases} 0, & m<n \\ \dfrac{a_0}{b_0}, & m=n \\ \infty, & m>n \end{cases}$$

其中 $a_i(i=0,1,\cdots,m)$，$b_j(j=0,1,\cdots,n)$ 为常数，且 $a_0\neq 0$，$b_0\neq 0$，m，n 为非负整数.

【小结】在运用四则运算法则求极限时，需要考察是否符合前提条件，如果符合前提条件，可以使用直接代入法运算；如果出现 $\dfrac{0}{\infty}$ 型、$\dfrac{0}{0}$ 型、$\dfrac{\infty}{\infty}$ 型极限，则应采用取倒数、通分、约分、根式有理化、分子分母同乘（除）以某函数等方法进行变形转化，再求极限.

任务解决

解 根据题意，当生产稳定，产量很大时，求每个轮胎的成本就是求以下极限：

$$\lim\limits_{n\to\infty}\overline{C}(n) = \lim\limits_{n\to\infty}\frac{C(n)}{n} = \lim\limits_{n\to\infty}\frac{300+\sqrt{1+(60n)^2}}{n} = \lim\limits_{n\to\infty}\left(\frac{300}{n}+\sqrt{\frac{1}{n^2}+60^2}\right) = 60 \text{（元）}$$

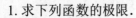

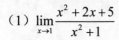

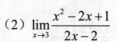

能力训练 2.2

参考答案

1. 求下列函数的极限.

（1）$\lim\limits_{x \to 1} \dfrac{x^2 + 2x + 5}{x^2 + 1}$

（2）$\lim\limits_{x \to 3} \dfrac{x^2 - 2x + 1}{2x - 2}$

（3）$\lim\limits_{x \to 0} \dfrac{x^2 - x - 2}{x^2 - 4}$

（4）$\lim\limits_{x \to 2} \dfrac{x^2 - 6x + 8}{x^2 - 5x + 6}$

（5）$\lim\limits_{x \to 2} \dfrac{x^2 - 5x + 6}{x^2 - 4}$

（6）$\lim\limits_{x \to 0} \dfrac{4x^3 - 2x^2 + x}{3x^2 + 2x}$

（7）$\lim\limits_{x \to 1} \dfrac{x^2 - 2x + 1}{x^2 - x}$

（8）$\lim\limits_{x \to 1} \dfrac{x^3 + 2x^2 - 3}{x^2 - 3x + 2}$

（9）$\lim\limits_{x \to 4} \dfrac{\sqrt{2x + 1} - 3}{\sqrt{x - 2} - \sqrt{2}}$

（10）$\lim\limits_{x \to 1} \dfrac{x - 1}{\sqrt{x + 3} - 2}$

（11）$\lim\limits_{x \to 3} \dfrac{\sqrt{x + 1} - 2}{x - 3}$

（12）$\lim\limits_{x \to 0} \dfrac{\sqrt{x + 1} - \sqrt{1 - x}}{x}$

（13）$\lim\limits_{x \to 3} \left(\dfrac{1}{x - 3} - \dfrac{6}{x^2 - 9} \right)$

（14）$\lim\limits_{x \to 1} \left(\dfrac{1}{1 - x} - \dfrac{3}{1 - x^3} \right)$

2. 求下列函数的极限.

（1）$\lim\limits_{x \to \infty} \dfrac{2x^2 - 3x + 1}{5x^2 + x - 8}$

（2）$\lim\limits_{x \to \infty} \dfrac{3x^3 + 2x - 5}{4x^3 - 2}$

（3）$\lim\limits_{x \to \infty} \dfrac{x^5 + x^2 - x}{x^4 + x - 8}$

（4）$\lim\limits_{x \to \infty} \dfrac{(x - 1)^4 + 8}{2x^4 + 1}$

（5）$\lim\limits_{x \to +\infty} \left(2^{-x} + \dfrac{1}{x^2} \right)$

（6）$\lim\limits_{x \to \infty} \left(\dfrac{5x^2 + x}{1 - x^2} + 3^{\frac{1}{x}} \right)$

（7）$\lim\limits_{x \to 3} \left(\dfrac{x^3}{2x^2 - 1} - \dfrac{x^2}{2x + 1} \right)$

2.3 两个重要极限

任务提出

某银行规定储蓄存款的年利率为 2.25%，假如某储蓄所为吸收更多的存款，提供如下的优惠：无论何时来取存款，均可按同一年利率计算存款期的利息，利用这一优惠，储户存入 10000 元可得到多少收益？

解决问题知识要点：应用两个重要极限求极限.

理解夹逼定理，熟悉掌握两个重要极限及其应用.

![知识学习]知识学习

随着科学技术的发展，在很多领域经常会使用两个重要极限$\lim\limits_{x \to 0}\dfrac{\sin x}{x}$和$\lim\limits_{x \to \infty}\left(1+\dfrac{1}{x}\right)^x$，在介绍这两个重要极限前，先学习判断极限存在的夹逼定理.

定理（夹逼定理）　设在x_0的某邻域内（可不包括点x_0）有

$$g(x) \leqslant f(x) \leqslant h(x)$$

且$\lim\limits_{x \to x_0} g(x) = \lim\limits_{x \to x_0} h(x) = A$，则$\lim\limits_{x \to x_0} f(x) = A$.

定理中的极限过程对$x \to \infty$，以及各左、右极限状态均成立.

下面用夹逼定理证明第一个重要极限.

2.3.1　第一个重要极限$\lim\limits_{x \to 0}\dfrac{\sin x}{x} = 1$

第一个重要极限

如图 2-7 所示，$\triangle AOB$、扇形AOB、$\text{Rt}\triangle AOD$的面积分别为

$$S_{\triangle AOB} = \frac{\sin x}{2}, \quad S_{\text{扇形}\triangle AOB} = \frac{x}{2}, \quad S_{\text{Rt}\triangle AOD} = \frac{\tan x}{2}$$

显然它们的面积有如下关系：$S_{\triangle AOB} < S_{\text{扇形}\triangle AOB} < S_{\text{Rt}\triangle AOD}$，即

$$\frac{\sin x}{2} < \frac{x}{2} < \frac{\tan x}{2}$$

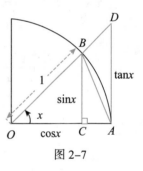

图 2-7

不等式同除以$\dfrac{\sin x}{2}$（$\sin x > 0$），有

$$1 < \frac{x}{\sin x} < \frac{1}{\cos x}$$

不等式同时取倒数，得

$$\cos x < \frac{\sin x}{x} < 1$$

当$x \to 0^+$时，$\cos x \to 1$，利用夹逼定理，得

$$\lim_{x \to 0^+} \frac{\sin x}{x} = 1$$

由于$\dfrac{\sin x}{x}$是偶函数，当$x \to 0^-$时，也有

$$\lim_{x \to 0^-} \frac{\sin x}{x} = 1$$

由极限存在的充分必要条件可知

$$\lim_{x\to 0}\frac{\sin x}{x}=1$$

第一个重要极限可以用来求含有三角函数及商的极限问题，现举例如下.

例 13 求极限 $\lim\limits_{x\to 0}\dfrac{\sin 3x}{x}$.

解 令 $u=3x$，则

$$\lim_{x\to 0}\frac{\sin 3x}{x}=\lim_{x\to 0}\frac{\sin 3x}{3x}\cdot 3=\lim_{u\to 0}\frac{\sin u}{u}\cdot 3=3$$

例 14 求极限 $\lim\limits_{x\to 0}\dfrac{\sin 3x}{\sin 5x}$.

解 $\lim\limits_{x\to 0}\dfrac{\sin 3x}{\sin 5x}=\lim\limits_{x\to 0}\dfrac{\dfrac{\sin 3x}{3x}\cdot 3}{\dfrac{\sin 5x}{5x}\cdot 5}=\dfrac{3}{5}\cdot\dfrac{\lim\limits_{x\to 0}\dfrac{\sin 3x}{3x}}{\lim\limits_{x\to 0}\dfrac{\sin 5x}{5x}}=\dfrac{3}{5}$

例 15 求极限 $\lim\limits_{x\to 0}\dfrac{1-\cos x}{x^2}$.

解 因为 $\cos x=1-2\sin^2\dfrac{x}{2}$，所以

$$\lim_{x\to 0}\frac{1-\cos x}{x^2}=\lim_{x\to 0}\frac{1-\left(1-2\sin^2\dfrac{x}{2}\right)}{x^2}$$

$$=\lim_{x\to 0}\frac{2\sin^2\dfrac{x}{2}}{x^2}=\frac{1}{2}\lim_{x\to 0}\frac{\sin^2\dfrac{x}{2}}{\left(\dfrac{x}{2}\right)^2}=\frac{1}{2}\lim_{x\to 0}\frac{\sin\dfrac{x}{2}}{\dfrac{x}{2}}\cdot\frac{\sin\dfrac{x}{2}}{\dfrac{x}{2}}=\frac{1}{2}$$

例 16 求极限 $\lim\limits_{x\to 0}\dfrac{\arcsin x}{x}$.

解 令 $u=\arcsin x$，则 $x=\sin u$，$x\to 0$ 时 $u\to 0$，于是有

$$\lim_{x\to 0}\frac{\arcsin x}{x}=\lim_{u\to 0}\frac{u}{\sin u}=\lim_{u\to 0}\frac{1}{\sin u\cdot\dfrac{1}{u}}=\frac{1}{\lim\limits_{u\to 0}\dfrac{\sin u}{u}}=1$$

【小结】使用第一个重要极限时，可拓展应用如下：

$$\lim_{x\to 0}\frac{\sin x}{x}=1\overset{\square}{\Longleftrightarrow}\lim_{u\to 0}\frac{\sin u}{u}=1\overset{\square}{\Longleftrightarrow}\lim_{\varphi(x)\to 0}\frac{\sin\varphi(x)}{\varphi(x)}=1$$

第一个重要极限适用于形如 $\lim\dfrac{\sin\square}{\square}$ 或 $\lim\dfrac{\square}{\sin\square}$ 含三角函数及商的极限，"□"是在同一极限过程下相同的无穷小量（即极限均趋于 0）.

2.3.2 第二个重要极限 $\lim\limits_{x\to\infty}\left(1+\dfrac{1}{x}\right)^{x}=e$

第二个重要极限

对于此函数极限，通过列出 $\left(1+\dfrac{1}{x}\right)^{x}$ 的数值表来观察其变化趋势，如表 2-1 所示.

表 2-1

x	$\cdots$	10	10^2	10^3	10^4	10^5	10^6	$\cdots$
$\left(1+\dfrac{1}{x}\right)^{x}$	$\cdots$	2.59374	2.70484	2.71692	2.71815	2.71827	2.71828	$\cdots$
x	$\cdots$	-10	-10^2	-10^3	-10^4	-10^5	-10^6	$\cdots$
$\left(1+\dfrac{1}{x}\right)^{x}$	$\cdots$	2.86792	2.73200	2.71964	2.71841	2.71830	2.71828	$\cdots$

从表 2-1 可以看出，当 $x\to\infty$ 时，$\left(1+\dfrac{1}{x}\right)^{x}$ 的函数值无限接近一个常数 $e=2.71828\cdots$，即

$$\lim_{x\to\infty}\left(1+\frac{1}{x}\right)^{x}=e \tag{2-1}$$

如果令 $\dfrac{1}{x}=\gamma$，那么 $x=\dfrac{1}{\gamma}$，当 $x\to\infty$ 时，有 $\gamma\to 0$，因此 $\lim\limits_{x\to\infty}\left(1+\dfrac{1}{x}\right)^{x}=e$ 还可以写成另一种形式

$$\lim_{\gamma\to 0}(1+\gamma)^{\frac{1}{\gamma}}=e \tag{2-2}$$

上述公式（2-1）和（2-2）呈 1^{∞} 型，所以第二个重要极限常用于求 1^{∞} 型幂指函数型的极限.

例 17 求极限 $\lim\limits_{x\to 0}(1+3x)^{\frac{1}{x}}$.

解 $\lim\limits_{x\to 0}(1+3x)^{\frac{1}{x}}=\lim\limits_{x\to 0}(1+3x)^{\frac{1}{3x}\cdot 3}=\lim\limits_{x\to 0}\left[(1+3x)^{\frac{1}{3x}}\right]^{3}=e^{3}$

例 18 求极限 $\lim\limits_{x\to\infty}\left(\dfrac{1+x}{x}\right)^{2x}$.

解 $\lim\limits_{x\to\infty}\left(\dfrac{1+x}{x}\right)^{2x}=\lim\limits_{x\to\infty}\left(1+\dfrac{1}{x}\right)^{2x}=\lim\limits_{x\to\infty}\left[\left(1+\dfrac{1}{x}\right)^{x}\right]^{2}=e^{2}$

例 19 求极限 $\lim\limits_{x\to\infty}\left(1-\dfrac{1}{x}\right)^{3x+2}$.

解 $\lim\limits_{x\to\infty}\left(1-\dfrac{1}{x}\right)^{3x+2}=\lim\limits_{x\to\infty}\left[1+\left(-\dfrac{1}{x}\right)\right]^{3x}\cdot\left[1+\left(-\dfrac{1}{x}\right)\right]^{2}=\lim\limits_{x\to\infty}\left[1+\left(-\dfrac{1}{x}\right)\right]^{3x}\cdot 1$

极限与连续

$$= \lim_{x \to \infty} \left[1 + \left(-\frac{1}{x} \right) \right]^{-x \cdot (-3)} = e^{-3}$$

【小结】第二个重要极限适用于形如 $\lim\left(1+\dfrac{1}{\square}\right)^{\square}$ 的幂指函数型极限，"□"是在同一极限过程下相同的无穷大量，或形如 $\lim(1+\square)^{\frac{1}{\square}}$ 的幂指函数型的极限，"□"是在同一极限过程下相同的无穷小量.

任务解决

解 如一年取存款为 10000 元，存款期为一年，到期本利和为 $10000 \times (1+2.25\%)$，如果存半年取出后再存入，到年底可以 2 次计息，其本利和为 $10000 \times \left(1+\dfrac{0.025}{2}\right)^2$，如果每季度取存一次，到年底可以 4 次计息，其本利和为 $10000 \times \left(1+\dfrac{0.025}{4}\right)^4$，如果每个月取存一次，到年底可以 12 次计算，其本利和为 $10000 \times \left(1+\dfrac{0.025}{12}\right)^{12} \cdots$

由以上分析可知，一年中计息次数越多，得到的利息也越多. 设想在一年中取存无限多次（即随时取存结算），到年底本利和是多少呢？

设每年取 n 次（$n \to \infty$），则年底本利和为

$$\lim_{n \to \infty} 10000\left(1+\frac{0.025}{n}\right)^n = 10000\lim_{n \to \infty}\left[\left(1+\frac{0.025}{n}\right)^{\frac{n}{0.025}}\right]^{0.025} = 10000e^{0.025} = 10227.54\,\text{元}$$

由此可见，即使计息期无限缩短，计息次数无限增加，所得本利和也不会突破 $10000e^{0.025}$ 元. 由 $10000e^{0.025}-10000(1+0.025)=2.54$ 元，可知 10000 元一年内无限次存取与一年期整存整取之间的收益相差不大.

能力训练 2.3

1. 求下列极限.

参考答案

（1） $\lim\limits_{x \to \infty} x\sin\dfrac{2}{x}$

（2）$\lim\limits_{x \to 1} \dfrac{\sin(x^2-1)}{x-1}$

（3）$\lim\limits_{x \to 0} \dfrac{\tan 3x}{x}$

（4）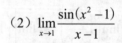 $\lim\limits_{n \to \infty} n^2\sin\dfrac{1}{n^2}$

（5）$\lim\limits_{x \to 0} \dfrac{\tan x}{x}$

（6）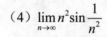 $\lim\limits_{x \to 0} \dfrac{x}{x\arctan x}$

（7）$\lim\limits_{x \to 1} \dfrac{\tan(x-1)}{x^2-3x+2}$

（8）$\lim\limits_{x \to 0} \dfrac{1-\cos 2x}{x\sin 2x}$

2．求下列函数的极限．

（1）$\lim\limits_{x\to\infty}\left(1+\dfrac{2}{x}\right)^{x}$

（2）$\lim\limits_{x\to\infty}\left(1-\dfrac{5}{x}\right)^{x}$

（3）$\lim\limits_{x\to0}(1-x)^{\frac{2}{x}}$

（4）$\lim\limits_{x\to\infty}\left(\dfrac{x}{1+x}\right)^{x}$

（5）$\lim\limits_{x\to\infty}\left(\dfrac{x+1}{x-2}\right)^{x}$

（6）$\lim\limits_{x\to\infty}\left(\dfrac{x^{2}-1}{x^{2}}\right)^{x}$

2.4 无穷小量与无穷大量

任务提出

运动员赛跑，冲向终点有快慢名次的差别，我们知道，当$x\to0$时，函数$2x-x^{2}$，$x^{2}-x^{3}$都趋向于0，请问这两个函数趋向0是否也存在快慢的区别？

解决问题知识要点：无穷小量的概念、无穷小量的比较.

学习目标

理解无穷小与无穷大的概念、性质及两者之间的关系；理解无穷小量阶的比较方法，掌握用等价无穷小代换法求极限的方法.

知识学习

2.4.1 无穷小量与无穷大量的定义

引例 我们经常会遇到一类变量，它们的绝对值变得越来越小且趋向于0．如图2-8所示，如果让单摆自己摆动，由于机械摩擦力和空气阻力的作用，单摆中的摆角θ与振幅T随时间的变化逐渐趋向于0，对于这种变量变化趋于0的情形，我们给出如下定义.

定义1 在自变量x的某一变化过程中，若函数$f(x)$的极限为0，即$\lim f(x)=0$，则称$f(x)$为该变化过程中的无穷小量，简称无穷小.

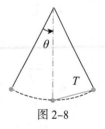

图2-8

无穷小定义对极限过程$x\to x_{0}$（或$x\to\infty$）均适用。

例如，当$n\to\infty$时，数列$\left\{\dfrac{1}{\sqrt{n}}\right\}$，$\left\{\dfrac{1}{n}\right\}$，$\left\{\dfrac{1}{n^{2}}\right\}$都是无穷小量；又如，当$x\to0$时，函数$\sin x$，$1-\cos x$等都是无穷小量.

应该指出的是，"无穷小"不是表达量的大小，而是表达变量的变化状态．必须注意：

（1）无穷小量是以0为极限的函数，不是绝对值很小的量；

（2）一个函数被称为无穷小量需明确自变量的变化过程，因为同一函数在不同的变化过程会有不同的变化趋势；

（3）无穷小量的定义对数列也适用.

由无穷小的定义，可得如下性质.

性质 1　有限个无穷小量的代数和仍为无穷小量.

性质 2　有限个无穷小量之积仍为无穷小量.

性质 3　无穷小量与有界函数之积仍为无穷小量.

例 20　求极限 $\lim\limits_{x\to\infty}\dfrac{\sin x}{x}$.

解　由于 $\lim\limits_{x\to\infty}\dfrac{1}{x}=0$，所以 $\dfrac{1}{x}$ 是 $x\to\infty$ 时的无穷小量，而 $|\sin x|\leqslant 1$，$\sin x$ 是有界函数，由性质 3 可知，$\dfrac{\sin x}{x}$ 是 $x\to\infty$ 时的无穷小量，即

$$\lim\limits_{x\to\infty}\frac{\sin x}{x}=0$$

类似地，无穷大量的定义如下.

定义 2　在自变量 x 的某一变化过程中，若函数 $f(x)$ 的绝对值 $|f(x)|$ 无限增大，则称 $f(x)$ 在该变化过程时是无穷大量，简称无穷大，记为 $\lim f(x)=\infty$.

例如，当 $x\to+\infty$ 时，$x^{\alpha}(\alpha>0)$，$a^{x}(a>1)$，$\log_{a}x(a>1)$ 都是无穷大量，当 $x\to 0$ 时，$\dfrac{1}{x}$，$\dfrac{1}{x^{2}}$，$\cdots$，$\dfrac{1}{x^{n}}$ 都是无穷大量.

同样地，"无穷大"不是表达量的大小，而是表达变量的变化状态. 必须注意：

（1）无穷大量是一个变量，一个数值无论多大，都不能称为无穷大；

（2）一个函数被称为无穷大量需明确自变量的变化过程，因为同一函数在不同的变化过程会有不同的变化趋势；

（3）无穷大量的定义对数列也适用；

（4）无穷大量是极限不存在的一种情形，无穷大用记号 $\lim f(x)=\infty$ 不代表极限存在.

2.4.2　无穷小量与无穷大量的关系

定理 1　在自变量的同一变化过程中，如果 $f(x)$ 是无穷大量，则 $\dfrac{1}{f(x)}$ 是无穷小量；

反之，如果 $f(x)$ 是无穷小量，且 $f(x)\neq 0$，则 $\dfrac{1}{f(x)}$ 是无穷大量.

例如，$x^{2}-4$ 在 $x\to 2$ 时是无穷小，所以 $\dfrac{1}{x^{2}-4}$ 在 $x\to 2$ 时是无穷大.

例 21　如果下列函数为无穷小，自变量 x 应如何变化？

（1）$y=2x-1$　　（2）$y=\dfrac{1}{3x-2}$　　（3）$y=3^{x}$　　（4）$y=\left(\dfrac{1}{3}\right)^{x}$

解 （1）因为 $\lim\limits_{x \to \frac{1}{2}}(2x-1)=0$，所以当 $x \to \dfrac{1}{2}$ 时，$2x-1$ 为无穷小.

（2）因为 $\lim\limits_{x \to \infty}\dfrac{1}{3x-2}=0$，所以当 $x \to \infty$ 时，$\dfrac{1}{3x-2}$ 为无穷小.

（3）因为 $\lim\limits_{x \to -\infty}3^{x}=0$，所以当 $x \to -\infty$ 时，3^{x} 为无穷小.

（4）因为 $\lim\limits_{x \to +\infty}\left(\dfrac{1}{3}\right)^{x}=0$，所以当 $x \to +\infty$ 时，$\left(\dfrac{1}{3}\right)^{x}$ 为无穷小.

2.4.3 无穷小量的比较

由性质可知，两个无穷小的和、差、积仍是无穷小，但两个无穷小的商不一定是无穷小. 无穷小的商是否是无穷小要取决于分子与分母趋向零的速度，下面介绍比较两个无穷小变化快慢的方法.

定义 3 设 α，β 是同一自变量变化过程中的两个无穷小量，且 $\alpha \neq 0$，则

（1）如果 $\lim\dfrac{\beta}{\alpha}=0$，那么称 β 是比 α 高阶的无穷小，记作 $\beta = o(\alpha)$；

（2）如果 $\lim\dfrac{\beta}{\alpha}=\infty$，那么称 β 是比 α 低阶的无穷小；

（3）如果 $\lim\dfrac{\beta}{\alpha}=c$，其中 $c \neq 0$，那么称 β 与 α 是同阶无穷小；

（4）如果 $\lim\dfrac{\beta}{\alpha}=1$，那么称 β 与 α 是等价无穷小，记作 $\alpha \sim \beta$.

例 22 当 $x \to 0$ 时，无穷小 $\ln(1+x)$ 与 x 是否同阶，是否等价？

解 因为

$$\lim_{x \to 0}\frac{\ln(1+x)}{x}=\lim_{x \to 0}\ln(1+x)^{\frac{1}{x}}=1$$

所以，当 $x \to 0$ 时，$\ln(1+x)$ 与 x 是等价无穷小.

例 23 当 $x \to 2$ 时，无穷小 $x^{2}-4$ 与 $x-2$ 是否同阶，是否等价？

解 因为

$$\lim_{x \to 2}\frac{x^{2}-4}{x-2}=\lim_{x \to 2}(x+2)=4$$

所以，当 $x \to 2$ 时，$x^{2}-4$ 与 $x-2$ 为同阶无穷小.

等价无穷小在求极限时有重要的作用，有如下定理：

定理 2 设同一极限过程中，有 $\alpha \sim \alpha'$，$\beta \sim \beta'$，且 $\lim\dfrac{\beta'}{\alpha'}$ 存在，则有 $\lim\dfrac{\beta}{\alpha}=\lim\dfrac{\beta'}{\alpha'}$.

定理表明，在求两个无穷小比值的极限时，分子、分母可以分别用各自的等价无穷小代替，这样可以简化极限的运算，因此应记住几个常用的等价无穷小量.

当 $x \to 0$ 时，$\sin x \sim x$，$\tan x \sim x$，$\arcsin x \sim x$，$\arctan x \sim x$，$1 - \cos x \sim \dfrac{x^2}{2}$，$e^x - 1 \sim x$，$\ln(1+x) \sim x$.

例 24 求极限 $\lim\limits_{x \to 0} \dfrac{\tan x - \sin x}{x^3}$.

解 将分子化简，$\tan x - \sin x = \dfrac{\sin x(1 - \cos x)}{\cos x}$，当 $x \to 0$ 时，$\sin x \sim x$，$1 - \cos x \sim \dfrac{x^2}{2}$，所以

$$\lim_{x \to 0} \frac{\tan x - \sin x}{x^3} = \lim_{x \to 0} \frac{\sin x(1 - \cos x)}{x^3 \cos x} = \lim_{x \to 0} \frac{x \cdot \dfrac{x^2}{2}}{x^3 \cos x} = \lim_{x \to 0} \frac{1}{2\cos x} = \frac{1}{2}$$

【注】 在利用等价无穷小量代换求极限时，只能对式中乘积因子整体代换，而不是项的代换，例如 $\lim\limits_{x \to 0} \dfrac{\tan x - \sin x}{x^3}$ 中的 $\tan x$ 和 $\sin x$，如果直接使用等价无穷小量 x 代替，则会得到错误结果.

任务解决

解 当 $x \to 0$ 时，函数 $2x - x^2$，$x^2 - x^3$ 都趋向于 0，因为 $\lim\limits_{x \to 0} \dfrac{x^2 - x^3}{2x - x^2} = 0$，所以在 $x \to 0$ 时，$x^2 - x^3$ 比 $2x - x^2$ 高阶无穷小，即 $x^2 - x^3$ 比 $2x - x^2$ 趋向 0 的速度更快.

能力训练 2.4

参考答案

1. 判断下列各题中的函数是无穷小量还是无穷大量.

（1）$\dfrac{3x-1}{x}$，当 $x \to 0$ 时

（2）$\ln|x|$，当 $x \to 0$ 时

（3）$2^{-x} - 1$，当 $x \to 0$ 时

（4）e^x，当 $x \to +\infty$ 时

（5）e^x，当 $x \to -\infty$ 时

（6）$x - \sin x$，当 $x \to 0$ 时

2. 比较下列各题中的无穷小（指出是同阶无穷小量、等价无穷小量还是高阶无穷小量）.

（1）x^5 与 $1000x^5$ $(x \to 0)$

（2）$x^3 - x^2$ 与 $2x - x^2$ $(x \to 0)$

（3）$1 - \cos x$ 与 x^2 $(x \to 0)$

（4）$\sin x$ 与 $2x - x^2$ $(x \to 0)$

3. 用无穷小量性质求下列极限.

（1）$\lim\limits_{x \to 0}(x + \tan x)$

（2）$\lim\limits_{x \to \infty} \dfrac{\cos x}{x}$

（3）$\lim\limits_{x \to 0}\left(x\sin\dfrac{1}{x}\right)$

（4）$\lim\limits_{x \to 0} \dfrac{x^2 \cos x}{1 + 2^x}$

$$(5)\ \lim_{x\to 0}\frac{1-\cos 2x}{x\sin x} \qquad\qquad (6)\ \lim_{x\to 0}x\cot 5x$$

2.5 函数的连续性

任务提出

某人登山，上午八点从山脚出发，沿山路步行上山，晚上八点到达山顶．登山过程中，他的速度时快时慢，有时还会停下来休息．第二天早晨八点，他从山顶出发沿原路下山，途中时快时慢，最终在晚上八点到达山脚．这个人说："这两天的某个相同的时刻，我经过了山路的同一点．"你觉得这人的话可信吗？

解决问题知识要点：零点存在定理的应用．

学习目标

理解函数连续性的概念，了解函数间断点的定义及间断点分类；理解连续函数四则运算及复合运算的连续性、初等函数的连续性；理解闭区间上连续函数的性质．

知识学习

2.5.1 函数连续性的概念

引例 古诗《回乡偶书》有言："少小离家老大回，乡音无改鬓毛衰．儿童相见不相识，笑问客从何处来．"为什么会出现这种情况？说明在时间的推移下，人的容貌会发生变化，导致分离许久的亲人相见不相识了．然而经常见面的人却为什么没有感觉到对方相貌的变化？主要原因是在相隔时间很短时，人的变化是微小且让人不易察觉，我们把这种变化称为连续变化．现实生活中有许多连续变化的现象，如地球不停地转动、植物生长时高度的变化、火车运行时距离的改变、物体的热胀冷缩现象等，这些现象的特点是当时间变化很小时，变量的变化也很小，这种变化现象体现在数学上就是函数的连续性．学习函数的连续性之前，先来学习反映函数改变大小的概念——增量．

1. 函数的增量

当自变量从初值 x_0 变到终值 x 时，终值与初值的差 $x-x_0$ 称为自变量的增量，记作 Δx，即

$$\Delta x = x - x_0$$

设函数 $y=f(x)$ 在 x_0 某邻域内有定义，当自变量 x 从 x_0 变到 $x_0+\Delta x$ 时，相应地，函数 y 从 $f(x_0)$ 变到 $f(x_0+\Delta x)$，则称 $f(x_0+\Delta x)-f(x_0)$ 为函数的增量，记作 Δy 或 $\Delta f(x)$，即

$$\Delta y = f(x_0+\Delta x) - f(x_0)$$

第2章

极限与连续

2. 函数的连续

定义 1 设函数 $y = f(x)$ 在点 x_0 处的某邻域内有定义，若自变量的增量 Δx 趋于 0 时，函数的增量 Δy 也趋于零，即

$$\lim_{\Delta x \to 0} \left[f(x_0 + \Delta x) - f(x_0) \right] = 0$$

函数的连续

则称函数 $y = f(x)$ 在点 x_0 处连续.

在定义 1 中，如果令 $x = x_0 + \Delta x$，则 $\Delta x \to 0$ 等价于 $x \to x_0$，$\Delta y \to 0$ 等价于 $f(x) \to f(x_0)$，因此，函数在 x_0 处的连续定义也可表示为：

定义 2 设函数 $y = f(x)$ 在点 x_0 的某邻域内有定义，且满足

$$\lim_{x \to x_0} f(x) = f(x_0)$$

则称函数 $f(x)$ 在点 x_0 处连续，x_0 称为函数 $f(x)$ 的连续点.

由定义知，函数 $y = f(x)$ 在点 x_0 处连续必须同时满足以下三个条件：

（1）函数 $f(x)$ 在点 x_0 处的某邻域内有定义；

（2）$\lim\limits_{x \to x_0} f(x)$ 存在；

（3）$\lim\limits_{x \to x_0} f(x) = f(x_0)$.

例 25 讨论函数 $y = f(x) = x^2$ 在点 $x = 3$ 处的连续性.

解 对于函数 $y = x^2$，当自变量 x 在 $x = 3$ 处有增量 Δx 时，相应地，函数的增量为

$$\Delta y = (3 + \Delta x)^2 - 3^2 = 6\Delta x + (\Delta x)^2$$

由于 $\lim\limits_{\Delta x \to 0} \Delta y = \lim\limits_{\Delta x \to 0} \left[6\Delta x + (\Delta x)^2 \right] = 0$，因此，函数 $y = x^2$ 在 $x = 3$ 处连接.

由定义可知，函数的连续性是建立在极限存在的基础上，根据函数 $f(x)$ 在点 x_0 处左极限、右极限的定义，容易得到函数 $y = f(x)$ 在点 x_0 处左连续与右连续的定义：

定义 3 设函数 $y = f(x)$ 在点 x_0 的某邻域内有定义，若 $\lim\limits_{x \to x_0^-} f(x) = f(x_0)$，则称函数 $y = f(x)$ 在点 x_0 处左连续；若 $\lim\limits_{x \to x_0^+} f(x) = f(x_0)$，则称函数 $y = f(x)$ 在点 x_0 处右连续.

于是有**函数 $f(x)$ 在点 x_0 处连续的充分必要条件是函数 $f(x)$ 在点 x_0 处既左连续又右连续.**

该结论主要用于讨论分段函数在分段点处的连续问题.

例 26 讨论函数 $f(x) = \begin{cases} \dfrac{\sin 5x}{x}, & x \neq 0 \\ 3, & x = 0 \end{cases}$ 在 $x = 0$ 处的连续性.

解 函数 $f(x)$ 在 $x = 0$ 处有定义，且 $f(0) = 3$，又由于

$$\lim_{x \to 0} f(x) = \lim_{x \to 0} \frac{\sin 5x}{x} = \lim_{x \to 0} \frac{\sin 5x}{5x} \cdot 5 = 5$$

因为 $\lim_{x \to 0} f(x) = 5 \neq f(0) = 3$，故函数 $f(x)$ 在 $x = 0$ 处不连续.

例 27 讨论函数 $f(x) = \begin{cases} 2x+1, & x \leqslant 0 \\ \cos x, & x > 0 \end{cases}$ 在 $x = 0$ 处的连续性.

解 函数 $f(x)$ 在 $x = 0$ 处有定义，且 $f(0) = 1$，又因为

$$\lim_{x \to 0^-} f(x) = \lim_{x \to 0^-} (2x+1) = 1$$
$$\lim_{x \to 0^+} f(x) = \lim_{x \to 0^+} \cos x = 1$$

所以 $\lim_{x \to 0} f(x) = f(0) = 1$，因此函数 $f(x)$ 在 $x = 0$ 处是连续的.

以上是函数在定义域内某一点连续的定义，下面给出函数在定义域区间内的连续定义.

定义 4 若函数 $f(x)$ 在开区间 (a, b)[或 $(-\infty, +\infty)$]内每一点处均连续，则称函数 $f(x)$ 在开区间 (a, b)[或 $(-\infty, +\infty)$]内连续.

若函数 $f(x)$ 在开区间 (a, b) 内连续，且在 $x = a$ 处右连续，在 $x = b$ 处左连续，则称若函数 $f(x)$ 在闭区间 $[a, b]$ 上连续.

函数 $f(x)$ 在开区间 (a, b) 内连续的几何意义是：函数 $f(x)$ 的图形在 (a, b) 内是一条连绵不断的曲线.

2.5.2 函数的间断点及分类

如果函数 $f(x)$ 在点 x_0 处不连续，则称 x_0 是 $f(x)$ 的间断点. 根据函数连续必须满足三个条件的要求，函数 $f(x)$ 在点 x_0 处不连续的原因应是下列三种情形之一：

（1）$f(x)$ 点 x_0 处无定义；

（2）$f(x)$ 在点 x_0 处有定义，但 $\lim_{x \to x_0} f(x)$ 不存在；

（3）$f(x)$ 在点 x_0 处有定义，且 $\lim_{x \to x_0} f(x)$ 存在，但 $\lim_{x \to x_0} f(x) \neq f(x_0)$.

由此，若函数 $f(x)$ 在点 x_0 处间断，则有以下分类.

（1）如果 $f(x)$ 在点 x_0 处的左右极限都存在，则称 x_0 为 $f(x)$ 的第一类间断点.

若 $\lim_{x \to x_0^-} f(x) = \lim_{x \to x_0^+} f(x)$，则称 x_0 为可去间断点；

若 $\lim_{x \to x_0^-} f(x) \neq \lim_{x \to x_0^+} f(x)$，则称 x_0 为跳跃间断点.

（2）如果 $f(x)$ 在点 x_0 处的左右极限至少有一个不存在，则称 x_0 为 $f(x)$ 的第二类间断点，其中当 $x \to x_0$ 时，$\lim_{x \to x_0} f(x) = \infty$，则称 x_0 为 $f(x)$ 的无穷间断点.

例 28 判断函数 $f(x) = \dfrac{x^2-1}{x^2-3x+2}$ 间断点 $x = 1$ 的类型.

解 函数 $f(x) = \dfrac{x^2-1}{x^2-3x+2}$ 在 $x = 1$ 处无定义，而

$$\lim_{x \to 1} f(x) = \lim_{x \to 1} \frac{x^2 - 1}{x^2 - 3x + 2} = \lim_{x \to 1} \frac{(x+1)(x-1)}{(x-2)(x-1)} = -2$$

所以，$x = 1$是函数$f(x)$的可去间断点.

例 29 判断函数$f(x) = \dfrac{x^2 - x}{|x|(x^2 - 1)}$间断点的类型.

解　因为函数$f(x)$在$x = 0$，$x = \pm 1$处无定义，所以$x = 0$，$x = \pm 1$为其间断点.

在$x = 0$处

$$\lim_{x \to 0^-} f(x) = \lim_{x \to 0^-} \frac{x^2 - x}{-x(x^2 - 1)} = \lim_{x \to 0^-} \frac{1}{-(x+1)} = -1$$

$$\lim_{x \to 0^+} f(x) = \lim_{x \to 0^+} \frac{x^2 - x}{x(x^2 - 1)} = \lim_{x \to 0^+} \frac{1}{x+1} = 1$$

所以，$x = 0$是函数$f(x)$的第一类间断点（跳跃间断点）.

在$x = -1$处

$$\lim_{x \to -1} f(x) = \lim_{x \to -1} \frac{x^2 - x}{-x(x^2 - 1)} = \lim_{x \to -1} \frac{1}{-(x+1)} = \infty$$

所以，$x = -1$是函数$f(x)$的第二类间断点（无穷间断点）.

在$x = 1$处

$$\lim_{x \to 1} f(x) = \lim_{x \to 1} \frac{x^2 - x}{x(x^2 - 1)} = \lim_{x \to 1} \frac{1}{x+1} = \frac{1}{2}$$

所以，$x = 1$是函数$f(x)$的第一类间断点（可去间断点）.

2.5.3　连续函数的基本性质

定理 1　设函数$f(x)$，$g(x)$在点x_0处连续，则它们的和、差、积、商（分母不等于零）也在点x_0处连续.

定理 2　若函数$y = f(u)$在u_0处连续，函数$u = \varphi(x)$在x_0处连续，且$u_0 = \varphi(x_0)$，则复合函数$y = f[\varphi(x)]$在x_0处连续.

定理 2 还可表示为：若$\lim\limits_{u \to u_0} f(u) = f(u_0)$，$\lim\limits_{x \to x_0} \varphi(x) = \varphi(x_0)$，且$u_0 = \varphi(x_0)$，则

$$\lim_{x \to x_0} f[\varphi(x)] = f[\varphi(x_0)]$$

即

$$\lim_{x \to x_0} f[\varphi(x)] = f\left[\lim_{x \to x_0} \varphi(x)\right]$$

这表明在求连续函数的复合函数的极限时，极限符号可与函数符号交换次序.

例 30 求极限 $\lim\limits_{x \to 1} \sqrt{x^2 + 3}$.

解 由于 $y = \sqrt{x^2 + 3}$ 是由 $y = \sqrt{u}$ 和 $u = x^2 + 3$ 复合而成的，函数 $y = \sqrt{u}$ 在 $u = 4$ 处连续，函数 $u = x^2 + 3$ 在 $x = 1$ 处连续，所以

$$\lim_{x \to 1} \sqrt{x^2 + 3} = \sqrt{\lim_{x \to 1}(x^2 + 3)} = 2$$

由于基本初等函数在其各自定义域内每一点处的极限均存在，且等于该点处的函数值，由连续函数的定义知，基本初等函数都是各自定义域内的连续函数. 再由定理 1、定理 2 得以下结论.

定理 3 初等函数在其定义区间内是连续的.

2.5.4 闭区间上连续函数的性质

闭区间上的连续函数有很多重要的性质，常常用来作为论证或分析某些问题的理论依据. 闭区间上连续函数的性质如下.

性质 1（最值性） 如果函数 $f(x)$ 在 $[a, b]$ 上连续，则 $f(x)$ 在 $[a, b]$ 上有最大值和最小值.

性质 2（有界性） 如果函数 $f(x)$ 在 $[a, b]$ 上连续，则 $f(x)$ 在 $[a, b]$ 上有界.

性质 3（介值定理） 如果函数 $f(x)$ 在 $[a, b]$ 上连续且 $f(a) \neq f(b)$，那么对介于 $f(a)$ 和 $f(b)$ 之间的任一值 C，则至少存在一点 $\xi \in (a, b)$，使得 $f(\xi) = C$. 如图 2-9 所示.

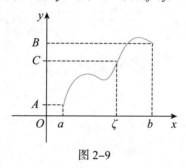

图 2-9

性质 4（零点存在定理） 如果函数 $f(x)$ 在 $[a, b]$ 上连续，且 $f(a)f(b) < 0$，则至少存在一点 $\xi \in (a, b)$，使得 $f(\xi) = 0$.

此定理的几何意义如图 2-10 所示，如函数 $f(x)$ 的图形在 $[a, b]$ 上是一条连续曲线，曲线的两个端点分别位于 x 轴两侧，则在该区间内连续曲线 $f(x)$ 与 x 轴至少存在一个交点.

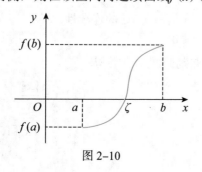

图 2-10

零点存在定理

由于曲线与x轴有交点，则其纵坐标为0，所以此定理常用来判断方程是否有根．

例 31 证明方程$\cos x - x = -1$在0与π之间有实根．

证 首先根据所给方程构造函数$f(x)=\cos x - x +1$及构造区间$[0,\pi]$，$f(x)$是初等函数，所以$f(x)$在$[0,\pi]$上连续，且$f(0)=2>0$，$f(\pi)=-\pi<0$，由零点存在定理知，至少存在一个点$\xi\in(0,\pi)$，使得$f(\xi)=0$，即$\cos\xi-\xi+1=0$，由此可证明方程$\cos x - x = -1$在0与π之间至少存在一个实根．

任务解决

解 这是初等数学中经典的行程问题，如果把这个人两天的行程重叠到一天里，换言之即想象有一人从山脚走向山顶，同一天里另一人从山顶走向山脚．显然，这两人一定会在途中的某个地点相遇，而相遇的时间和地点就说明了这个人在两天的同一时刻都经过了同一点．

下面用零点存在定理证明该点的存在性．

假设从山脚到山顶的路程为S，$S_1(t)$表示第一天出发t小时走过的路程，$S_2(t)$表示第二天出发t小时走过的路程，显然$S_1(t)$和$S_2(t)$都是$[0,12]$上的连续函数．

构造辅助函数$S(t)=S_1(t)+S_2(t)-S$，$S(x)$在闭区间$[0,12]$上连续，且$S(0)=S_1(0)+S_2(0)-S=-S$，$S(12)=S_1(12)+S_2(12)-S=S$．由零点存在定理知，存在$\xi\in(0,12)$，使得$S(\xi)=0$，即$S_1(\xi)+S_2(\xi)-S=0$．

能力训练 2.5

参考答案

1. 设函数$f(x)=\begin{cases} x\sin\dfrac{1}{x}+b, & x<0 \\ a, & x=0 \\ \dfrac{\sin x}{x}, & x>0 \end{cases}$，求

（1）当a，b为何值时，$f(x)$在$x=0$处极限存在；

（2）当a，b为何值时，$f(x)$在$x=0$处连续．

2. 讨论函数$f(x)=\begin{cases} \dfrac{1}{x}, & x>0 \\ x, & x\leq 0 \end{cases}$在$x=0$处的连续性．

3. 求下列函数的间断点并判断间断点类型．

（1）$y=\dfrac{x^2-2x+1}{x-1}$

（2）$y=\dfrac{|x|}{x}$

（3）$y=\cos^2\dfrac{1}{x}$

（4）$y=\begin{cases} x-1, & x\leq 1 \\ 3-x, & x>1 \end{cases}$

4. 利用函数连续性求下列函数极限.

（1）$\lim\limits_{x\to\frac{\pi}{2}}\ln\sin x$

（2）$\lim\limits_{x\to\frac{\pi}{8}}\tan 2x$

（3）$\lim\limits_{x\to 0}\ln(1+x)^{\frac{1}{x}}$

（4）$\lim\limits_{x\to 3}\sqrt{x^2-3x+2}$

5. 证明方程 $\sin x-x+1=0$ 在区间 $(0, \pi)$ 内有实数根.

6. 证明方程 $x5^x=1$ 至少有一个小于 1 的正实数根.

【数学实训二】
利用 MATLAB 求函数的极限

【实训目的】

（1）掌握定义符号对象的方法.

（2）掌握求符号函数极限的方法.

【学习命令】

函数求极限的步骤为如下.

（1）用 syms 定义符号变量，syms 函数一次可以定义多个符号变量.

用 syms 定义 3 个符号变量 a，b，c，则命令如下：

```
>>syms a b c
```

（2）自定义函数.

（3）使用 limit 函数计算极限，各种极限调用格式如表 2-2 所示.

表 2-2

数学运算	MATLAB 调用格式	数学运算	MATLAB 调用格式
$\lim\limits_{x\to a}f(x)$	Limit(f, x, a)	$\lim\limits_{x\to\infty}f(x)$	Limit(f, x, inf)
$\lim\limits_{x\to a^-}f(x)$	Limit(f, x, a, 'left')	$\lim\limits_{x\to-\infty}f(x)$	Limit(f, x, $-$inf)
$\lim\limits_{x\to a^+}f(x)$	Limit(f, x, a, 'right')	$\lim\limits_{x\to+\infty}f(x)$	Limit(f, x, inf)

说明：对于极限值为"没有定义"的极限，运算结果显示为 NaN；对于极限值为"无穷大"的极限，运算结果显示为 Inf.

【实训内容】

例 32 求函数极限 $\lim\limits_{x\to 3}\dfrac{2x+1}{x-2}$.

操作　首先告之 MATLAB 将使用的符号变量，然后定义函数：

```
>>syms x                % 创建符号变量
>>f=（2*x+1）/（x-2）     % 定义函数 f=(2x+1)/(x-2)
```

按回车键，输出：

```
f =
（2*x + 1）/（x - 2）     % 结果输出 f=(2x+1)/(x-2)
```

以下计算函数的极限：

>>F=limit（f，x，3）	% 计算结果，并把结果赋值给变量 F

按回车键，输出：

F=	
7	% 结果输出 $\lim\limits_{x\to 3}\dfrac{2x+1}{x-2}=7$

例 33 求函数极限 $\lim\limits_{x\to 3}(x^2+1)$.

操作 在命令窗口输入：

>>syms x	% 创建符号变量
>>g=x∧2+1；	% 定义函数 $g=x^2+1$，在函数后面加分号，按回车键时不会显示结果
>>G=limit（g，x，3）	% 计算函数 g 在 $x\to 3$ 时的极限，赋值给 G

按回车键，输出：

G=	
10	% 结果输出 $\lim\limits_{x\to 3}(x^2+1)=10$

例 34 验证两个函数乘积的极限等于两个函数各自极限的乘积，也就是

$$\lim_{x\to a}\big[f(x)g(x)\big]=\lim_{x\to a}f(x)\lim_{x\to a}g(x)$$

操作 在命令窗口输入：

>>F*G	% 计算极限 F 与 G 的乘积，此时系统会调用前两例中 F 与 G 的结果

按回车键，输出：

ans=	
70	% 结果输出 $F*G=70$

【实训作业】

使用 MATLAB 计算极限.

1. $\lim\limits_{x\to 0}\dfrac{\sin 3x}{x}$

2. $\lim\limits_{x\to 1}(1-x)\tan\dfrac{\pi x}{2}$

【知识延展】

对极限概念作出贡献的中外数学家

法国数学家奥古斯丁·路易斯·柯西是极限概念的奠基数学家，他的最大贡献是在微积分中引进了极限的概念，事实上，极限概念的发展却是经历了由简单到复杂、由粗糙到精确的过程. 从计算π的历史过程，我们就能看到古今极限思想的运用. 圆的周长与直径之比是常数，称为圆周率，记为π. 为这一比值，几千年来众多数学家呕心沥血，公元前一世纪的《周髀算经》就有了"径一周三"的记载，也就是被称为"古率"的π＝3. 到了公元前三世纪，古希腊数学家阿基米德采用圆内接与外切正多边形逼近于圆的极限

思想，曾计算到九十六边形，他算出了$\pi = 3.1419$．到了大约公元一世纪，古希腊的克罗狄斯·托勒密在所著的《数学汇编》中，算得$\pi = 3.141666$．公元三世纪，我国魏晋时期的数学家刘徽在注释《九章算术》时创立了有名的"割圆术"，即"割之弥细，所失弥少，割之又割，以至于不可割，则与圆周合体，而无所失矣"，按照这一极限思想，刘徽用内接正多边形的面积无限逼近圆的面积的方法算出了$\pi = 3.1416$．到了公元五世纪，我国南北朝时期的数学家祖冲之在《缀术》中同样运用"割圆术"在算到24576边形时，他得到$3.1415926 < \pi < 3.1415927$．中亚细亚的阿尔·卡希直到公元15世纪才把$\pi$算到小数点后16位，这才突破了祖冲之的精度，由于祖冲之在圆周率方面的成就比欧洲早了约1000年，所以被世界各国誉为"祖率"．之后，随着电子计算机的问世，计算速度大大加快，1949年计算到2037位，1983年计算到了2^{23}（8000多万）位，而计算机中所有计算程序的编写依然遵循的是古老的极限思想．

第3章 一元函数微分学

在一切成就中，未必再有什么像17世纪下半叶微积分的发明那样看作人类精神的最高胜利了．如果在某个地方，我们看到人类精神的纯粹的和唯一的功绩，那就正在这里．

——恩格斯

【课前导学】

数学中把研究导数、微分及应用的内容归为微分学，把研究不定积分、定积分及其应用的内容称为积分学，微分学和积分学统称为微积分学．微积分学是高等数学最基本最重要的组成部分，是现代数学大部分分支的基础，是科学技术无可或缺的强有力的工具，是人们认识客观世界，认识人类自身乃至探索宇宙的数学模型之一．

微分的概念最早出现在欧洲文艺复兴时期，当时工业、农业、航海、商贸的大规模发展，形成了新的经济时代，时代的发展进步给数学家提出了许多亟待解决的问题．到了17世纪，英国数学家、物理学家牛顿和德国哲学家、数学家莱布尼茨在总结前人研究成果的基础上，在各自的国家几乎同时独立地创建了微积分，为数学的迅猛发展，科学的长足进步，乃至人类文化昌盛作出了无与伦比的卓越贡献．

【知识脉络】

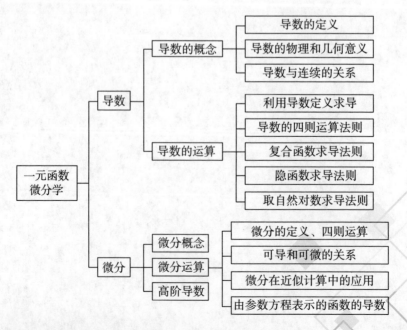

3.1 导数的概念

任务提出

经济活动中经常会遇到类似这样的问题，一家公司生产某种产品的成本函数为$C(q)=1000+2q^2$，其中q为生产的产品数量．求：

（1）当产量为 10 个产品时的平均成本；

（2）当产量由 10 个增加到 12 个时总成本的平均变化率；

（3）产量为 10 个时，再多生产一个产品，成本如何变化．

解决问题知识要点：导数的定义、导数在经济中的意义．

学习目标

理解导数的定义、函数可导与连续的关系；理解导数的几何意义，掌握平面曲线切线和法线方程的求法；理解导数的物理意义．

知识学习

导数的定义

3.1.1 导数的定义

欧洲文艺复兴划破了中世纪的黑暗，使人们恢复了对古代知识与思想的兴趣，同时也恢复了对自然界的兴趣，随之而来的便是如采矿冶炼、机器发明、商业交往、远洋航海等大量的实际问题，给人们特别是给数学家们提出了从未遇到过的而又亟待解决的新课题，其中有三类问题导致了微分学的产生：

（1）求变速运动的瞬时速度；

（2）求曲线上一点处的切线；

（3）求极大值、极小值．

这三类问题都归结为变量变化的快慢程度，即变化率问题，牛顿从第一个问题出发，莱布尼茨从第二个问题出发，分别得出了导数的概念．

当汽车进入隧道，卫星信号减弱或消失，此时如何进行汽车定位？航母舰载机起飞时，如何确定飞机飞离甲板的速度以及沿着什么方向起飞？这些问题的研究都可以归为以下的瞬时速度和切线斜率问题．

引例 1 如图 3-1 所示，某人从 A 走向 B，求此人在t_0时间点的瞬时速度．

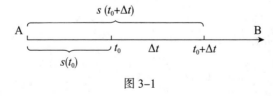

图 3-1

分析 一个质点匀速运动时它任意时刻的速度可以用"速度 = 路程 / 时间"来计算，

如果质点的运动是变速的，此公式就不能准确地描述运动过程中任意时刻的瞬时速度了．因此求质点在某一时刻的瞬时速度，需采用新的方法——求极限的方法来解决．

此例中将某人以质点代替，为此，在时刻t_0附近取另一时刻$t_0 + \Delta t$，此时变量的变化过程如下：

$$t : t_0 \to t_0 + \Delta t$$

$$s : s(t_0) \to s(t_0 + \Delta t)$$

于是有路程的增量

$$\Delta s = s(t_0 + \Delta t) - s(t_0)$$

此时，由路程的增量与时间的增量之比得到质点在Δt时间段内的平均速度

$$\bar{v}(t) = \frac{\Delta s}{\Delta t} = \frac{s(t_0 + \Delta t) - s(t_0)}{\Delta t}$$

显然，当时间增量越小时，平均速度$\bar{v}(t)$越接近t_0点的瞬时速度$v(t_0)$，用极限思想来解释就是：当时间改变量$\Delta t \to 0$时，路程改变量与时间改变量的比值的极限，称为质点在t_0处的瞬时速度．即

$$v(t_0) = \lim_{\Delta t \to 0} \frac{s(t_0 + \Delta t) - s(t_0)}{\Delta t}$$

引例2 求曲线切线的斜率．设曲线$y = f(x)$在点$P(x_0, f(x_0))$处有切线且斜率存在，求曲线$y = f(x)$在点P处的切线斜率．

分析 在曲线上另取一点Q，其坐标为$Q(x_0 + \Delta x, f(x_0 + \Delta x))$，作割线$PQ$，如图3-2所示，当割线$PQ$上的点$Q$沿着曲线趋于点$P$时，割线$PQ$随之变动，则称割线$PQ$的极限位置$PT$为曲线在$P$点的切线．

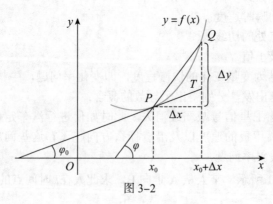

图3-2

为此，

（1）先求割线PQ的斜率

$$k_{PQ} = \tan\varphi = \frac{\Delta y}{\Delta x} = \frac{f(x_0 + \Delta x) - f(x_0)}{\Delta x}$$

（2）求切线PT的斜率k_{PT}：动点Q沿曲线趋于P等价于$\Delta x \to 0$，因此切线PT的斜率为

$$k_{PT} = \tan\varphi_0 = \lim_{\Delta x \to 0} \frac{\Delta y}{\Delta x} = \lim_{\Delta x \to 0} \frac{f(x_0 + \Delta x) - f(x_0)}{\Delta x}$$

以上两个问题的实际意义不同，但处理问题的思想方法是相同的，矛盾转化的辩证方法是相同的，数学结构是相同的，都是函数改变量与自变量改变量之比当自变量改变量趋于零时的极限，于是由这两个具体实际问题便可得出导数的定义.

定义1 设函数$y = f(x)$在点x_0的某个邻域内有定义，当自变量x在点x_0处取得改变量Δx时，函数也取得相应的改变量$\Delta y = f(x_0 + \Delta x) - f(x_0)$. 如果当$\Delta x \to 0$时，$\dfrac{\Delta y}{\Delta x}$的极限存在，即

$$\lim_{\Delta x \to 0} \frac{\Delta y}{\Delta x} = \lim_{\Delta x \to 0} \frac{f(x_0 + \Delta x) - f(x_0)}{\Delta x} \tag{3-1}$$

存在，则称此极限值为函数$y = f(x)$在点x_0处的导数，记作

$$f'(x_0),\ y'\big|_{x=x_0},\ \frac{\mathrm{d}y}{\mathrm{d}x}\bigg|_{x=x_0},\ \frac{\mathrm{d}f(x)}{\mathrm{d}x}\bigg|_{x=x_0}$$

若式（3-1）极限不存在，则称$y = f(x)$在点x_0处不可导.

例1 根据导数定义求$y = f(x) = x^2$在$x_0 = 3$处的导数.

解 根据定义求导数通常分以下三步.

（1）求增量：
$$\Delta y = f(x_0 + \Delta x) - f(x_0) = (3 + \Delta x)^2 - 3^2 = 6\Delta x + (\Delta x)^2$$

（2）求比值：
$$\frac{\Delta y}{\Delta x} = 6 + \Delta x$$

（3）求极限：
$$\lim_{\Delta x \to 0} \frac{\Delta y}{\Delta x} = \lim_{\Delta x \to 0} (6 + \Delta x) = 6$$

因此，得函数$f(x)$在$x_0 = 3$处可导，且

$$y'(3) = 6 \ \text{或} \ \frac{\mathrm{d}y}{\mathrm{d}x}\bigg|_{x=3} = 6$$

函数$y = f(x)$在点x_0某邻域内，自变量增量$\Delta x \to 0$等价于$x \to x_0$，此时函数的增量为$\Delta y = f(x) - f(x_0)$，所以函数$y = f(x)$在点x_0处的导数也可以表示为

$$f'(x_0) = \lim_{x \to x_0} \frac{f(x) - f(x_0)}{x - x_0}$$

在第2章中，由极限的概念引入了单侧极限，在介绍连续的概念后也引入了左连续、右连续的概念. 由于导数是建立在极限基础之上的，同样的也有左导数、右导数的概念.

定义2 设函数$y = f(x)$在x_0的某邻域内有定义，如果$\lim\limits_{x \to x_0^-} \dfrac{f(x) - f(x_0)}{x - x_0}$存在，则称之

为$y = f(x)$在x_0点处的左导数，记作：$f'_-(x_0)$；如果$\lim\limits_{x \to x_0^+} \dfrac{f(x) - f(x_0)}{x - x_0}$存在，则称之为$y = f(x)$在$x_0$点处的右导数，记作：$f'_+(x_0)$，左、右导数统称单侧导数.

显然，函数$y = f(x)$在x_0点处可导的充分必要条件是$f'_-(x_0)$，$f'_+(x_0)$存在且相等.

例2 讨论函数$y = f(x) = |x|$在$x_0 = 0$处的可导性.

解 求得函数$f(x)$在$x_0 = 0$处某邻域内的增量与自变量增量的比值，即

$$\frac{\Delta y}{\Delta x} = \frac{f(x) - f(0)}{x - 0} = \frac{|x|}{x}$$

根据单侧导数的定义，有

$$f'_-(x_0) = \lim_{x \to 0^-} \frac{|x|}{x} = \lim_{x \to 0^-} \frac{-x}{x} = -1$$

$$f'_+(x_0) = \lim_{x \to 0^+} \frac{|x|}{x} = \lim_{x \to 0^+} \frac{x}{x} = 1$$

可知，函数$f(x) = |x|$在$x_0 = 0$处有左导数、右导数，由于$f'_-(0) \neq f'_+(0)$，所以$f(x) = |x|$在$x_0 = 0$处不可导.

例3 设$y = f(x) = \begin{cases} 2x - 1, & x > 1 \\ x^2, & x \leqslant 1 \end{cases}$，求$f'(1)$.

解 当$x \leqslant 1$时，函数表达式为$f(x) = x^2$，左导数为

$$f'_-(1) = \lim_{x \to 1^-} \frac{f(x) - f(1)}{x - 1} = \lim_{x \to 1^-} \frac{x^2 - 1}{x - 1} = \lim_{x \to 1^-}(x + 1) = 2$$

当$x > 1$时，函数表达式为$f(x) = 2x - 1$，右导数为

$$f'_+(1) = \lim_{x \to 1^+} \frac{f(x) - f(1)}{x - 1} = \lim_{x \to 1^+} \frac{(2x - 1) - 1}{x - 1} = 2$$

由于$f'_-(1) = f'_+(1) = 2$，所以$y = f(x)$在$x_0 = 1$处可导，且$f'(1) = 2$.

定义3 如果函数$f(x)$在区间(a, b)内每一点都可导，则称函数$f(x)$在区间(a, b)内可导，此时对区间(a, b)每一个x都有一个导数值$f'(x)$与之对应，所以$f'(x)$也是x的一个函数，称其为函数$f(x)$在区间(a, b)内的导函数，简称为导数，即

$$f'(x) = \lim_{\Delta x \to 0} \frac{f(x + \Delta x) - f(x)}{\Delta x}$$

记作

$$f'(x), \ y', \ \frac{\mathrm{d}y}{\mathrm{d}x}, \ \frac{\mathrm{d}f(x)}{\mathrm{d}x}$$

显然，函数$f(x)$在x_0处的导数，就是导函数$f'(x)$在x_0处的函数值，即有

$$f'(x_0) = f'(x)\big|_{x = x_0}$$

例 4 已知 $y = \sqrt{x}$，求 $f'(x)$，$f'(1)$，$f'(2)$，$f'(x_0)$.

解 根据导数定义，先求出导函数.

（1）求增量：

$$\Delta y = f(x + \Delta x) - f(x) = \sqrt{x + \Delta x} - \sqrt{x}$$

（2）求比值：

$$\frac{\Delta y}{\Delta x} = \frac{\sqrt{x + \Delta x} - \sqrt{x}}{\Delta x}$$

（3）求极限：

$$\lim_{\Delta x \to 0} \frac{\Delta y}{\Delta x} = \lim_{\Delta x \to 0} \frac{\sqrt{x + \Delta x} - \sqrt{x}}{\Delta x} = \lim_{\Delta x \to 0} \frac{(\sqrt{x + \Delta x} - \sqrt{x})(\sqrt{x + \Delta x} + \sqrt{x})}{\Delta x(\sqrt{x + \Delta x} + \sqrt{x})}$$

$$= \lim_{\Delta x \to 0} \frac{\Delta x}{\Delta x(\sqrt{x + \Delta x} + \sqrt{x})} = \frac{1}{2\sqrt{x}}$$

得 $f(x)$ 的导函数，$f'(x) = \dfrac{1}{2\sqrt{x}}$，于是

$$f'(1) = \frac{1}{2\sqrt{x}}\bigg|_{x=1} = \frac{1}{2}, \ f'(2) = \frac{1}{2\sqrt{x}}\bigg|_{x=2} = \frac{1}{2\sqrt{2}}, \ f'(x_0) = \frac{1}{2\sqrt{x}}\bigg|_{x=x_0} = \frac{1}{2\sqrt{x_0}}$$

3.1.2 导数的物理意义和几何意义

由两个引例的处理过程可知，导数在物理和几何中有以下两个实际意义：

（1）物理意义：变速直线运动的瞬时速度.

（2）几何意义：曲线的切线的斜率.

根据导数的几何意义及直线的点斜式方程可知，曲线 $y = f(x)$ 上点 $(x_0, f(x_0))$ 处的切线方程为

$$y - f(x_0) = f'(x_0)(x - x_0)$$

过点 $(x_0, f(x_0))$ 且垂直于曲线在该点的切线的直线称为曲线 $y = f(x)$ 在该点处的法线，如果 $f'(x_0) \neq 0$，则曲线 $y = f(x)$ 上点 $(x_0, f(x_0))$ 处的法线方程为

$$y - f(x_0) = -\frac{1}{f'(x_0)}(x - x_0)$$

【注】因为法线与切线相互垂直，有 $k_{切} \cdot k_{法} = -1$.

例 5 求抛物线 $y = x^2$ 在点 $(3, 9)$ 处的切线方程和法线方程.

解 由本节例 1 知，函数 $y = x^2$ 在 $x = 3$ 处的导数为 $y'|_{x=3} = 6$，根据导数的几何意义得此函数图形（抛物线）在点 $(3, 9)$ 处切线的斜率为 $k_{切} = y'|_{x=3} = 6$，及法线斜率为 $k_{法} = -\dfrac{1}{6}$，

于是有符合题意的切线方程为 $y - 9 = 6(x - 3)$，法线方程为 $y - 9 = -\dfrac{1}{6}(x - 3)$.

3.1.3 函数的可导性与连续性的关系

定理 如果函数$y = f(x)$在x_0处可导，则$y = f(x)$在x_0处连续.

思考 如果函数$y = f(x)$在x_0处连续，那么函数$y = f(x)$在x_0处也一定可导吗？

例证 已知函数$y = |x|$在$x = 0$处连续，讨论在$x = 0$处的可导性.

函数图形如图 3-3 所示，图形在$x = 0$处出现"尖点"，本章例 2
已讨论知函数在该点的左导数、右导数均存在但不相等，函数在该
点不可导. 一般地，如果函数$y = f(x)$图形在x_0处出现"尖点"，则
函数在该点不可导，此时曲线$y = f(x)$点$(x_0, f(x_0))$处的切线不存在.

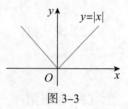

图 3-3

因此，若函数在一个区间内可导，则其图形不会出现尖点或者说其图形是一条连续
的光滑曲线.

结论 如果函数$y = f(x)$在x_0处连续，函数$y = f(x)$在x_0处不一定可导.

任务解决

解 （1）平均成本函数为$\bar{C}(q) = \dfrac{1000 + 2q^2}{q}$，则生产 10 个产品时的平均成本为

$$\bar{C}(10) = \frac{1000 + 2 \times 10^2}{10} = 120（元 / 个）$$

（2）当产量由 10 个增加到 12 个时总成本的平均变化率为

$$\frac{\Delta C(q)}{\Delta q} = \frac{C(12) - C(10)}{12 - 10} = \frac{1000 + 2 \times 144 - 1000 - 2 \times 100}{12 - 10} = 44（元 / 个）$$

（3）产量为 10 个时，再多生产一个产品，成本的变化情况可由导数在经济中的意义——
边际成本进行说明.

$$C'(q) = \lim_{q \to 10} \frac{C(q) - C(10)}{q - 10} = \lim_{q \to 10} \frac{1000 + 2q^2 - 1200}{q - 10} = \lim_{q \to 10} \frac{2(q - 10)(q + 10)}{q - 10} = \lim_{q \to 10} 2(q + 10) =$$

$40（元 / 个）$

这说明，产量为 10 个单位时，再多生产一个产品，成本将增加 40 元.

能力训练 3.1

参考答案

1. 物体做抛物线运动，经过t秒后，其上升的高度为$h(t) = 10t - 4t^2$，求：

（1）物体从$t = 2$时刻到$t = 2 + \Delta t$时刻所走过的距离Δh及平均速度$\bar{v}$；

（2）物体在$t = 2$秒时的瞬时速度$v(2)$.

2. 利用导数定义，求下列各函数在给定点处的导数$f'(x_0)$.

（1）$y = 3x^2 + 2x - 1$, $x_0 = 1$

（2）$y = \sin x$, $x_0 = 0$

3. 假定$f'(x_0)$存在，指出下列各极限表示什么.

（1）$\lim\limits_{\Delta x \to 0} \dfrac{f(x_0 + \Delta x) - f(x_0)}{\Delta x}$　　　（2）$\lim\limits_{\Delta x \to 0} \dfrac{f(x_0 + 2\Delta x) - f(x_0)}{\Delta x}$

（3）$\lim\limits_{h \to 0} \dfrac{f(x_0 - h) - f(x_0)}{h}$　　　　（4）$\lim\limits_{h \to 0} \dfrac{f(x_0 - 2h) - f(x_0)}{h}$

（5）$\lim\limits_{h \to 0} \dfrac{f(x_0 + h) - f(x_0 - h)}{h}$

4. 求下列函数的导数$\dfrac{\mathrm{d}y}{\mathrm{d}x}$及在点$x = 1$的导数值$\dfrac{\mathrm{d}y}{\mathrm{d}x}\Big|_{x=1}$.

（1）$y = x$　　　　　　（2）$y = \sqrt{x}$　　　　　　（3）$y = x^2$

（4）$y = \dfrac{1}{x}$　　　　　　（5）$y = \dfrac{1}{\sqrt{x}}$　　　　　　（6）$y = \ln x$

5. 求抛物线$y = x^2$在点$(1, 1)$处的切线方程.

6. 求双曲线$y = \dfrac{1}{x}$在点$\left(\dfrac{1}{2}, 2\right)$处的切线方程和法线方程.

7. 求曲线$y = \ln x$在点$(\mathrm{e}, 1)$处的切线方程.

8. 讨论下列函数在$x = 0$处的连续性与可导性.

（1）$y = \begin{cases} x\sin\dfrac{1}{x} & x \neq 0 \\ 0 & x = 0 \end{cases}$　　　　（2）$y = \begin{cases} \sin x & x \geqslant 0 \\ x - 1 & x < 0 \end{cases}$

（3）$y = \begin{cases} \dfrac{\sqrt{1 + x} - 1}{\sqrt{x}} & x \neq 0 \\ 0 & x = 0 \end{cases}$

3.2　函数的求导法则

任务提出

设有一个底面半径为r米，高为h米的圆柱形水箱，如果水从水箱底部的一个小孔以速率 1 立方米 / 分钟向外流出，请问水箱内水的高度下降有多快？

解决问题知识要点：掌握隐函数求导法则.

学习目标

熟练掌握基本初等函数的导数公式、导数的四则运算法则及复合函数的求导法则；会隐函数求导法、由参数方程所确定的函数求导法.

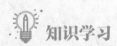 **知识学习**

在上节中利用定义求导数有明确的步骤，但计算过程十分烦琐，有时甚至无法求出，那么是否有常见的求导公式及求导法则，以使导数的运算更为简便易行？本节将回答这个问题.

3.2.1 导数的基本公式

引例 求函数 $y = \sin x$ 的导数.

解 （1）求增量：

$$\Delta y = \sin(x + \Delta x) - \sin x = 2\cos\left(x + \frac{\Delta x}{2}\right)\sin\frac{\Delta x}{2}$$

（2）求比值：

$$\frac{\Delta y}{\Delta x} = \frac{2\cos\left(x + \frac{\Delta x}{2}\right)\sin\frac{\Delta x}{2}}{\Delta x} = \frac{\cos\left(x + \frac{\Delta x}{2}\right)\sin\frac{\Delta x}{2}}{\frac{\Delta x}{2}}$$

（3）求极限：

$$\lim_{\Delta x \to 0}\frac{\Delta y}{\Delta x} = \lim_{\Delta x \to 0}\frac{\cos\left(x + \frac{\Delta x}{2}\right)\sin\frac{\Delta x}{2}}{\frac{\Delta x}{2}} = \cos x$$

得 $f'(x) = (\sin x)' = \cos x$.

类似地，可根据导数的定义整理、归纳出以下基本求导公式.

$(C)' = 0$ $\qquad\qquad\qquad\qquad (x^{\alpha})' = \alpha x^{\alpha-1}$

$(a^x)' = a^x \ln a$ $\qquad\qquad\qquad (\mathrm{e}^x)' = \mathrm{e}^x$

$(\log_a |x|)' = \dfrac{1}{x \ln a}$ $\qquad\qquad (\ln |x|)' = \dfrac{1}{x}$

$(\sin x)' = \cos x$ $\qquad\qquad\qquad (\cos x)' = -\sin x$

$(\tan x)' = \sec^2 x$ $\qquad\qquad\quad (\cot x)' = -\csc^2 x$

$(\sec x)' = \sec x \cdot \tan x$ $\qquad\quad (\csc x)' = -\csc x \cdot \cot x$

$(\arcsin x)' = \dfrac{1}{\sqrt{1-x^2}}$ $\qquad\quad (\arccos x)' = \dfrac{-1}{\sqrt{1-x^2}}$

$(\arctan x)' = \dfrac{1}{1+x^2}$ $\qquad\qquad (\text{arccot}\, x)' = \dfrac{-1}{1+x^2}$

3.2.2 导数的四则运算法则

设函数 $u(x)$，$v(x)$ 在点 x 处可导，则 $u(x) \pm v(x)$，$u(x)v(x)$，$\dfrac{u(x)}{v(x)}(v(x) \neq 0)$ 在点 x 处亦可导，且有如下法则：

$$(u \pm v)' = u' \pm v'$$

$$(uv)' = u'v + uv'$$

$$\left(\frac{u}{v}\right)' = \frac{u'v - v'u}{v^2} \quad (v \neq 0)$$

特别地，$(cu)' = cu'$（c 为常数）.

例 6 求下列函数的导数

（1）$y = \sin x - x^3 + x + 5$

（2）$y = 3\mathrm{e}^x + \dfrac{1}{x} - 2x^2 + \tan\dfrac{\pi}{4}$

（3）$y = (x^2 + 2x)\ln x$

（4）$y = x\tan x - 2\sec x$

（5）$y = \dfrac{x+1}{x-1}$

（6）$y = \tan x$

解　（1）$y' = (\sin x - x^3 + x + 5)'$

$\qquad = (\sin x)' - (x^3)' + (x)' + 5' = \cos x - 3x^2 + 1$

（2）$y' = \left(3\mathrm{e}^x + \dfrac{1}{x} - 2x^2 + \tan\dfrac{\pi}{4}\right)'$

$\qquad = (3\mathrm{e}^x)' + \left(\dfrac{1}{x}\right)' - (2x^2)' + \left(\tan\dfrac{\pi}{4}\right)'$

$\qquad = 3\mathrm{e}^x - \dfrac{1}{x^2} - 4x$

（3）$y' = \left[(x^2 + 2x)\ln x\right]'$

$\qquad = (x^2 + 2x)'\ln x + (\ln x)'(x^2 + 2x)$

$\qquad = (2x + 2)\ln x + \dfrac{1}{x}(x^2 + 2x)$

$\qquad = 2x\ln x + 2\ln x + x + 2$

（4）$y' = (x\tan x - 2\sec x)' = (x\tan x)' - 2(\sec x)'$

$\qquad = x'\tan x + (\tan x)'x - 2\sec x\tan x$

$\qquad = \tan x + x\sec^2 x - 2\sec x\tan x$

（5）$y' = \left(\dfrac{x+1}{x-1}\right)' = \dfrac{(x+1)'(x-1) - (x-1)'(x+1)}{(x-1)^2}$

$\qquad = \dfrac{(x-1) - (x+1)}{(x-1)^2} = \dfrac{-2}{(x-1)^2}$

（6）$y' = (\tan x)' = \left(\dfrac{\sin x}{\cos x}\right)'$

$\qquad = \dfrac{(\sin x)'\cos x - (\cos x)'\sin x}{\cos^2 x}$

$\qquad = \dfrac{\cos^2 x + \sin^2 x}{\cos^2 x} = \dfrac{1}{\cos^2 x} = \sec^2 x$

以上是基本求导公式及导数的四则运算，但这并没有解决如何求复合函数的导数问题，我们知道复合函数 $y = (2x-1)^3$ 是由函数 $y = u^3$ 和函数 $u = 2x-1$ 复合而成的，那么 $y = (2x-1)^3$ 的导数与这两个简单函数 $y = u^3$ 和 $u = 2x-1$ 的导数之间有什么关系呢？下面的法则给出了答案.

3.2.3 复合函数求导法则

设函数 $y = f[\varphi(x)]$ 由函数 $y = f(u)$ 和函数 $u = \varphi(x)$ 复合而成，若 $u = \varphi(x)$ 在点 x 处可导，而 $y = f(u)$ 在对应的点 $u = \varphi(x)$ 处可导，则复合函数 $y = f[\varphi(x)]$ 在点 x 处可导，且

复合函数求导法则

$$\left[f(\varphi(x))\right]' = f'(u)\varphi'(x) \tag{3-2}$$

或写成

$$y' = y'_u u'_x \text{ 或 } \frac{\mathrm{d}y}{\mathrm{d}x} = \frac{\mathrm{d}y}{\mathrm{d}u}\frac{\mathrm{d}u}{\mathrm{d}x}$$

上式（3-2）等号右边第一项 $f'(u)$ 表示"函数 $y = f(u)$ 对中间变量 u 求导数"，第二项 $\varphi'(x)$ 表示"函数 $u = \varphi(x)$ 对自变量 x 求导数". 例如，$y = \sin x^2$ 是由 $y = \sin u$ 和 $u = x^2$ 复合而成的，则由复合函数求导法则可得

$$y' = (\sin u)'(x^2)' = (\cos u)2x = 2x\cos x^2$$

例7 求函数 $y = (1 + 2x)^{-25}$ 的导数.

解　函数 $y = (1 + 2x)^{-25}$ 由 $y = u^{-25}$，$u = 1 + 2x$ 复合而成，因此

$$y' = f'(u)u'(x) = (u^{-25})'(1 + 2x)' = -25u^{-25-1} \cdot 2 = -50(1 + 2x)^{-26}$$

例 8 设函数 $y = \sin 3x$，求 $\dfrac{\mathrm{d}y}{\mathrm{d}x}$.

解 函数 $y = \sin 3x$ 由 $y = \sin u$，$u = 3x$ 复合而成，因此

$$y' = y'_u u'_x = (\sin u)'_u (3x)'_x = 3\cos u = 3\cos 3x$$

例 9 设函数 $y = \mathrm{e}^{\sqrt{x}}$，求 $\dfrac{\mathrm{d}y}{\mathrm{d}x}$.

解 函数 $y = \mathrm{e}^{\sqrt{x}}$ 由 $y = \mathrm{e}^{u}$，$u = \sqrt{x}$ 复合而成，因此

$$y' = y'_u u'_x = (\mathrm{e}^u)'_u (\sqrt{x})'_x = \mathrm{e}^u \frac{1}{2\sqrt{x}} = \frac{\mathrm{e}^{\sqrt{x}}}{2\sqrt{x}}$$

复合函数求导法则可以推广到"有限次"复合的情形，设

$$y = f(u),\ u = \varphi(v),\ v = \psi(x)$$

则复合函数 $y = f\{\varphi[\psi(x)]\}$ 的导数为

$$y'_x = f'(u)\varphi'(v)\psi'(x)$$

或

$$y'_x = f'_u \varphi'_v \psi'_x$$

对复合函数求导法则熟悉后，求导时可不必再写出中间变量.

例 10 设函数 $y = \ln\sin x^3$，求 y'.

解

$$y' = \frac{1}{\sin x^3}(\sin x^3)' = \frac{1}{\sin x^3}\cos x^3 (x^3)' = \frac{\cos x^3}{\sin x^3}3x^2 = 3x^2 \cot x^3$$

例 11 设函数 $y = \sqrt{\sin^3 5x + 1}$，求 y'.

解

$$\begin{aligned}
y' &= \frac{1}{2\sqrt{\sin^3 5x + 1}}(\sin^3 5x + 1)' \\
&= \frac{1}{2\sqrt{\sin^3 5x + 1}}3\sin^2 5x(\sin 5x)' \\
&= \frac{1}{2\sqrt{\sin^3 5x + 1}}3\sin^2 5x\cos 5x(5x)' \\
&= \frac{15\sin^2 5x\cos 5x}{2\sqrt{\sin^3 5x + 1}}
\end{aligned}$$

3.2.4 隐函数求导法则

函数 $y = f(x)$ 表示变量 y 与 x 之间的对应关系，这种对应关系可以用不同的方式表达，如 $y = \sin x$，$y = x^3 + 2x$ 等，这种方式表达的函数称为显函数. 但有时也会遇到变量 y 与 x 之

间的对应关系由一个方程所确定，例如$e^x - e^y = xy$，$xy + y^2 = 4$，由于此类情形函数关系不明显，所以这样的函数称为隐函数.

一般地，我们称由方程$F(x, y) = 0$确定的函数称为隐函数.

有些隐函数是容易转化为显函数形式的，如$y^3 - 2x + 1 = 0$可写成$y = \sqrt[3]{2x-1}$，这个过程叫作隐函数的显化，但是有些隐函数是难以显化的，甚至不能显化，例如$e^x - e^y = xy$. 那么对于无法显化的隐函数如何求导？下面给出隐函数求导法则.

设$y = y(x)$是由方程$F(x, y) = 0$确定的隐函数，将$y = y(x)$代入方程中，得到恒等式：

$$F[x, y(x)] = 0$$

利用复合函数求导法则，恒等式两边同时对自变量x求导数，其中将y视为中间变量，就可以求得y对x的导数$y'(x)$.

以下通过示例具体介绍隐函数求导法.

例 12 求由方程$x^2 + y^2 = a^2$所确定的隐函数$y = y(x)$对x的导数.

解 方程等式两端同时对x求导得

$$(x^2)'_x + (y^2)'_x = (a^2)'_x$$

$$2x + 2yy' = 0$$

解出y'，得

$$y' = -\frac{x}{y}$$

【注】本例中y^2是y的函数，同时y又是x的函数，所以根据复合函数求导法则，有$(y^2)'_x = 2yy'$. 方程中其他项求导时，涉及含有y项的导数，均按此规则进行求导.

例 13 求由方程$e^x - e^y = xy$所确定的隐函数$y = y(x)$在$x = 0$处的导数.

解 等式两端同时对x求导得

$$(e^x)'_x - (e^y)'_x = (xy)'_x$$

$$e^x - e^y y' = y + xy'$$

合并含y'项，得

$$(x + e^y)y' = e^x - y$$

解出y'，得

$$y' = \frac{e^x - y}{x + e^y}$$

由原方程得知，当$x = 0$时，$y = 0$，于是有

$$y'|_{(0, 0)} = \frac{e^0 - 0}{0 + e^0} = 1$$

例 14 求由方程$x^2 + xy + y^2 = 4$所确定的曲线$y = y(x)$在点$(2, -2)$点处的切线方程.

解 等式两端同时对x求导得

$$2x + y + xy' + 2yy' = 0$$

解出y'，得

$$y' = -\frac{2x + y}{x + 2y}$$

将点$(2, -2)$代入上式

$$y'(2) = -\frac{2x + y}{x + 2y}\bigg|_{\substack{x=2 \\ y=-2}} = 1$$

于是，曲线在$(2, -2)$点处的切线方程为

$$y - (-2) = 1 \cdot (x - 2)$$

即

$$y = x - 4$$

例 15 证明$(x^\alpha)' = \alpha x^{\alpha-1}$.（进阶模块）

证 记$y = x^\alpha$，两边取自然对数，有

$$\ln y = \alpha \ln x$$

等式两端同时对x求导，得

$$\frac{y'}{y} = \frac{\alpha}{x}$$

即

$$y' = \frac{\alpha}{x} y = \frac{\alpha}{x} \cdot x^\alpha = \alpha x^{\alpha-1}$$

上述"取自然对数再求导"的方法称为"取自然对数求导法"，当函数关系式是由若干个简单函数及幂指函数经乘方、开方、乘或除等运算组成时，采用"取自然对数求导法"非常有效.

例 16 求函数$y = \sqrt{\dfrac{(x-1)(x-2)}{x-3}}$的导数.

解 等式两端取自然对数得

$$\ln y = \frac{1}{2}\left[\ln(x-1) + \ln(x-2) - \ln(x-3)\right]$$

等式两端同时对x求导

$$\frac{1}{y}y' = \frac{1}{2}\left(\frac{1}{x-1} + \frac{1}{x-2} - \frac{1}{x-3}\right)$$

因此

$$y' = \frac{1}{2}\sqrt{\frac{(x-1)(x-2)}{x-3}}\left(\frac{1}{x-1}+\frac{1}{x-2}-\frac{1}{x-3}\right)$$

任务解决

解 设在 t 时刻水的高度为 H 米，则水箱内水的体积为

$$V = \pi r^2 H$$

等式两边对 t 求导，得

$$\frac{\mathrm{d}V}{\mathrm{d}t} = \pi r^2 \frac{\mathrm{d}H}{\mathrm{d}t}$$

将速率 $\dfrac{\mathrm{d}V}{\mathrm{d}t}=1$ 代入上式，得

$$\frac{\mathrm{d}H}{\mathrm{d}t} = \frac{1}{\pi r^2}$$

即此时水箱内水的高度下降的速率为 $\dfrac{1}{\pi r^2}$ 立方米 / 分钟.

能力训练 3.2

参考答案

1. 计算下列函数的导数.

（1）$y = 3x^4 - \dfrac{1}{x^2} + \sin x$ 　　　　（2）$y = \sqrt{x} + \cos x + 5$

（3）$y = \dfrac{6}{x} - \dfrac{4}{x^2} + \dfrac{3}{x^3}$ 　　　　（4）$y = x^3 - x\sqrt{x} + \lg 8 + 3$

（5）$y = x^2(\ln x + \sqrt{x})$ 　　　　（6）$y = \mathrm{e}^x(\sin x - \cos x)$

（7）$y = (\mathrm{e}^x + 2)\tan x + 10$ 　　　　（8）$y = x^3 \log_2 x$

（9）$y = x^3 \sec x + \cot x$ 　　　　（10）$y = x\ln x\tan x$

（11）$y = 5^x \mathrm{e}^x$ 　　　　（12）$y = \dfrac{2x}{1-x^2}$

（13）$y = \dfrac{\tan x}{\ln x + 1}$ 　　　　（14）$y = \dfrac{1+\cos x}{\sin x}$

（15）$y = \dfrac{x\sqrt{x}}{\sqrt[3]{x^2}}\cos x$

2. 计算下列函数的导数.

（1）$y = (4x^3 - 1)^{100}$ 　　　　（2）$y = \dfrac{1}{\sqrt{2x-3}}$

（3）$y = \mathrm{e}^{x^2 - 2x + 1}$ 　　　　（4）$y = x\sqrt{1+x^2}$

（5）$y = \cos\sqrt{x} + 2^{\sin x}$

（6）$y = \ln(3x^2 + 2x)$

（7）$y = 2^{x^2+3x-1} - \sqrt{\ln x}$

（8）$y = \sin^2 x - \cos x^2$

（9）$y = e^{\sin\frac{1}{x}}$

（10）$y = \ln\dfrac{x + \sqrt{1+x^2}}{x}$

（11）$y = \sin^3(x^2 + 1)$

（12）$y = \dfrac{1}{\sqrt{3-x^2}}$

3. 求下列各隐函数的一阶导数.

（1）$x^2 + y^2 + xy + 9 = 0$

（2）$xy + e^x + e^y = 5$

（3）$\sin(x+y) + e^{xy} = 4$

（4）$x\ln y + y\ln x = 1$

（5）$y = 1 - xe^y$

（6）$y\ln x + e^{xy} = \cos 2x$

4. 用取自然对数求导法求下列函数的导数.

（1）$y = e^{\arctan\sqrt{x}}$

（2）$y = (1+x)(\sqrt{2+x^2})(\sqrt[3]{3+x^3})$

（3）$y = (\cos x)^{\sin x}$

5. 设$y = y(x)$是由方程$e^{x^2+2y} + \sin xy = 1$确定的函数，求$y'(0)$.

6. 求曲线$y = \sqrt{x} + \sin 2x$在横坐标$x = \pi$处的切线和法线方程.

7. 求椭圆$\dfrac{x^2}{9} + \dfrac{y^2}{4} = 1$在点$\left(\dfrac{3\sqrt{3}}{2}, 1\right)$处的切线和法线方程.

3.3 函数的微分与应用

任务提出

如果某个量的精确值为A，它的近似值为a，则$|A-a|$称为关于近似值a的绝对误差.

假如测出球的直径$D = 20$厘米，已知其测量误差为$|\Delta D| = 0.05$厘米，于是球体的体积

$V = \dfrac{1}{6}\pi D^3 = 4188.8$立方厘米，请问体积的绝对误差有多少？

解决问题知识要点：微分在近似计算中的应用.

学习目标

理解微分的定义，掌握微分的基本公式、运算法则及一阶微分形式不变性，以及微分在近似计算中的应用.

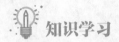

3.3.1 微分的概念

引例 物体热胀冷缩是生活中常见的现象，如图 3-4 所示，一块正方形金属薄片，当受热膨胀后，边长由x_0变到$x_0 + \Delta x$，如果想求出此薄片的面积y增加了多少，该如何求解？

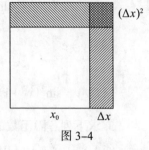

图 3-4

分析 边长为x_0的金属薄片的面积为$S = (x_0)^2$，当受热膨胀后，边长增加了Δx，此时面积的增加量为

$$\Delta S = (x_0 + \Delta x)^2 - x_0^2 = 2x_0\Delta x + (\Delta x)^2$$

由上式可以看出，ΔS表示图中阴影部分的面积，$2x_0\Delta x$是Δx的线性表达式，是ΔS的主要部分，$(\Delta x)^2$是顶角位置部分的面积，显然，当Δx很小时，$(\Delta x)^2$是比Δx高阶的无穷小。由此可见，当边长的改变很微小时，面积的改变量ΔS可以用$2x_0\Delta x$近似代替，而且直观地可以看到Δx越小，近似程度越高。那么，其他函数是否也有这种特性呢？

一般地，如果函数$y = f(x)$满足一定条件，则函数的增量Δy可以表示为

$$\Delta y = A\Delta x + o(\Delta x)$$

其中A是不依赖于Δx的常数，$A\Delta x$是Δx的线性函数且与Δy的差$o(\Delta x) = \Delta y - A\Delta x$是比$\Delta x$高阶的无穷小，因此当$A \neq 0$且$\Delta x$很小时，就可以用$A\Delta x$近似代替$\Delta y$，即

$$\Delta y \approx A\Delta x$$

抛开引例的实际背景，便得到微分的定义。

定义 设函数$y = f(x)$在x_0的某邻域内有定义，Δx是自变量的增量，$x_0 + \Delta x$仍属于该邻域，如果函数的增量$\Delta y = f(x_0 + \Delta x) - f(x_0)$可以表示为$\Delta y = A\Delta x + o(\Delta x)$，其中$A$是不依赖于$\Delta x$的常数，$o(\Delta x)$是比$\Delta x$高阶的无穷小，那么称$f(x)$在点$x_0$处可微。$A\Delta x$称为函数$y = f(x)$在点$x_0$处相对于自变量增量$\Delta x$的微分，记为$dy\big|_{x=x_0}$，即

$$dy\big|_{x=x_0} = A\Delta x$$

学习了微分的概念后，接下来需要进一步了解如何求微分的问题，即$dy\big|_{x=x_0} = A\Delta x$式中的$A$如何求出，以下的定理给出了答案。

定理 函数$f(x)$在$x = x_0$处可微的充要条件是$f(x)$在$x = x_0$处可导，且当$f(x)$在$x = x_0$处可微时，其微分是

$$dy\big|_{x=x_0} = f'(x_0)\Delta x$$

定理表明，$f(x)$在x_0处可导和可微是等价的。特别地，对于函数$y = x$，有$dy = x'\Delta x = \Delta x = dx$。为了便于讨论，数学上有个约定，自变量的增量等于自变量的微分，即$\Delta x = dx$，因此，微分通常记为

$$dy\big|_{x=x_0} = f'(x_0)dx$$

一般地，如果函数$f(x)$在定义域内任意点x处可微，则称函数$f(x)$是可微函数，它在x处的微分记作

$$dy = f'(x)dx$$

由上式可知，函数$y = f(x)$在点x处的导数$f'(x) = \dfrac{dy}{dx}$，刚好是函数的微分dy和自变量的微分dx的商$\dfrac{dy}{dx}$，所以导数也称为微商.

例 17 求函数$y = x^2$在$x = 1$，$\Delta x = 0.01$时的改变量及微分.

解　$\Delta y = (1 + 0.01)^2 - 1^2 = 1.0201 - 1 = 0.0201$

$$dy\big|_{x=1} = y'(1)dx = 2 \times 0.01 = 0.02$$

可见

$$\Delta y \approx dy$$

3.3.2　微分基本公式和运算法则

由$dy = f'(x)dx$容易得到以下微分基本公式及微分的运算法则，其中u和v均为可微函数.

1. 微分基本公式

$d(C) = 0$ $\qquad\qquad$ $d(x^\alpha) = \alpha x^{\alpha-1}dx$

$d(a^x) = a^x \ln a dx$ $\qquad\qquad$ $d(e^x) = e^x dx$

$d(\log_a x) = \dfrac{1}{x \ln a}dx$ $\qquad\qquad$ $d(\ln|x|) = \dfrac{1}{x}dx$

$d(\sin x) = \cos x dx$ $\qquad\qquad$ $d(\cos x) = -\sin x dx$

$d(\tan x) = \sec^2 x dx$ $\qquad\qquad$ $d(\cot x) = -\csc^2 x dx$

$d(\sec x) = \sec x \cdot \tan x dx$ $\qquad\qquad$ $d(\csc x) = -\csc x \cdot \cot x dx$

$d(\arcsin x) = \dfrac{1}{\sqrt{1-x^2}}dx$ $\qquad\qquad$ $d(\arccos x) = \dfrac{-1}{\sqrt{1-x^2}}dx$

$d(\arctan x) = \dfrac{1}{1+x^2}dx$ $\qquad\qquad$ $d(\text{arccot} x) = \dfrac{-1}{1+x^2}dx$

2. 微分的四则运算

$$d(u \pm v) = du \pm dv$$

$$d(uv) = vdu + udv$$

特别地，$d(Cu) = Cdu$（C为常数）.

$$d\left(\frac{u}{v}\right) = \frac{v\mathrm{d}u - u\mathrm{d}v}{v^2} \ (v \neq 0)$$

例 18 已知 $y = \ln x$，求 $\mathrm{d}y$，$\mathrm{d}y\big|_{x=3}$.

解

$$\mathrm{d}y = (\ln x)' \mathrm{d}x = \frac{1}{x}\mathrm{d}x$$

$$\mathrm{d}y\big|_{x=3} = \frac{1}{x}\bigg|_{x=3} \mathrm{d}x = \frac{1}{3}\mathrm{d}x$$

3. 微分形式不变性

与复合函数的求导法则相对应的复合函数的微分法则可进行如下推导.

设 $y = f(u)$，$u = g(x)$ 都可微，则复合函数 $y = f[g(x)]$ 可微，且它的微分为

$$\mathrm{d}y = \big\{ f[g(x)] \big\}' \mathrm{d}x = f'(u)g'(x)\mathrm{d}x = f'(u)\mathrm{d}u$$

上式中 $g'(x)\mathrm{d}x = \mathrm{d}[g(x)] = \mathrm{d}u$，这一性质称为微分形式不变性，它在复合函数求微分时非常有用.

例 19 已知函数 $y = \mathrm{e}^x \sin 2x$，求 $\mathrm{d}y$.

解　$f'(x) = (\mathrm{e}^x \sin 2x)'$

$$= (\mathrm{e}^x)' \sin 2x + (\sin 2x)' \mathrm{e}^x$$

$$= \mathrm{e}^x \sin 2x + \mathrm{e}^x 2\cos 2x$$

所以

$$\mathrm{d}y = \mathrm{e}^x(\sin 2x + 2\cos 2x)\mathrm{d}x$$

例 20 已知函数 $y = \cot^2 3x$，求 $\mathrm{d}y$.

解　$f'(x) = 2\cot 3x \cdot (\cot 3x)'$

$$= 2\cot 3x \big[-\csc^2(3x) \big] \cdot (3x)'$$

$$= -6\cot 3x \cdot \csc^2(3x)$$

所以

$$\mathrm{d}y = -6\cot 3x \cdot \csc^2(3x)\mathrm{d}x$$

3.3.3　微分在近似计算中的应用

微分概念源自近似代替的问题，所以微分在实际生产生活中常用来进行近似值的求解.

对于函数 $y = f(x)$，当 $|\Delta x|$ 很小，由 $\Delta y = f(x_0 + \Delta x) - f(x_0) \approx f'(x_0)\Delta x$，可得

$$f(x_0 + \Delta x) \approx f(x_0) + f'(x_0)\Delta x$$

这是计算 x_0 附近点的函数值的近似公式.

例 21 利用微分计算$\sqrt{2}$的近似值.

解　令$f(x)=\sqrt{x}$，$f'(x)=\dfrac{1}{2\sqrt{x}}$，$x_0=1.96$，$\Delta x=0.04$，于是有

$$\sqrt{2}=f(x_0+\Delta x)=f(1.96+0.04)\approx f(x_0)+f'(x_0)\Delta x$$

$$=\sqrt{1.96}+\dfrac{1}{2\sqrt{1.96}}\times 0.04=1.4+\dfrac{0.04}{2.8}=1.414$$

解决此类问题的关键是x_0的选取，本例选取$x_0=1.96$基于两点原因：① 1.96 很接近 2；②$\sqrt{1.96}$易于计算.

例 22 利用微分计算$\sin 29°$的近似值.

解　令$f(x)=\sin x$，$f'(x)=\cos x$，$x_0=30°$，$\Delta x=-1°=-\dfrac{\pi}{180}$，于是有

$$\sin 29°=f(x_0+\Delta x)\approx f(x_0)+f'(x_0)\Delta x$$

$$=\sin 30°+\cos 30°\cdot\left(-\dfrac{\pi}{180}\right)=\dfrac{1}{2}-\dfrac{\sqrt{3}}{2}\dfrac{\pi}{180}\approx 0.484$$

3.3.4　由参数方程表示的函数的导数

我们知道，一般情况下参数方程$\begin{cases}x=\varphi(t)\\y=\psi(t)\end{cases}$确定了$y$是$x$的函数，那么如何计算这个函数的导数$\dfrac{\mathrm{d}y}{\mathrm{d}x}$呢？

假设方程$\begin{cases}x=\varphi(t)\\y=\psi(t)\end{cases}$所确定的函数为$y=f(x)$，那么函数$y=\psi(t)$可以看成是由$y=f(x)$和$x=\varphi(t)$复合而成的，即$y=\psi(t)=f[\varphi(t)]$，假定$y=f(x)$和$x=\varphi(t)$都可导，且$\dfrac{\mathrm{d}x}{\mathrm{d}t}\neq 0$，于是根据复合函数求导法则，有

$$\dfrac{\mathrm{d}y}{\mathrm{d}t}=\dfrac{\mathrm{d}y}{\mathrm{d}x}\dfrac{\mathrm{d}x}{\mathrm{d}t}$$

即

$$\dfrac{\mathrm{d}y}{\mathrm{d}x}=\dfrac{\dfrac{\mathrm{d}y}{\mathrm{d}t}}{\dfrac{\mathrm{d}x}{\mathrm{d}t}}=\dfrac{\psi'(t)}{\varphi'(t)}$$

上式称为由参数方程所确定的函数的求导公式.

例 23 求参数方程$\begin{cases}x=R\cos t\\y=R\sin t\end{cases}$所确定的函数$y(x)$的导数$y'(x)$.

第 3 章

一元函数微分学

解

$$\frac{\mathrm{d}y}{\mathrm{d}x} = \frac{y'(t)}{x'(t)} = \frac{R\cos t}{-R\sin t} = -\cot t$$

例 24 求摆线 $\begin{cases} x = a(t - \sin t) \\ y = a(1 - \cos t) \end{cases}$ 在 $t = \dfrac{\pi}{2}$ 时相应点处的切线方程.

解 当 $t = \dfrac{\pi}{2}$ 时，切点横坐标与纵坐标分别为

$$x_0 = a\left(\frac{\pi}{2} - \sin\frac{\pi}{2}\right) = a\left(\frac{\pi}{2} - 1\right); \ y_0 = a\left(1 - \cos\frac{\pi}{2}\right) = a$$

求导

$$\frac{\mathrm{d}y}{\mathrm{d}x} = \frac{y'(t)}{x'(t)} = \frac{a\sin t}{a(1 - \cos t)} = \frac{\sin t}{1 - \cos t}$$

由导数几何意义知，摆线在 $t = \dfrac{\pi}{2}$ 处的切线斜率为

$$k = \frac{\mathrm{d}y}{\mathrm{d}x}\bigg|_{t=\frac{\pi}{2}} = \frac{\sin\dfrac{\pi}{2}}{1 - \cos\dfrac{\pi}{2}} = 1$$

所以摆线在 $t = \dfrac{\pi}{2}$ 处的切线方程为

$$y - a = 1 \cdot \left[x - a\left(\frac{\pi}{2} - 1\right)\right]$$

即

$$y = x - a\left(\frac{\pi}{2} - 2\right)$$

任务解决

解 由微分的定义可知

$$|\Delta V| \approx |\mathrm{d}V| = |V'(D)\Delta D| = \left|\frac{1}{2}\pi D^2 \Delta D\right| = \left|\frac{1}{2}\pi \cdot 20^2 \cdot 0.05\right| \approx 31.4 \,(\text{立方厘米})$$

所以，体积的绝对误差为 31.4 立方厘米.

能力训练 3.3

1. 对 $y = x^2 - 1$ 在 $x = 2$ 处分别计算当 $\Delta x = 1$, 0.1, 0.01 时的 Δy 和 $\mathrm{d}y$.

2. 求下列函数的微分.

（1）$y = x\sin 2x$

（2）$y = \arctan \mathrm{e}^x$

（3）$y = \dfrac{1}{x} + \sqrt{x}$

（4）$y = \ln(\mathrm{e}^{\sin 2x})$

（5）$y = 3^{\ln\tan x}$

（6）$y = \tan^2(1 + 2x^2)$

（7）$y = \ln(\ln x)$

（8）$y = \mathrm{e}^{-x}\cos(3 - x)$

（9）$y = \sqrt{1 + 2\sin^2 x}$

（10）$y = \arcsin\sqrt{1 - x^2}$

3. 求下列函数在给定点的微分值.

（1）$\varphi = (1 + t^2)\arctan t$, $t = 1$

（2）$y = x\mathrm{e}^x$, $x = 0$

（3）$x = \dfrac{1}{2}\cos 3t$, $\quad t = \dfrac{\pi}{2}$

4. 利用微分求下列数的近似值.

（1）$\mathrm{e}^{1.01}$

（2）$\sin 45°30'$

（3）$\sqrt[3]{998}$

（4）$\ln 0.98$

5. 将适当的函数填入下列括号内，使等式成立.

（1）$\mathrm{d}(\quad) = 2\mathrm{d}x$

（2）$\mathrm{d}(\quad) = x\mathrm{d}x$

（3）$\mathrm{d}(\quad) = 2(x + 1)\mathrm{d}x$

（4）$\mathrm{d}(\quad) = \dfrac{1}{x^2}\mathrm{d}x$

（5）$\mathrm{d}(\quad) = \mathrm{e}^{2x}\mathrm{d}x$

（6）$\mathrm{d}(\quad) = 2^x\mathrm{d}x$

（7）$\mathrm{d}(\quad) = \dfrac{1}{2\sqrt{x}}\mathrm{d}x$

（8）$\mathrm{d}(\quad) = (\sin x + \cos x)\mathrm{d}x$

（9）$\mathrm{d}(\quad) = \sec^2 x\mathrm{d}x$

（10）$\mathrm{d}(\quad) = \cos 2x\mathrm{d}x$

6. 求下列参数方程所确定的函数的导数.

（1）$\begin{cases} x = a(t - \sin t) \\ y = a(1 - \cos t) \end{cases}$

（2）$\begin{cases} x = \mathrm{e}^{2t}\cos^2 t \\ y = \mathrm{e}^{2t}\sin^2 t \end{cases}$

（3）$\begin{cases} x = \sqrt{1 + t} \\ y = \sqrt{1 - t} \end{cases}$

（4）$\begin{cases} x = \arcsin\dfrac{1}{\sqrt{1 + t^2}} \\ y = \arccos\dfrac{1}{\sqrt{1 + t^2}} \end{cases}$

3.4 高阶导数

任务提出

某款汽车在测试刹车性能时发现，刹车后汽车行驶的距离 S 米与时间 t 秒满足关系 $S = 19.2t - 0.4t^3$，假如汽车做直线运动，能否由此测算出汽车在刹车后 $t = 4$ 秒时的速度和加速度.

解决问题知识要点：导数在物理中的意义、高阶导数的计算.

学习目标

理解高阶导数的概念，掌握函数二阶导数计算方法.

知识学习

3.4.1 高阶导数的定义

一般地，函数 $y = f(x)$ 的导数 $y' = f'(x)$ 仍是 x 的函数，如果 $y' = f'(x)$ 仍然可导，则称 $y' = f'(x)$ 的导数为函数 $y = f(x)$ 的二阶导数，记作

$$y''(x), \ f''(x), \ \frac{\mathrm{d}^2 y}{\mathrm{d}x^2} \text{ 或 } \frac{\mathrm{d}^2 f}{\mathrm{d}x^2}$$

类似地，在各阶导函数仍可导的条件下有：二阶导数 y'' 的导数称为函数 $f(x)$ 的三阶导数，三阶导数 y''' 的导数称为函数 $f(x)$ 的四阶导数，以此类推，$(n-1)$ 阶导数的导数称为函数 $f(x)$ 的 n 阶导数，记作

$$y^{(n)}(x), \ f^{(n)}(x), \ \frac{\mathrm{d}^n y}{\mathrm{d}x^n} \text{ 或 } \frac{\mathrm{d}^n f}{\mathrm{d}x^n}$$

我们把二阶及二阶以上的导数统称为高阶导数.

【注】在物理中，路程函数的一阶导数为瞬时速度，路程函数的二阶导数为加速度.

例 25 求函数 $y = e^x$ 的 n 阶导数.

解 $y = e^x$，$y' = e^x$，$y'' = e^x$，$\cdots$，一般地，$y^{(n)} = e^x$，即有

$$(e^x)^{(n)} = e^x$$

例 26 求函数 $y = x^n$ 的 n 阶导数.

解 $y' = nx^{n-1}$，$y'' = (nx^{n-1})' = n(n-1)x^{n-2}$，$\cdots$，一般地，$y^{(n)} = n!$，即有

$$(x^n)^{(n)} = n!$$

例 27 求函数 $y = \sin^2 x$ 的二阶导数 y''.

解 $y' = 2\sin x(\sin x)' = 2\sin x \cos x = \sin 2x$

$y'' = (\sin 2x)' = \cos 2x \cdot (2x)' = 2\cos 2x$

例 28 设函数 $y = e^{x^2}$，求 $y''(1)$.

解 $y' = e^{x^2}(x^2)' = 2xe^{x^2}$

$y'' = (2xe^{x^2})' = 2e^{x^2} + 2x(e^{x^2})' = 2e^{x^2} + 2x(2xe^{x^2}) = 2e^{x^2}(1 + 2x^2)$

$y''(1) = 2e^1 \times (1 + 2 \times 1^2) = 6e$

3.4.2 隐函数的二阶导数（进阶模块）

下面通过举例说明由方程所确定的隐函数的二阶导数的求法.

例 29 设 $y = y(x)$ 是方程 $x^2 + \dfrac{y^2}{2} = 1$ 所确定的函数，求 $y''(x)$.

解 方程两端同时对 x 求导，得

$$2x + yy' = 0$$

求得

$$y' = -\frac{2x}{y}$$

上式两边同时对 x 求导

$$y'' = -\frac{(2x)'y - 2xy'}{y^2} = -2\frac{y - xy'}{y^2}$$

将 $y' = -\dfrac{2x}{y}$ 代入上式得

$$y'' = -2\frac{y - x\left(-\dfrac{2x}{y}\right)}{y^2} = -2\frac{y^2 + 2x^2}{y^3}$$

由方程 $x^2 + \dfrac{y^2}{2} = 1$ 可知 $y^2 + 2x^2 = 2$，于是有

$$y'' = -\frac{4}{y^3}$$

3.4.3 参数方程表示的函数的二阶导数（进阶模块）

下面通过举例说明参数方程表示的函数的二阶导数求导法.

设参数方程 $\begin{cases} x = \varphi(t) \\ y = \psi(t) \end{cases}$ 确定了 y 是 x 的函数，$y'(x)$ 为一阶导数，则函数 $y(x)$ 的二阶导数 $y''(x)$ 求解公式如下：

第3章 一元函数微分学

69

$$y''(x) = \frac{dy'}{dx} = \frac{\dfrac{dy'}{dt}}{\dfrac{dx}{dt}}$$

例 30 设参数方程 $\begin{cases} x = \cos t \\ y = \sin t \end{cases}$ 确定了函数 $y = y(x)$，求 $y''(x)$.

解

$$y'(t) = (\sin t)' = \cos t$$

$$x'(t) = (\cos t)' = -\sin t$$

$$y'(x) = \frac{dy}{dx} = \frac{y'(t)}{x'(t)} = -\cot t$$

$$y''(x) = \frac{dy'}{dx} = \frac{\dfrac{dy'}{dt}}{\dfrac{dx}{dt}} = \frac{(-\cot t)'}{-\sin t} = \frac{\csc^2 t}{-\sin t} = \frac{1}{-\sin^3 t}$$

任务解决

解 根据导数的物理意义，路程函数的一阶导数为瞬时速度，路程函数的二阶导数为加速度，所以汽车刹车后的速度为

$$v(t) = \frac{dS}{dt} = 19.2 - 1.2t^2$$

汽车刹车后的加速度为

$$a(t) = v'(t) = -2.4t$$

所以，$t = 4$ 秒时，汽车的速度为

$$v(4) = (19.2 - 1.2t^2)\big|_{t=4} = 0 \text{(米/秒)}$$

$t = 4$ 秒时，汽车的加速度为

$$a(4) = -2.4t\big|_{t=4} = -9.6 \text{(米/秒}^2\text{)}$$

能力训练 3.4

参考答案

1. 求下列函数的二阶导数 y''.

（1） $y = x^3 - 2x^2 + 3$

（2） $y = \sin x + e^{2x}$

（3） $y = \cos x + \sin x$

（4） $y = x \sin x$

（5） $y = 4^x + \ln x$

（6） $y = e^{-x} + e^x$

2. 求下列各函数在指定点的高阶导数值.

（1）$y = x^5 - 2x^2 + 1$，求$y''|_{x=-1}$.

（2）$y = (x+3)^4$，求$f^{(3)}(1)$.

3. 求下列参数方程所确定的函数的二阶导数.

（1）$\begin{cases} x = \dfrac{t^2}{2} \\ y = 1 - t \end{cases}$
$\qquad$（2）$\begin{cases} x = 3e^{-t} \\ y = 2e^t \end{cases}$

（3）$\begin{cases} x = a\cos t \\ y = b\sin t \end{cases}$
$\qquad$（4）$\begin{cases} x = a\cos^3 t \\ y = b\sin^3 t \end{cases}$

【数学实训三】

利用 MATLAB 求函数的导数

【实训目的】

掌握求符号函数导数的方法.

【学习命令】

MATLAB 可以使用 diff 函数来计算导数，它可以求一元函数的导数和多元函数的偏导数，diff 函数调用格式主要有以下几种.

diff（f）：表示函数 f 对默认变量求一阶导数.

diff（f，t）：表示函数 f 对变量 t 求一阶导数.

diff（f，x，n）：表示函数 f 对变量 x 求 n 阶导数.

【实训内容】

例 31 求函数 $f(x) = x^2$ 和 $g(t) = \sin(10t)$ 的一阶导数.

操作 在命令窗口输入：

```
>>syms x t            % 创建符号变量x和t
>>f=x^2 ;             % 定义函数f，在函数后加分号，按回车键不会显示结果
>>g=sin（10*t）;       % 定义函数g，在函数后加分号，按回车键不会显示结果
>>F=diff（f）          % 求函数f的一阶导数
```

按回车键，输出：

```
F=
2*x                   % 输出结果f'(x)=2x
```

在命令窗口输入：

```
>>G=diff（g）          % 求函数g的一阶导数
```

按回车键，输出：

```
G=
10*cos（10*t）         % 输出结果G'(x)=10cos(10t)
```

例 32 求 $f(t)=te^{-3t}$ 的二阶导数.

操作 在命令窗口输入:

```
>>syms t                          % 创建符号变量t
>>f=t*exp(-3*t);                  % 定义函数f
>>F=diff(f,t,2)                   % 求函数f的二阶导数
```

按回车键,输出:

```
F=
9*t*exp(-3*t)-6*exp(-3*t)         % 输出结果 f''(x)=9te^{-3t}-6e^{-3t}
```

【实训作业】

使用 MATLAB 计算 $f(x)=\dfrac{\sin x}{x}$ 的一、二阶导数.

【知识延展】

历史上的第二次数学危机

早期的微积分常被称为"无穷小分析",原因在于微积分就是建立在无穷小概念上的,不过当时的无穷小并不是现在极限章节里所定义的无穷小概念,当时的"无穷小分析"是含混不清的,一是某些概念含糊不清,二是某些推理不严谨.在牛顿和莱布尼茨的著作中,运算的结果虽然正确,但推理过程却有逻辑漏洞,比如无穷小量有时是零,有时是非零的有限量,具体体现如下式:

$$(x^2)'=\lim_{\Delta x\to 0}\frac{(x+\Delta x)^2-(x)^2}{\Delta x}=\lim_{\Delta x\to 0}\left[2x+(\Delta x)^2\right]=2x$$

式中第一个极限式里,除数 Δx 不能为 0,而式中第二个极限式里又把 $(\Delta x)^2$ 中的 Δx 当作 0.这里"无穷小"究竟是不是 0,在当时完全没有答案,所以微积分的基础是存在理论缺陷的.为此许多科学家对微积分进行了强烈的批评,这就是历史上的第二次数学危机.

第二次数学危机一直持续了 150 多年,很多数学家试图平复这次危机,但都失败了. 150 多年后,奥古斯丁·路易斯·柯西、格奥尔格·康托尔和尼尔斯·亨利克·阿贝尔等几位著名数学家对"无穷小"概念进行了严格的定义,从而使得微积分有了坚实的基础.在微积分产生过程中,英国著名的数学家、物理学家、天文学家牛顿的贡献是巨大的,他和古希腊的阿基米德、德国的高斯被称为世界三大数学家.牛顿平生四大贡献之一就是创建了微积分,为近代数学奠定了基础.

第4章 微分中值定理与导数的应用

数学——科学不可动摇的基石, 促进人类事业进步的丰富源泉.

——伊萨克·巴罗

【课前导学】

导数是高等数学中的重要概念, 在科技、工程、经济等领域有广泛的应用, 本章以微分学的基本定理——微分中值定理为基础, 应用导数思想解决诸如函数解析式、最(极)值、单调性、凹凸性等问题, 数学的工具作用在本章得到了很好地体现. 本章还将专门介绍导数在求解利润最大、用料最省和效率最高等优化决策问题中的应用.

【知识脉络】

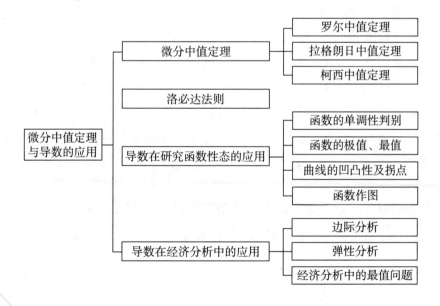

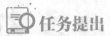

4.1 微分中值定理与洛必达法则

📖 任务提出

你能否用高等数学中拉格朗日中值定理来解释高速路上区间测速的规则？

问题解决知识要点：理解拉格朗日中值定理在运动学中的意义.

💻 学习目标

理解微分中值定理、罗尔中值定理、拉格朗日中值定理；熟练掌握应用洛必达法则求极限.

💡 知识学习

本节介绍的三个微分中值定理，揭示了函数在某区间的整体性质与该区间内部某一点的导数之间的关系，这些定理有明显而直观的几何解释，且定理之间有着内在的联系. 本节还重点介绍导数在求解极限中的应用.

4.1.1 罗尔（Rolle）中值定理

定理 1（罗尔中值定理） 如果函数 $y = f(x)$ 满足以下三个条件：

（1）在闭区间 $[a, b]$ 上连续；

（2）在开区间 (a, b) 内可导；

（3）在区间端点的函数值相等，即 $f(a) = f(b)$.

则在 (a, b) 内至少存在一点 $\xi(a < \xi < b)$，使得

$$f'(\xi) = 0$$

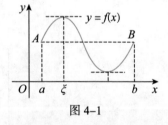

图 4-1

罗尔中值定理的几何意义是：如果连续曲线 $y = f(x)$ 在 A，B 处的纵坐标相等且除端点外处处有不垂直于 x 轴的切线，则至少存在一点 $(\xi, f(\xi))(a < \xi < b)$ 使得曲线的切线平行于 x 轴（图 4-1）.

例 1 对函数 $f(x) = \sin 2x$ 在区间 $[0, \pi]$ 上验证罗尔中值定理的正确性.

解 $f(x) = \sin 2x$ 是初等函数，显然 $f(x)$ 在 $[0, \pi]$ 上连续，在 $(0, \pi)$ 内可导，且 $f(0) = f(\pi) = 0$，在 $(0, \pi)$ 内的确存在一点 $\xi = \dfrac{\pi}{4}$ 使

$$f'\left(\frac{\pi}{4}\right) = (2\cos 2x)\big|_{\xi = \frac{\pi}{4}} = 0$$

罗尔中值定理的结论相当于：方程 $f'(x) = 0$ 在 (a, b) 内至少有一实根，因此可应用该定理判断方程根的存在问题.

例 2 利用罗尔中值定理，判断函数 $f(x)=(x^2-3x+2)(x-3)$ 的导数有几个零点及这些零点所在的范围.

解 显然，函数 $f(x)$ 在 $(-\infty, +\infty)$ 内连续、可导，且 $f(1)=f(2)=f(3)=0$，所以 $f(x)$ 在闭区间 $[1, 2]$ 和 $[2, 3]$ 上均满足罗尔中值定理的三个条件，从而在 $(1, 2)$ 内至少存在一点 ξ_1,使 $f'(\xi_1)=0$，即 ξ_1 是 $f'(x)$ 的一个零点. 同理，在 $(2, 3)$ 内也至少存在一点 ξ_2，使 $f'(\xi_2)=0$，即 ξ_2 是 $f'(x)$ 的一个零点. 而 $f'(x)$ 为二次多项式，最多只能有两个零点，故 $f'(x)$ 恰好有两个零点分别在区间 $(1, 2)$ 和 $(2, 3)$ 内.

例 3 设 $f(x)$ 在 $[0, 1]$ 上连续，在 $(0, 1)$ 内可导，且 $f(1)=0$，证明：在 $(0, 1)$ 内至少存在一点 ξ，使得 $f(\xi)=-\xi f'(\xi)$.

证 设函数 $g(x)=xf(x)$，由 $f(x)$ 的连续性、可导性，得 $g(x)$ 在 $[0, 1]$ 上连续，在 $(0, 1)$ 内可导，且 $g(1)=f(1)=0$，$g(0)=0$.

由罗尔中值定理可知：在 $(0, 1)$ 内存在一点 ξ，使得

$$g'(\xi)=f(\xi)+\xi f'(\xi)=0$$

即得 $f(\xi)=-\xi f'(\xi)$.

【注】 本问题的关键是重新构造一个新函数，使得该函数的导数刚好与要证明的式子相同或相关.

4.1.2 拉格朗日（Lagrange）中值定理

罗尔中值定理的第三个条件 $f(a)=f(b)$ 相当特殊，它使罗尔中值定理的应用受到限制，如果突破此条件，则可得到另一个结论，这就是微分学中具有重要地位的拉格朗日中值定理.

三个微分中值定理

定理 2（拉格朗日中值定理） 如果函数 $y=f(x)$ 满足：①在闭区间 $[a, b]$ 上连续；②在开区间 (a, b) 内可导，则在 (a, b) 内至少存在一点 ξ，使得

$$f'(\xi)=\frac{f(b)-f(a)}{b-a}, \quad (a<\xi<b) \tag{4-1}$$

公式（4-1）称为拉格朗日中值公式.

拉格朗日中值定理的几何意义如图 4-2 所示. 如果曲线 $y=f(x)$ 在区间 $[a, b]$ 上连续，在除端点外，曲线上每一点都有不垂直于 x 轴的切线，则至少存在一点 $(\xi, f(\xi))(a<\xi<b)$ 使得曲线在该点处的切线平行于弦 AB，即其斜率为

$$\frac{f(b)-f(a)}{b-a}$$

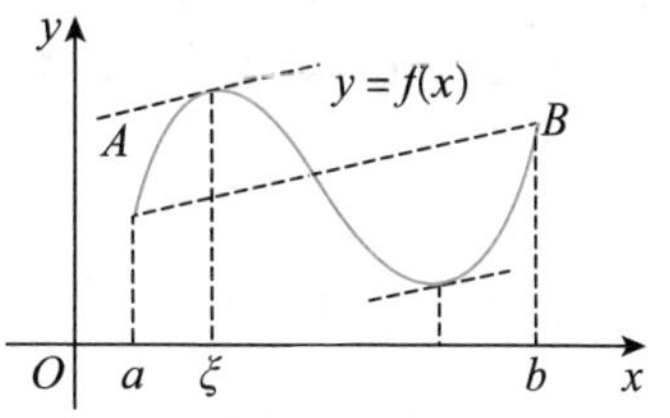

图 4-2

如果将拉格朗日中值定理的条件，增加 $f(b)=f(a)$，则公式（4-1）的结论为 $f'(\xi)=0$，此时正是罗尔中值定理的条件和结论. 直观上可见，如果将图 4-1 中坐标系的图形旋转一定角度即可得到图 4-2，所以罗尔中值定理是拉格朗日中值定理在 $f(a)=f(b)$ 时的特殊

情形.

拉格朗日中值定理的结论即公式（4-1）还可以写成另一等价形式，设 $a = x_0$，$b - a = \Delta x$，则公式（4-1）可以写成

$$f(x_0 + \Delta x) - f(x_0) = f'(\xi)\Delta x \qquad (4-2)$$

对比微分近似公式

$$f(x_0 + \Delta x) - f(x_0) \approx f'(x_0)\Delta x \qquad (4-3)$$

可知公式（4-2）精确地表达了函数增量 Δy 和自变量增量 Δx 的关系.

例4 证明当 $x > 0$ 时，$\dfrac{x}{1+x} < \ln(1+x) < x$.

证 设 $f(x) = \ln(1+x)$，则 $f(x)$ 在 $[0, x]$ 上满足拉格朗日定理的条件，故

$$f(x) - f(0) = f'(\xi)(x - 0) \qquad (0 < \xi < x)$$

由 $f(0) = 0$，$f'(x) = \dfrac{1}{1+x}$，从而

$$\ln(1+x) = \frac{x}{1+\xi} \qquad (0 < \xi < x)$$

又由 $1 < 1 + \xi < 1 + x$ 得

$$\frac{1}{1+x} < \frac{1}{1+\xi} < 1$$

于是有

$$\frac{x}{1+x} < \frac{x}{1+\xi} = \ln(1+x) < x$$

拉格朗日中值定理指出了 ξ 的存在性，但没有指出究竟是哪一点，不过这并不影响该定理的使用，下面的推论和例子就说明了这一点.

推论1 如果函数 $f(x)$ 在区间 (a, b) 上可导，且 $f'(x) \equiv 0$，则 $f(x)$ 在该区间内是常值函数，即

$$f(x) \equiv C \qquad (C \text{是任意常数})$$

由推论1容易得出推论2，此推论2在不定积分中非常有用.

推论2 如果函数 $f(x)$，$g(x)$ 在区间 I 内可微，且 $f'(x) \equiv g'(x)$，则在 I 内有

$$f(x) = g(x) + C \qquad (C \text{是任意常数})$$

例5 利用推论1证明三角恒等式 $\arctan x + \mathrm{arccot}\, x = \dfrac{\pi}{2}$.

证 设 $f(x) = \arctan x + \mathrm{arccot}\, x$，于是有

$$f'(x) = \frac{1}{1+x^2} + \left(-\frac{1}{1+x^2}\right) \equiv 0$$

由推论1得，$f(x) \equiv C$（C 是常数），又

$$f(1) = \arctan 1 + \text{arccot} 1 = \frac{\pi}{4} + \frac{\pi}{4} = \frac{\pi}{2}$$

即 $C = \dfrac{\pi}{2}$，故 $\arctan x + \text{arccot} x = \dfrac{\pi}{2}$.

4.1.3 柯西（Cauchy）中值定理

将拉格朗日中值定理进一步推广，可得到柯西中值定理.

定理 3（柯西中值定理） 如果函数 $f(x)$，$g(x)$ 满足以下条件：

（1）在闭区间 $[a, b]$ 上连续；

（2）在开区间 (a, b) 内可导；

（3）$g'(x)$ 在 (a, b) 内恒不为 0，$g(a) \neq g(b)$.

则在 (a, b) 内至少存在一点 $\xi (a < \xi < b)$，使得

$$\frac{f(b) - f(a)}{g(b) - g(a)} = \frac{f'(\xi)}{g'(\xi)} \tag{4-4}$$

公式（4-4）称为柯西中值公式，若 $g(x) = x$，则柯西中值公式变为拉格朗日中值公式.

由以上的介绍可知，罗尔中值定理是拉格朗日中值定理的特殊情形，拉格朗日中值定理是柯西中值定理的特殊情形，这是三个中值定理的内在联系.

4.1.4 洛必达法则

我们曾讨论过两个无穷小之比的极限问题，这类极限有的存在，有的不存在，称为不定式极限. 类似地，两个无穷大之比的极限也是不定式极限，下面介绍的洛必达法则则是求解不定式极限非常有效而简便的方法，洛必达法则是导数应用的重要体现.

1. $\left(\dfrac{0}{0}\right)$ 型与 $\left(\dfrac{\infty}{\infty}\right)$ 型不定式极限

定理 4（洛必达法则 1） 设 $f(x)$ 及 $g(x)$ 在 x_0 的一个邻域内可导（点 x_0 可以除外），且

（1）$\lim\limits_{x \to x_0} f(x) = \lim\limits_{x \to x_0} g(x) = 0$；

（2）$g'(x) \neq 0$；

（3）$\lim\limits_{x \to x_0} \dfrac{f'(x)}{g'(x)} = A$（或为 ∞）.

洛必达法则

则

$$\lim_{x \to x_0} \frac{f(x)}{g(x)} = \lim_{x \to x_0} \frac{f'(x)}{g'(x)} = A\,（\text{或为}\infty）$$

定理 5（洛必达法则 2） 设 $f(x)$ 及 $g(x)$ 在 x_0 的一个邻域内可导（点 x_0 可以除外），且

（1）$\lim\limits_{x \to x_0} f(x) = \lim\limits_{x \to x_0} g(x) = \infty$；

（2）$g'(x) \neq 0$；

（3）$\lim\limits_{x \to x_0} \dfrac{f'(x)}{g'(x)} = A$（或为$\infty$）.

则

$$\lim_{x \to x_0} \frac{f(x)}{g(x)} = \lim_{x \to x_0} \frac{f'(x)}{g'(x)} = A（或为\infty）$$

洛必达法则是指在满足一定条件下通过对不定式的分子、分母分别求导后再求极限，以确定不定式的极限值.

【注】（1）定理对$x \to x_0^-$，$x \to x_0^+$，$x \to \infty$，$x \to -\infty$，$x \to +\infty$情形同样适用.

（2）如果$\lim\dfrac{f'(x)}{g'(x)}$仍是不定式极限，且$f'(x)$，$g'(x)$满足定理条件，洛必达法则可以多次使用.

例6 求$\lim\limits_{x \to 1} \dfrac{x^3 - x^2 - x + 1}{x^3 - 3x + 2}$.

解 这是$\left(\dfrac{0}{0}\right)$型，应用洛必达法则有

$$\lim_{x \to 1} \frac{x^3 - x^2 - x + 1}{x^3 - 3x + 2} = \lim_{x \to 1} \frac{3x^2 - 2x - 1}{3x^2 - 3}$$

$$= \lim_{x \to 1} \frac{6x - 2}{6x} = \frac{2}{3}$$

例7 求$\lim\limits_{x \to +\infty} \dfrac{\ln x}{x^\alpha}(\alpha > 0)$.

解 这是$\left(\dfrac{\infty}{\infty}\right)$型，应用洛必达法则有

$$\lim_{x \to +\infty} \frac{\ln x}{x^\alpha} = \lim_{x \to +\infty} \frac{\dfrac{1}{x}}{\alpha x^{\alpha - 1}} = \lim_{x \to +\infty} \frac{1}{\alpha x^\alpha} = 0$$

例8 求$\lim\limits_{x \to +\infty} \dfrac{x^3}{a^x}(a > 1)$.

解 这是$\left(\dfrac{\infty}{\infty}\right)$型，多次应用洛必达法则，得

$$\lim_{x \to +\infty} \frac{x^3}{a^x} = \lim_{x \to +\infty} \frac{3x^2}{a^x \ln a} = \lim_{x \to +\infty} \frac{6x}{a^x (\ln a)^2} = \lim_{x \to +\infty} \frac{6}{a^x (\ln a)^3} = 0$$

请读者思考：如何求$\lim\limits_{x \to +\infty} \dfrac{x^n}{a^x}$（$n$为正整数，$a > 1$）.

例9 求$\lim\limits_{x \to \frac{\pi}{2}} \dfrac{\tan 3x}{\tan x}$.

解 这是 $\left(\dfrac{\infty}{\infty}\right)$ 型，应用洛必达法则有

$$\lim_{x\to\frac{\pi}{2}}\frac{\tan 3x}{\tan x}=\lim_{x\to\frac{\pi}{2}}\frac{\dfrac{3}{\cos^2 3x}}{\dfrac{1}{\cos^2 x}}=3\lim_{x\to\frac{\pi}{2}}\frac{\cos^2 x}{\cos^2 3x}$$

$$=3\lim_{x\to\frac{\pi}{2}}\frac{-2\cos x\sin x}{-6\cos 3x\sin 3x}=\lim_{x\to\frac{\pi}{2}}\frac{\sin x}{\sin 3x}\lim_{x\to\frac{\pi}{2}}\frac{\cos x}{\cos 3x}$$

$$=-1\cdot\lim_{x\to\frac{\pi}{2}}\frac{-\sin x}{-3\sin 3x}=\frac{1}{3}$$

例 10 求 $\lim\limits_{x\to 0}\dfrac{(x\cos x-\sin x)(e^x-1)}{x^3\sin x}$.

解 这是 $\left(\dfrac{0}{0}\right)$ 型，如果直接应用洛必达法则，分子分母求导比较麻烦，可先利用等价无穷小替换进行化简，再应用洛必达法则. 此处，当 $x\to 0$ 时，$(e^x-1)\sim x$，$\sin x\sim x$，则有

$$\lim_{x\to 0}\frac{(x\cos x-\sin x)(e^x-1)}{x^3\sin x}=\lim_{x\to 0}\frac{(x\cos x-\sin x)x}{x^3\cdot x}$$

$$=\lim_{x\to 0}\frac{x\cos x-\sin x}{x^3}=\lim_{x\to 0}\frac{(\cos x-x\sin x)-\cos x}{3x^2}$$

$$=\lim_{x\to 0}\frac{-\sin x}{3x}=-\frac{1}{3}$$

【注】在使用洛必达法则之前，应尽可能进行算式化简，可应用等价无穷小替换或重要极限，计算过程中也应多种方法并用.

例 11 求 $\lim\limits_{x\to+\infty}\dfrac{x-\cos x}{x+\cos x}$.

解 这是 $\left(\dfrac{\infty}{\infty}\right)$ 型. 但分子分母分别求导后，$\lim\limits_{x\to+\infty}\dfrac{1+\sin x}{1-\sin x}$ 属于振荡型不存在，故不能应用洛必达法则，可用以下方法求得

$$\lim_{x\to+\infty}\frac{x-\cos x}{x+\cos x}=\lim_{x\to+\infty}\frac{1-\dfrac{\cos x}{x}}{1+\dfrac{\cos x}{x}}=1$$

此例求解中用到"无穷小与有界函数之积是无穷小"的性质.

2. 其他类型的不定式极限

其他类型的不定式极限有 $(0\cdot\infty)$，$(\infty-\infty)$，0^0，∞^0，1^∞ 等，均可转化为 $\dfrac{0}{0}$ 型或 $\dfrac{\infty}{\infty}$ 型，然后应用洛必达法则.

（1）$(0 \cdot \infty)$，$(\infty - \infty)$转化为$\left(\dfrac{0}{0}\right)$型或$\left(\dfrac{\infty}{\infty}\right)$型.

例 12 求$\lim\limits_{x \to 0^+} x^2 \ln x$.

解 这是$(0 \cdot \infty)$型，可将乘积形式化为分式形式，再按$\left(\dfrac{0}{0}\right)$或$\left(\dfrac{\infty}{\infty}\right)$型不定式计算.

$$\lim_{x \to 0^+} x^2 \ln x = \lim_{x \to 0^+} \frac{\ln x}{x^{-2}}$$

$$= \lim_{x \to 0^+} \frac{\dfrac{1}{x}}{-2x^{-3}} = \lim_{x \to 0^+} \frac{x^2}{-2} = 0$$

例 13 求$\lim\limits_{x \to 1} \left(\dfrac{1}{\ln x} - \dfrac{1}{x-1}\right)$.

解 这是$(\infty - \infty)$型，可利用通分变形为$\left(\dfrac{0}{0}\right)$型不定式计算.

$$\lim_{x \to 1} \left(\frac{1}{\ln x} - \frac{1}{x-1}\right) = \lim_{x \to 1} \frac{x-1-\ln x}{(x-1)\ln x} = \lim_{x \to 1} \frac{1 - \dfrac{1}{x}}{\ln x + \dfrac{x-1}{x}}$$

$$= \lim_{x \to 1} \frac{x-1}{x \ln x + x - 1} = \lim_{x \to 1} \frac{1}{\ln x + 2} = \frac{1}{2}$$

（2）对于0^0，∞^0，1^∞型，采用恒等变形化指数式求解法.

幂指形式的不定式极限，可通过恒等变形化为以e为底的指数式：$u^v = e^{v \ln u}$，再利用指数函数的连续性，转化为求指数函数的极限，此时指数函数的极限为$(0 \cdot \infty)$不定式极限形式，再转化为$\dfrac{0}{0}$或$\dfrac{\infty}{\infty}$型的不定式来计算.

$$\lim u^v = \lim e^{v \ln u} = e^{\lim (v \ln u)}$$

例 14 求$\lim\limits_{x \to 1} x^{\frac{1}{x-1}} (1^\infty)$.

解 $\lim\limits_{x \to 1} x^{\frac{1}{x-1}} = \lim\limits_{x \to 1} e^{\frac{1}{x-1} \ln x}$

又由于

$$\lim_{x \to 1} \frac{\ln x}{x-1} = \lim_{x \to 1} \frac{\dfrac{1}{x}}{1} = 1$$

故

$$\lim_{x \to 1} x^{\frac{1}{x-1}} = e$$

例15 求 $\lim\limits_{x \to \frac{\pi}{2}}(\tan x)^{\cos x}(\infty^0)$.

解 $\lim\limits_{x \to \frac{\pi}{2}}(\tan x)^{\cos x} = \lim\limits_{x \to \frac{\pi}{2}} e^{\cos x \ln \tan x}$

又由于

$$\lim\limits_{x \to \frac{\pi}{2}} \cos x \ln \tan x = \lim\limits_{x \to \frac{\pi}{2}} \frac{\ln \tan x}{\sec x}$$

$$= \lim\limits_{x \to \frac{\pi}{2}} \frac{\dfrac{1}{\tan x} \sec^2 x}{\sec x \tan x} = \lim\limits_{x \to \frac{\pi}{2}} \frac{\cos x}{\sin^2 x} = 0$$

故

$$\lim\limits_{x \to \frac{\pi}{2}}(\tan x)^{\cos x} = e^0 = 1$$

【小结】洛必达法则是求极限的有效方法，应注意：

（1）洛必达法则只适用于不定式极限；

（2）应用洛必达法则时，是对分子、分母分别求导数，而不是对整个分式求导数；

（3）只要是不定式极限，洛必达法则就可以多次应用，计算过程中应注意化简及多种方法并用；

（4）如应用洛必达法则不能求出原式的极限，需改用其他方法；

（5）非分式的不定式极限需转化为分式不定式形式才能应用洛必达法则.

任务解决

解 区间测速是通过在高速公路上设置两个相邻的测速点，然后计算车辆通过这两个测速点的时间，再根据两个测速点之间的距离和时间计算出车辆的平均速度，如果车辆的平均速度超过规定的限速值，车主将会收到超速罚单. 拉格朗日中值定理在运动学的意义是指对于曲线运动在任意一个运动过程中至少存在一个位置（或某一时刻）的瞬时速度等于这个过程的平均速度. 根据拉格朗日中值定理的运动学意义，如果某个人在测速区内平均速度超过了规定的时速，则肯定至少有一次在某时刻超速了，所以交警的判罚是合理的.

能力训练 4.1

1. 检验下列函数在给定区间上是否满足罗尔中值定理条件，若满足则求出使 $f'(\xi) = 0$ 成立的点 ξ.

（1）$f(x) = x^2 - 3x + 4$ 在区间 $[1, 2]$ 上.

（2）$f(x) = \ln(x + \sqrt{1 - x^2})$ 在区间 $[0, 1]$ 上.

参考答案

（3）$f(x)=1-\sqrt[3]{x^2}$ 在区间 $[-1,1]$ 上.

2. 对于下列函数写出拉格朗日公式 $f(b)-f(a)=f'(\xi)(b-a)$，并求出 ξ.

（1）$f(x)=\sqrt{x}$ 在区间 $[1,4]$ 上.

（2）$f(x)=\arctan x$ 在区间 $[0,1]$ 上.

3. 设 $f(x)$ 在 $[0,1]$ 上连续，在 $(0,1)$ 内可导，$f(0)=f(1)=0$，$f\left(\dfrac{1}{2}\right)=1$，试证：

（1）存在 $\eta\in\left(\dfrac{1}{2},1\right)$，使 $f(\eta)=\eta$；

（2）对任意实数 λ，存在 $\xi\in(0,\eta)$，使得 $f'(\xi)-\lambda[f(\xi)-\xi]=1$.

4. 利用中值定理证明

$$\frac{a-b}{a}\leqslant\ln\frac{a}{b}\leqslant\frac{a-b}{b}(0<b\leqslant a)$$

5. 用洛必达法则求下列极限.

（1）$\lim\limits_{x\to 2}\dfrac{\ln(x^2-3)}{x^2-3x+2}$

（2）$\lim\limits_{x\to 0}\dfrac{\ln(1+x)}{x}$

（3）$\lim\limits_{x\to\frac{\pi}{4}}\dfrac{\sin x-\cos x}{1-\tan^2 x}$

（4）$\lim\limits_{x\to 0}\dfrac{e^x-e^{-x}-2x}{x-\sin x}$

（5）$\lim\limits_{x\to+\infty}\dfrac{x^2}{1+2e^x}$

（6）$\lim\limits_{x\to 0}\dfrac{e^x-e^{-x}}{\sin x}$

（7）$\lim\limits_{x\to 1}\left(\dfrac{x}{x-1}-\dfrac{1}{\ln x}\right)$

（8）$\lim\limits_{x\to 0}\left(\cot x-\dfrac{1}{x}\right)$

（9）$\lim\limits_{x\to 0^+}x^{\sin x}$

（10）$\lim\limits_{x\to 0^+}\left(\dfrac{1}{x}\right)^{\tan x}$

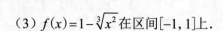

4.2 函数的单调性与极值

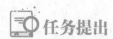 任务提出

　　心理学家研究学生学习行为时发现，学生掌握一个概念的能力（接受能力）与教师在引入概念前提出和描述问题的时间有较大关系. 随着时间的延续，学生的兴趣由开始的激增到注意力逐渐分散，所以教师要合理地进行课堂时间的分配. 假设学生掌握概念的能力由以下式子给出：$G(x)=-0.1x^2+2.6x+43$，$G(x)$ 是接受能力的一种度量，x 是提出概念所用的时间，那么，最难的概念应该在什么时候讲授最好？

　　解决问题知识要点：会进行函数单调性、极值的判断.

熟练掌握函数单调性的判定方法；熟练掌握函数极值、最值的求法及简单应用.

知识学习

第1章中介绍了函数单调性，但直接用定义来判断函数的单调性往往比较复杂，下面将介绍利用一阶导数来判断函数单调性的方法，这种方法简便而有效.

从图4-3可以看出，函数的单调增减性在几何上表现为函数曲线沿x轴正向上升或下降. 如图4-3（a）所示，函数曲线为单调递增，此时曲线上点的切线与x轴的夹角为锐角，切线斜率为正，由导数几何意义知$f'(x)>0$. 同理，如图4-3（b）所示，函数曲线为单调递减，此时曲线上点的切线与x轴的夹角为钝角，切线斜率为负，由导数几何意义知$f'(x)<0$. 这意味着函数的单调性与其导数的正负有着密切的联系.

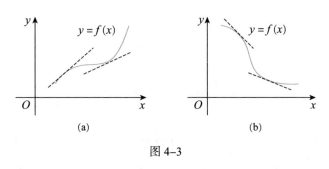

图4-3

4.2.1 函数的单调性

定理1（函数单调性判别法） 设函数$y=f(x)$在$[a,b]$上连续，在(a,b)内可导，

（1）若在(a,b)内$f'(x)>0$，则函数$y=f(x)$在(a,b)内单调增加；

（2）若在(a,b)内$f'(x)<0$，则函数$y=f(x)$在(a,b)内单调减少.

【注】（1）若在(a,b)内$f'(x)\geqslant0$（或$f'(x)\leqslant0$），且只在个别点取等号，则函数$y=f(x)$在区间内的单调性不变.

（2）判别法中的闭区间可以换成其他各种类型的区间（包括无穷区间）.

例16 讨论函数$f(x)=x-\arctan x$的单调性.

解 函数$f(x)$在$(-\infty,+\infty)$内连续，求导得

$$y'=1-\frac{1}{1+x^2}=\frac{x^2}{1+x^2}>0(x\neq0)$$

因此，在$(-\infty,+\infty)$内，仅当$x=0$时，$y'=0$；其他点处均有$y'>0$，故函数$f(x)$在区间$(-\infty,+\infty)$单调增加.

有些函数在整个定义域区间的单调性并不一致，因此要确定可导函数$f(x)$的单调区间时，首先要求出使$f'(x)=0$的点（称为驻点），或使$f'(x)$不存在的点（称为奇点），用这些

点将定义域划分成若干个子区间，然后用定理判别各子区间内函数的单调性.

例 17 讨论函数$y = x^3 - 12x + 1$的单调性.

解 （1）$y = x^3 - 12x + 1$的定义域为$(-\infty, +\infty)$，

$$y' = 3x^2 - 12 = 3(x+2)(x-2)$$

（2）令$y' = 0$，得到驻点$x_1 = -2$，$x_2 = 2$.

（3）列表.

x	$(-\infty, -2)$	-2	$(-2, 2)$	2	$(2, +\infty)$
$f'(x)$	$+$		$-$		$+$
$f(x)$	↗		↘		↗

所以，函数在$(-\infty, -2)$和$(2, +\infty)$内单调递增，在$(-2, 2)$内单调递减.

例 18 讨论函数$y = \sqrt[3]{x^2}$的单调区间.

解 （1）$y = \sqrt[3]{x^2}$的定义域为$(-\infty, +\infty)$.

（2）$y' = \dfrac{2}{3\sqrt[3]{x}}(x \neq 0)$，当$x = 0$时（奇点），导数不存在.

（3）列表.

x	$(-\infty, 0)$	0	$(0, +\infty)$
$f'(x)$	$-$		$+$
$f(x)$	↘		↗

所以，函数在$(0, +\infty)$内单调递增，在$(-\infty, 0)$内单调递减.

函数的单调性还可以用于证明不等式.

例 19 证明：当$x > 1$时，$3 - 2\sqrt{x} < \dfrac{1}{x}$.

证 令$f(x) = 3 - 2\sqrt{x} - \dfrac{1}{x}$，则

$$f'(x) = -\frac{1}{\sqrt{x}} + \frac{1}{x^2} = \frac{-x\sqrt{x} + 1}{x^2}$$

当$x > 1$时，$x\sqrt{x} > 1$，故$f'(x) < 0$，因此$f(x)$在$[1, +\infty)$内单调递减.

所以，当$x > 1$时，有$f(x) < f(1)$. 又由于$f(1) = 0$，故

$$f(x) = 3 - 2\sqrt{x} - \frac{1}{x} < f(1) = 0$$

即

$$3 - 2\sqrt{x} < \frac{1}{x}$$

4.2.2 函数的极值

在生活中常会遇到这样的情况，比如某位同学高考成绩全校最高分，却没有考上大学，原因很简单，因为高考是面向全区的，该生只是本校小范围内的最高分，相比别的学校的学生还差很多，没有达到最低录取分数线. 在数学中把这种仅在小范围内比较的最值称之为极值.

函数的极值

> **定义**　设函数$f(x)$在区间(a, b)内有定义，$x_0 \in (a, b)$，有

（1）如果对该邻域内的任一点$x(x \neq x_0)$均有$f(x) < f(x_0)$，则称$f(x_0)$是函数$f(x)$的一个极大值，x_0称为极大值点；

（2）如果对该邻域内的任一点$x(x \neq x_0)$均有$f(x) > f(x_0)$，则称$f(x_0)$是函数$f(x)$的一个极小值，x_0称为极小值点.

如图4-4所示，函数$f(x)$在点x_1，x_3和x_5取得极大值，在点x_2和x_4取得极小值，这说明在一个区间内函数的极大值与极小值可以有若干个，但最大值只有一个，最小值也只有一个，而且会存在极大值小于极小值的情形，所以函数极值仅是局部的概念，最值是整个区间里的概念.

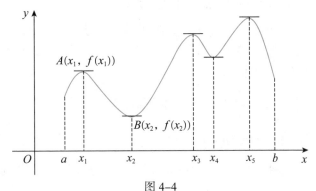

图 4-4

从图4-4还可看出，极值点对应的曲线上的点处如有切线，则切线是水平的，即在极值点x_0处，有$f'(x_0) = 0$，于是有以下定理.

> **定理2（极值存在必要条件）**　设函数$f(x)$在点x_0处可导，且在x_0处取得极值，则$f'(x_0) = 0$.

定理2表明，可导函数$f(x)$的极值点必定是函数的驻点（满足$f'(x_0) = 0$的点），反之，函数$f(x)$的驻点或奇点（导数不存在的点）却不一定是极值点. 为此对驻点或奇点需进行极值点判别.

> **定理3（极值判别法Ⅰ）**　设函数$f(x)$在点x_0的邻域内连续且可导（$f'(x_0)$可以不存在），有

（1）如果在点x_0的左邻域$f'(x) > 0$，在x_0的右邻域$f'(x) < 0$，则x_0是$f(x)$的极大值点，$f(x_0)$是$f(x)$的极大值；

（2）如果在点x_0的左邻域$f'(x) < 0$，在x_0的右邻域$f'(x) > 0$，则x_0是$f(x)$的极小值点，$f(x_0)$是$f(x)$的极小值；

微分中值定理与导数的应用

（3）如果在点x_0的左、右邻域$f'(x)$不变号，则函数$f(x)$在x_0处没有极值.

例20 求下列函数的极值.

（1）$y=x^3-12x+1$ （2）$y=\sqrt[3]{x^2}$

解 （1）由例17所得结果，可知：

$y=x^3-12x+1$在$(-\infty,-2]$单调递增，在$[-2,2]$单调递减，因此函数在$x_1=-2$有极大值$y(-2)=17$.

$y=x^3-12x+1$在$[-2,2]$单调递减，在$[2,+\infty)$单调递增，因此函数在$x_2=2$有极小值$y(2)=-15$.

（2）由例18的结果，$y=\sqrt[3]{x^2}$在$(-\infty,0]$上单调递减，在$[0,+\infty)$上单调递增，故$x=0$是极小值点，极小值为$y(0)=0$.

一般地，求函数的极值（极值点）的步骤如下：

（1）确定函数$f(x)$的定义域；

（2）求导数$f'(x)$，求出$f(x)$的驻点和不可导点；

（3）考察$f'(x)$在驻点和不可导点左、右两侧邻域符号变化情况，确定函数的极值点，并判断极值点是极大值点或是极小值点；

（4）求出各极值点对应的极值.

例21 求函数$f(x)=-x^4+\dfrac{8}{3}x^3-2x^2+2$的极值.

解 （1）函数$f(x)$的定义域为$(-\infty,+\infty)$.

（2）求导，$f'(x)=-4x^3+8x^2-4x=-4x(x-1)^2$；令$f'(x)=0$，得驻点$x_1=0$，$x_2=1$.

（3）列表.

x	$(-\infty,0)$	0	$(0,1)$	1	$(1,+\infty)$
$f'(x)$	$+$	0	$-$	0	$-$
$f(x)$	↗	极大值2	↘	非极值	↘

故函数极大值为$f(0)=2$.

例22 求函数$f(x)=\sqrt[3]{(x-1)^2(x+4)^3}$的极值.

解 （1）函数$f(x)$的定义域为$(-\infty,+\infty)$.

（2）求导，$f'(x)=\dfrac{5(x+1)}{3\sqrt[3]{x-1}}$. 令$f'(x)=0$，得驻点$x_1=-1$，$x_2=1$为不可导点.

（3）列表.

x	$(-\infty,-1)$	-1	$(-1,1)$	1	$(1,+\infty)$
$f'(x)$	$+$	0	$-$	不存在	$+$
$f(x)$	↗	极大值$3\sqrt[3]{4}$	↘	极小值0	↗

故函数极大值为$f(-1)=3\sqrt[3]{4}$，极小值为$f(1)=0$.

如果函数在驻点处具有不为0的二阶导数，则可由二阶导数的符号方便地判别极值.

定理4（极值判别法Ⅱ） 设函数$f(x)$在点x_0处具有二阶导数且$f'(x_0)=0$，$f''(x_0)\neq0$，则

（1）如果$f''(x_0)<0$，则x_0是$f(x)$的极大值点，$f(x_0)$是$f(x)$的极大值；

（2）如果$f''(x_0)>0$，则x_0是$f(x)$的极小值点，$f(x_0)$是$f(x)$的极小值.

【注】若函数$f(x)$在驻点x_0处的二阶导数$f''(x_0)=0$，极值判别法Ⅱ失效，需用极值判别法Ⅰ进行判别.

例23 求函数$f(x)=3x^4-8x^3+6x^2+1$的极值.

解 （1）函数$f(x)$的定义域为$(-\infty,+\infty)$.

（2）$f'(x)=12x^3-24x^2+12x=12x(x-1)^2$；令$f'(x)=0$，得驻点$x_1=0$，$x_2=1$.

（3）$f''(x)=12(x-1)(3x-1)$.

（4）由于$f''(0)=12>0$，所以函数有极小值$f(0)=1$.

因为$f''(1)=0$，极值判别法Ⅱ失效，应用极值判别法Ⅰ判别，已知在$x_2=1$左、右两侧均有$f'(x)>0$，故函数在$x_2=1$无极值.

4.2.3 函数的最大值、最小值

1. 函数在闭区间上的最大值与最小值

函数$f(x)$在其定义域内的最大值与最小值统称为$f(x)$的最值，如果函数$f(x)$在闭区间$[a,b]$上连续，则函数$f(x)$在闭区间$[a,b]$上一定存在最大值和最小值. 一般情况下，把函数所有的极值与区间端点的函数值$f(a)$，$f(b)$相比较，这些数值中的最大者就是函数$f(x)$在$[a,b]$上的最大值，最小者就是$f(x)$在$[a,b]$上的最小值，即函数的最值可能在区间(a,b)内取得，也可能在区间端点取得.

求函数$f(x)$在$[a,b]$上最值的步骤如下：

（1）求出$f(x)$在(a,b)内的所有驻点和不可导点；

（2）求各驻点、不可导点及区间端点的函数值；

（3）比较上述各函数值，其中最大的就是最大值，最小的就是最小值.

例24 求函数$f(x)=\sqrt[3]{(x-1)^2(x+4)^3}$在$[0,2]$上的最大值及最小值.

解 函数$f(x)$在$[0,2]$上连续，由例22求得驻点$x_1=-1$和不可导点$x_2=1$，其中$x_1=-1\notin[0,2]$，于是比较$f(1)=0$，$f(0)=4$，$f(2)=6$，故$f(x)$在$[0,2]$上的最大值为$f(2)=6$，最小值为$f(1)=0$.

2. 实际问题中的最值

实际问题中的最值往往需要结合考虑实际问题的特性，以便判定可导函数$f(x)$在区间

内的最大值（或最小值）. 下面的结论对解决实际问题最值非常有用.

假如函数$f(x)$在闭区间$[a, b]$上连续，在开区间(a, b)内可导，x_0是$f(x)$在(a, b)内唯一驻点，而实际意义有最大（小）值，则当x_0是极大值点（或极小值点）时，x_0一定是$f(x)$在$[a, b]$上的最大值点（或最小值点）.

例 25　某饮料生产公司推出一款新品，需设计圆柱形的易拉罐容器，容器要求上下部分的材料厚度相同，并且是侧面材料厚度的 2 倍，而容器的容积V是一个定值，问如何设计易拉罐的高和底面直径，能使制作易拉罐的材料最省？

解　设圆柱形易拉罐高为h，底面半径为r，并假定侧面厚度为m，则顶部和底部的厚度均为$2m$，故所需材料为

$$W = \pi r^2 2m + 2\pi rhm + \pi r^2 2m = 2\pi m(rh + 2r^2)$$

由于容积V是定值，故$V = \pi r^2 h$，即$h = \dfrac{V}{\pi r^2}$，得目标函数

$$W = 2\pi m\left(\frac{V}{\pi r} + 2r^2\right), \quad r \in (0, +\infty)$$

求导，得

$$\frac{\mathrm{d}W}{\mathrm{d}r} = 2\pi m\left(-\frac{V}{\pi r^2} + 4r\right)$$

令$\dfrac{\mathrm{d}W}{\mathrm{d}r} = 0$，得$r = \sqrt[3]{\dfrac{V}{4\pi}}$为唯一驻点.

又二阶导数$\dfrac{\mathrm{d}^2W}{\mathrm{d}r^2} = 2\pi m\left(\dfrac{2V}{\pi r^3} + 4\right) > 0$，故$r = \sqrt[3]{\dfrac{V}{4\pi}}$为唯一极小值点，由实际问题知，此点也为最小值点.

故设计易拉罐的底面直径为$2r = 2\sqrt[3]{\dfrac{V}{4\pi}}$，高为$h = \dfrac{V}{\pi r^2} = r\dfrac{V}{\pi r^3} = 4\sqrt[3]{\dfrac{V}{4\pi}}$时，能使制作易拉罐的材料最省，此时易拉罐的高与底面直径之比为2:1. 这是否与你在生活中观察到的结果相似呢？

例 26　有一块宽为$2a$的长方形铁皮，将铁皮两个边缘向上折起，做成一个开口水槽，其横截面为矩形，高为h，如图 4-5 所示，问h取何值时水槽的流量最大？

解　设两边各折起h，则水槽横截面积为

$$S(h) = 2h(a - h) \quad (0 < h < a)$$

因为$S'(h) = 2a - 4h$，令$S'(h) = 0$，得到$h = \dfrac{a}{2}$.

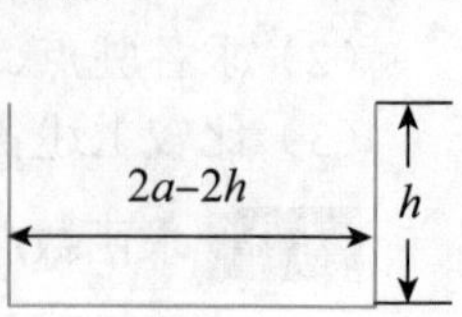

图 4-5

本题只有一个驻点，但实际应用中又有最值，所以当水槽高为$h = \dfrac{a}{2}$，底面边长为a时，水槽的流量最大.

 **任务解决**

解 已知学生掌握概念的能力由下式给出：$G(x) = -0.1x^2 + 2.6x + 43$，$G'(x) = -0.2x + 2.6$，令 $G'(x) = 0$，则 $x = 13$．当 $x < 13$ 时，$G'(x) > 0$，$G(x)$ 单调递增；当 $x > 13$ 时，$G'(x) < 0$，$G(x)$ 单调递减，所以提出概念所用时间少于 13 分钟时，接受能力增强；当提出概念所用时间大于 13 分钟时，接受能力降低．

能力训练 4.2

参考答案

1. 下列说法正确的是（ 　 ）．

A. 如果 $f'(x_0) = 0$，则点 x_0 一定是函数 $f(x)$ 的极值点

B. 如果函数 $f(x)$ 在点 x_0 处取得极值，则必有 $f'(x_0) = 0$

C. 如果 $f'(x_0) = 0$，$f''(x_0) = 0$ 则点 x_0 有可能是函数 $f(x)$ 的极值点

D. 如果 $f'(x_0) = 0$，$f''(x_0) < 0$ 则点 x_0 是函数 $f(x)$ 的极大值点

2. 求下列各函数的单调区间．

(1) $f(x) = x^3 - 3x^2$ 　　　　　　　　(2) $f(x) = 2x^3 + 3x^2 - 12x + 1$

(3) $f(x) = (x+2)^2(x-1)^3$ 　　　　　　(4) $f(x) = 2x^2 - \ln x$

(5) $f(x) = \dfrac{x}{1+x^2}$ 　　　　　　　　(6) $f(x) = \ln(x + \sqrt{1+x^2})$

3. 求下列各函数的极值．

(1) $f(x) = x^3 - 3x^2 - 9x + 1$ 　　　　(2) $f(x) = -x^4 + 2x^2$

(3) $f(x) = x^2 + \dfrac{16}{x}$ 　　　　　　　(4) $f(x) = x^2 e^{-x}$

(5) $f(x) = 3 - 2\sqrt[3]{x+1}$ 　　　　　　(6) $f(x) = x - \ln(1+x)$

4. 求下列函数在给定区间上的最大值和最小值．

(1) $f(x) = x^3 - 3x^2$，$[-1, 4]$ 　　　　(2) $f(x) = x + 2\sqrt{x}$，$[0, 4]$

(3) $f(x) = x + \dfrac{1}{x}$，$[0.01, 100]$ 　　(4) $f(x) = \ln(x^2+1)$，$[-1, 2]$

5. 有一长为 20 米的篱笆，现靠墙围成一长方形菜园，问围成的菜园的长、宽各多少时面积最大？

6. 用铁皮制造一个体积为 V 的圆柱形油桶，问底面半径 r 和高 h 为多少时，用料最省？

7. 甲、乙两小区合用同一变压器（如下图），问变压器设在输电干线何处时，所需输电线最短？

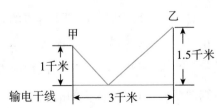

4.3 曲线凹凸性及函数作图

任务提出

在经济问题讨论中，不仅要关注成本、销量、利润的增长或减少，还需要进一步了解这些要素增长或减少变化的快慢，以便作出相应的经济决策. 假如某工厂每月生产q件产品的总成本为$C(q)=\dfrac{1}{3}q^3-7q^2+111q+40$，每月销售这些产品的总收入为$R(q)=100q-q^2$，请说明在生产稳定情况下，利润是如何随销量的变化而变化的.

解决问题知识要点：函数曲线的凹凸性判别.

学习目标

了解曲线的凹凸性和拐点的定义，了解曲线的渐近线，会作简单函数图像.

知识学习

函数曲线的凹凸性及拐点的判别

4.3.1 函数曲线的凹凸性及拐点

研究函数的变化情况，如果只是了解单调性，仍无法准确地描述函数的变化形态，需要进一步学习函数曲线的凹凸性和拐点.

定义1 设函数$y=f(x)$在区间I上连续，如果函数曲线位于其任意一点处切线的上方，则称该曲线在区间I上是凹的，如图4-6（a）所示；如果函数曲线位于其任意一点处切线的下方，则称该曲线在区间I上是凸的，如图4-6（b）所示

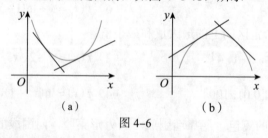

（a）　　　　　（b）

图4-6

以上我们了解了函数曲线凹凸性的特征，那么是否如单调性一样，函数曲线的凹凸性也可以借助函数导数的符号来判定？

考察图4-6（a），对于凹性曲线，当横坐标x增大时，凹弧上各点的切线斜率是逐渐增大的，即$f'(x)$是单调递增的，由函数的单调性知$(f'(x))'>0$，即$f''(x)>0$. 同理，考察图4-6（b），对于凸性曲线，当横坐标x增大时，凸弧上各点的切线斜率逐渐减小，即$f'(x)$是单调递减的，则有$f''(x)<0$. 于是有以下曲线凹凸性的判别定理.

定理（曲线凹凸性的判别法） 设函数$y=f(x)$在区间I内二阶可导，

（1）若在I内$f''(x)>0$，则曲线$y=f(x)$在I内是凹的；

（2）若在I内$f''(x)<0$，则曲线$y=f(x)$在I内是凸的.

定义2 连续曲线上凹与凸的分界点称为曲线的拐点. 需要注意的是，拐点是曲线上的点，必须把横坐标和纵坐标同时给出，如图4-7所示，点$(x_0,f(x_0))$和$(x_1,f(x_1))$是曲线$y=f(x)$的拐点. 确定曲线$y=f(x)$的凹凸区间及曲线拐点的一般步骤：

（1）求函数的二阶导数$f''(x)$；

（2）求出使$f''(x)$为零的点和$f''(x)$不存在的点；

（3）用步骤（2）中求出的每一个点，将定义区间分为若干小区间，并考察$f''(x)$在各小区间内的符号，确定曲线的凹凸区间和拐点.

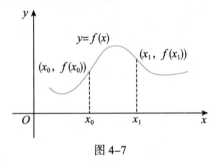

图 4-7

例27 求曲线$y=x^4+2x^3+3$的凹凸区间和拐点.

解 函数的定义域为$(-\infty,+\infty)$.

（1）$y'=4x^3+6x^2$，$y''=12x(x+1)$.

（2）令$y''=0$，得$x_1=-1$，$x_2=0$.

（3）列表.

x	$(-\infty,-1)$	-1	$(-1,0)$	0	$(0,+\infty)$
$f''(x)$	$+$	0	$-$	0	$+$
$f(x)$	凹	拐点$(-1,2)$	凸	拐点$(0,3)$	凹

因此，曲线的凹区间为$(-\infty,-1)$，$(0,+\infty)$；凸区间为$(-1,0)$；拐点为$(-1,2)$和$(0,3)$.

例28 求曲线$y=1-\sqrt[3]{x-2}$的凹凸区间及拐点.

解 函数的定义域为$(-\infty,+\infty)$.

（1）$y'=-\dfrac{1}{3}\cdot\dfrac{1}{\sqrt[3]{(x-2)^2}}$，$y''=\dfrac{2}{9\sqrt[3]{(x-2)^5}}$.

（2）函数在$x=2$处不可导.

（3）列表.

x	$(-\infty,2)$	2	$(2,+\infty)$
$f''(x)$	$-$		$+$
$f(x)$	凸	拐点$(2,1)$	凹

微分中值定理与导数的应用

因此，曲线的凹区间为$(2, +\infty)$；凸区间为$(-\infty, 2)$；拐点为$(2, 1)$.

4.3.2 函数作图

在掌握了函数单调性和极值、凹凸性和拐点后，再引入渐近线的概念，就能很好地作出函数图像以便直观地展示函数的性态.

定义3 （1）对于函数$y = f(x)$，如果

$$\lim_{x \to \infty} f(x) = A \quad （A为有限数）$$

则称直线$y = A$为曲线$y = f(x)$的水平渐近线. 定义对$x \to +\infty$、$x \to -\infty$同样适用.

（2）对于函数$y = f(x)$，如果存在常数a，使得

$$\lim_{x \to a} f(x) = \infty$$

则称直线$x = a$为曲线$y = f(x)$的垂直渐近线（或铅直渐近线）. 定义对$x \to a^+$、$x \to a^-$同样适用.

例如，$y = \dfrac{\pi}{2}$，$y = -\dfrac{\pi}{2}$分别是曲线$y = \arctan x$的水平渐近线；$x = 0$是曲线$y = \ln x$的垂直渐近线，如图4-8所示.

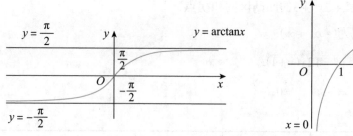

图4-8

函数作图的一般步骤如下：

（1）确定函数$f(x)$的定义域，研究函数是否具有奇偶性、周期性与有界性；

（2）通过一阶导数$f'(x)$获知函数的单调区间和极值点，通过二阶导数$f''(x)$获知凹凸区间和拐点；

（3）确定曲线的水平渐近线、铅直渐近线；

（4）根据上述结果描出曲线上极值对应的点和拐点，以及曲线与坐标轴的交点，用平滑的曲线描出函数的图形.

例29 作函数$f(x) = \dfrac{4 + 4x - 2x^2}{x^2}$的图形.

解 （1）$f(x)$的定义域为$(-\infty, 0) \cup (0, +\infty)$，为非奇非偶函数.

（2）$f'(x) = -\dfrac{4(x+2)}{x^3}$，$f''(x) = \dfrac{8(x+3)}{x^4}$.

令$f'(x) = 0$，得$x = -2$；令$f''(x) = 0$，得$x = -3$；$x = 0$是$f(x)$的间断点.

（3）列表.

x	$(-\infty,-3)$	-3	$(-3,-2)$	-2	$(-2,0)$	0	$(0,+\infty)$
$f'(x)$	$-$		$-$	0	$+$	不存在	$-$
$f''(x)$	$-$	0	$+$		$+$		$+$
$f(x)$	凸的单调递减	拐点 $\left(-3,-\dfrac{26}{9}\right)$	凹的单调递减	极小值-3	凹的单调递增	间断点	凹的单调递减

（4）$\displaystyle\lim_{x\to\infty}f(x)=\lim_{x\to\infty}\frac{4+4x-2x^2}{x^2}=-2$，得水平渐近线$y=-2$；$\displaystyle\lim_{x\to0}f(x)=\lim_{x\to0}\frac{4+4x-2x^2}{x^2}=$ $+\infty$，得铅直渐近线$x=0$.

（5）极小值对应的点为$(-2,-3)$，拐点为$\left(-3,-\dfrac{26}{9}\right)$，

曲线与x轴的交点分别为$(1-\sqrt3,0)$和$(1+\sqrt3,0)$.

再补充点：$A(-1,-2)$，$B(1,6)$，$C(2,1)$，$D\left(3,-\dfrac{2}{9}\right)$，

作出图形，如图4-9所示.

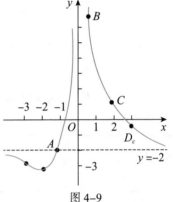

图4-9

例30　作函数$f(x)=\dfrac{1}{\sqrt{2\pi}}\mathrm{e}^{-\frac{x^2}{2}}$的图形.

解　（1）$f(x)$的定义域为$(-\infty,+\infty)$，函数是偶函数，函数图形关于y轴对称.

（2）$f'(x)=-\dfrac{x}{\sqrt{2\pi}}\mathrm{e}^{-\frac{x^2}{2}}$，$f''(x)=\dfrac{(x+1)(x-1)}{\sqrt{2\pi}}\mathrm{e}^{-\frac{x^2}{2}}$.

令$f'(x)=0$，得驻点$x=0$；令$f''(x)=0$，得$x=-1$，$x=1$.

（3）列表.

x	$(-\infty,-1)$	-1	$(-1,0)$	0	$(0,1)$	1	$(1,+\infty)$
$f'(x)$	$+$		$+$	0	$-$		$-$
$f''(x)$	$+$	0	$-$		$-$	0	$+$
$f(x)$	凹的单调递增	拐点 $\left(-1,\dfrac{1}{\sqrt{2\pi\mathrm{e}}}\right)$	凸的单调递增	极大值$\dfrac{1}{\sqrt{2\pi}}$	凸的单调递减	拐点 $\left(1,\dfrac{1}{\sqrt{2\pi\mathrm{e}}}\right)$	凹的单调递减

（4）$\displaystyle\lim_{x\to\infty}f(x)=\lim_{x\to\infty}\frac{1}{\sqrt{2\pi}}\mathrm{e}^{-\frac{x^2}{2}}=0$，得水平渐近线$y=0$.

（5）根据对称性，只要考虑 $[0, +\infty)$ 的情况即可．极大值对应的点为 $M_1\left(0, \dfrac{1}{\sqrt{2\pi}}\right)$，拐点为 $M_2\left(1, \dfrac{1}{\sqrt{2\pi e}}\right)$，再补充点 $M_3\left(2, \dfrac{1}{\sqrt{2\pi e^2}}\right)$．画出右半平面部分的图形，即可作出函数的图形，如图 4-10 所示．

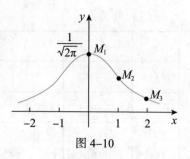

图 4-10

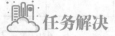任务解决

解　利润函数为

$$L(q) = R(q) - C(q) = -\frac{1}{3}q^3 + 6q^2 - 11q - 40$$

$$L'(q) = -q^2 + 12q - 11 = -(q-11)(q-1)$$

$$L''(q) = -2q + 12 = -2(q-6)$$

令 $L'(q) = 0$，得 $q_1 = 11$，$q_2 = 1$；令 $L''(q) = 0$，得 $q_3 = 6$.

列表.

q	$(0,1)$	1	$(1,6)$	6	$(6,11)$	11	$(11,+\infty)$
$L'(q)$	$-$	0	$+$		$+$	0	$-$
$L''(q)$	$+$		$+$	0	$-$		$-$
$L(q)$	减凹		增凹	拐点$(6,38)$	增凸		减凸

这表明，产量在 6 吨之前，利润有增有减但变化较平缓；当产量达 6 吨后，利润变化加快，先是较快增加，当产量达到 11 吨后，利润则较快递减.

能力训练 4.3

参考答案

1. 求下列函数曲线的凹凸性和拐点.

（1）$f(x) = x^2 \ln x$　　　　　　　　（2）$f(x) = x^3 - 5x^2 + 3x - 5$

（3）$f(x) = x + \dfrac{1}{x}$　　　　　　　　（4）$f(x) = \dfrac{1}{1+x}$

2. 曲线 $y = \dfrac{1+e^{-x^2}}{1-e^{-x^2}}$（　　　）.

（A）没有渐近线　　　　　　　　　　（B）仅有水平渐近线

（C）仅有铅直渐近线　　　　　　　　（D）既有水平渐近线又有铅直渐近线

3. 求下列函数曲线的渐近线.

（1）$y = 1 + \dfrac{36x}{(x+3)^2}$　　　　　　　（2）$y = \dfrac{1}{x^2 - 4x + 5}$

（3）$y=e^{\frac{1}{x}}-1$　　（4）$y=\frac{x^3}{x^2+2x-3}$

4. 画出下列函数的图形.

（1）$y=x^3-3x-2$　　（2）$y=\frac{x}{(x+1)^2}$

4.4 导数在经济分析中的应用

导数与微分在经济学中应用十分广泛，本节主要讨论产量最多、用料最省、效率最高、成本最低和收益最大等最优化问题，并学习导数在经济学中两个常用的应用——边际分析和弹性分析.

4.4.1 边际分析

在生产、消费、投资等活动中，通常会使用边际来分析和解释经济现象，边际是指在特定水平上，某一变量微小变动所引起的效果，下面给出边际的概念。

定义 1 经济函数$f(x)$的导数$f'(x)$称为该函数的边际函数，$f'(x_0)$称为$f(x)$在点x_0处的边际函数值.

边际函数值$f'(x_0)$的意义：自变量x在x_0处每改变一个单位，函数y改变$|f'(x_0)|$个单位.

常见的边际函数有：

（1）成本函数$C=C(q)$的边际成本函数为$C'(q)$.

边际成本值$C'(q_0)$的意义：当产量达到q_0时，再多生产一个单位产品所增加的成本.

（2）收入函数$R=R(q)$的边际收入函数为$R'(q)$.

边际收入值$R'(q_0)$的意义：当销售q_0单位商品后，再多销售一个单位商品所增加的收入.

（3）利润函数$L=L(q)$的边际利润函数为$L'(q)$.

边际利润值$L'(q_0)$的意义：当销售q_0单位产品后，再多销售一个单位产品所改变的利润.

（4）需求函数$q=q(p)$的边际需求函数为$q'(p)$.

边际需求值$q'(p_0)$的意义：当价格在p_0时，再上涨（或下降）一个单位所减少（或增加）的需求量.

例 31 设某产品的需求函数为$q=900-10p$（吨）（价格p的单位：万元），成本函数为$C(q)=20q+6000$（万元）.

（1）求边际需求函数，解释其经济意义.

（2）试求边际利润函数，并分别求需求量为 300 吨、350 吨和 400 吨的边际利润，从所得结果说明什么问题？

解 （1）边际需求函数为

$$q'(p) = -10$$

其经济意义是：若价格上涨（或下降）1 万元，则需求量将减少（或增加）10 吨.

（2）由 $q = 900 - 10p$，得 $p = 90 - \dfrac{q}{10}$，故收入函数为

$$R(q) = pq = \left(90 - \frac{q}{10}\right)q = 90q - \frac{q^2}{10}$$

因此，利润函数为

$$L(q) = R(q) - C(q) = \left(90q - \frac{q^2}{10}\right) - (20q + 6000) = -\frac{q^2}{10} + 70q - 6000$$

故边际利润函数为 $L'(q) = -\dfrac{q}{5} + 70$.

于是 $L'(300) = 10$，$L'(350) = 0$，$L'(400) = -10$.

结果表明，当需求量为 300 吨时，再增加 1 吨，销售利润将增加 10 万元；当需求量为 350 吨时，再增加 1 吨，销售利润不变；当需求量为 400 吨时，再增加 1 吨，销售利润减少 10 万元. 由本例可知，并不是需求量越大销售利润就越高.

4.4.2 弹性分析

需求价格弹性在经济学中应用非常广泛，需求价格弹性是指市场商品需求量对于价格变动作出反应的敏感程度，通常用需求量变动的百分比对价格变动的百分比的比值来表示.

定义 2 设某商品的需求量为 q，价格为 p，需求函数 $q = q(p)$ 可导，则

$$E_p = \lim_{\Delta p \to 0} \frac{\Delta q / q}{\Delta p / p} = \frac{p}{q(p)} q'(p)$$

称为该商品的需求价格弹性，简称需求弹性.

【注】由于需求规律的作用，价格和需求量是呈相反方向变化的，所以需求价格弹性总为负数.

当比较商品需求弹性大小时，通常比较其弹性绝对值 $|E_p|$ 的大小，当经济活动中提到某商品的需求弹性大时，通常指其绝对值大.

例如，$E_{x_0} = -2$ 的意义是：当 x 在 x_0 处增加 1% 时，相应的函数值减少 $f(x_0)$ 的 2%.

（1）当 $|E_p| < 1$，称为缺乏弹性，即需求变动的幅度小于价格变动的幅度，这时产品价格的变动对需求量的影响较小，适当地涨价不会使需求量有太大幅度的下降，从而涨价会使总收益增加.

（2）当 $|E_p| > 1$，称为富有弹性，即需求变动的幅度大于价格变动的幅度，这时产品价格的变动对需求量的影响较大，适当地降价会使需求量有较大幅度的上升，从而降价会使总收益增加.

（3）当 $\left|E_p\right|=1$，称为单位弹性，即需求变动的幅度等于价格变动的幅度.

例 32 某体育用品店中篮球的价格 80 元，乒乓球的价格 2 元，月销量分别为 2000 个和 8000 个，当以上两种商品的价格都提高 1 元时，月销量分别为 1980 个和 2000 个，请考察其收入变化情况.

解 已知当前篮球的价格为 $p_1=80$，销量为 $q_1=2000$，当价格提价 1 元时销量的变化为

$$\Delta q_1=1980-2000=-20$$

所以篮球的需求弹性为

$$E_1(80)=\frac{\dfrac{\Delta q_1}{q_1}}{\dfrac{\Delta p_1}{p_1}}=\frac{\dfrac{-20}{2000}}{\dfrac{1}{80}}=-0.8$$

已知当前乒乓球的价格为 $p_2=2$，销量为 $q_2=8000$，当价格提价 1 元时销量的变化为

$$\Delta q_2=2000-8000=-6000$$

所以乒乓球的需求弹性为

$$E_2(80)=\frac{\dfrac{\Delta q_2}{q_2}}{\dfrac{\Delta p_2}{p_2}}=\frac{\dfrac{-6000}{8000}}{\dfrac{1}{2}}=-1.5$$

由于 $\left|E_1(80)\right|=0.8$ 为缺乏弹性，因此提高篮球价格对需求量的影响不大，可以采取适当提高价格来增加收益.

由于 $\left|E_2(80)\right|=1.5$ 为富有弹性，因此提高乒乓球价格对需求量的影响很大，可以采取适当降低价格来增加收益.

4.4.3 经济分析中的最值问题

例 33 设某产品日产量为 q 件时，需要付出的总成本为 $C(q)=\dfrac{1}{100}q^2+20q+1600$（元）. 求：

（1）日产量为 500 件的总成本和平均成本；

（2）最低平均成本及相应的产量.

解 （1）日产量为 500 件的总成本为

$$C(500)=\frac{500^2}{100}+20\times500+1600=14100\,（\text{元}）$$

平均成本为

$$\bar{C}(500)=\frac{14100}{500}=28.2\,（\text{元}）$$

（2）日产量为q件的平均成本为

$$\bar{C}(q) = \frac{C(q)}{q} = \frac{q}{100} + 20 + \frac{1600}{q}$$

$$\bar{C}'(q) = \frac{1}{100} - \frac{1600}{q^2}$$

令$\bar{C}'(q) = 0$，因$q > 0$，得唯一驻点为$q = 400$.

本题只有一个驻点，而实际问题有最值，所以当日产量为400件时，平均成本最低，

最低平均成本为$\bar{C}(q) = \frac{400}{100} + 20 + \frac{1600}{400} = 28$（元）.

能力训练 4.4

参考答案

1. 已知需求函数$q(p) = 100 \times 2^{-0.4p}$，当$p = 10$时，需求弹性为（　　）.

A. $4 \times 2^{-4p}\ln 2$　　　　　　　　　　B. $4\ln 2$

C. $-4\ln 2$　　　　　　　　　　　　D. $-4 \times 2^{-4p}\ln 2$

2. 需求量q对价格p的函数为$q(p) = 100 \times 2^{-p}$，则需求弹性为$E_p = $（　　）.

A. $p\ln 2$　　　　　B. $-p\ln 2$　　　　　C. $\ln 2$　　　　　D. $-\ln 2$

3. 某种商品的需求函数为$q(p) = 15e^{-\frac{p}{3}}$，$p \in [0, 10]$，其中$q$（单位：百件）是销量，$p$（单位：千元）为价格，试求价格为9千元时的需求弹性.

4. 某种商品的需求函数为$q(p) = 150 - 2p^2$，$p \in [0, 8]$，试求：

（1）求需求弹性；

（2）讨论当价格为多少时，弹性分别为缺乏弹性、单位弹性、富有弹性.

5. 某产品的总成本的函数$C(q) = 400 + 2q + 5\sqrt{q}$（单位：千元），$q \in [0, 5000]$，试求：

（1）当产量为$q = 400$台时的总成本；

（2）当产量为$q = 400$台时的平均成本；

（3）当产量由$q = 400$台增加到484台时总成本的平均变化率；

（4）当产量为$q = 400$台时的边际成本.

6. 某家用电器的需求函数为$q = 1200 - 3p$，其中p（单位：元）为家用电器的销售价格，q（单位：件）为需求量，试求：

（1）边际收入函数；

（2）当销售量为$q = 450$件，$q = 600$件，$q = 750$件时的边际收入.

7. 已知生产某种电器的总成本为$C(q) = 2.2 \times 10^3 q + 8 \times 10^7$，年需求量为$q(p) = 3.1 \times 10^5 - 50p$，其中$p$（单位：元）是价格，$q$（单位：台）是需求量，试求获得最大利润时的销售量和销售价格.

8. 某产品q件时的总成本函数为$C(q)=20+4q+0.01q^2$（元），产品销售价格为$p=14-0.01q$（元 / 件），试求：产量为多少时，利润最大？最大利润是多少？

9. 设某产品的成本函数为

$$C(q)=\frac{1}{25}q^2+3q+100（万元）$$

其中q是产量（单位：台）. 求产量为多少时，平均成本最小？最小平均成本是多少？

【数学实训四】

利用 MATLAB 求函数的极值

【实训目的】

掌握求符号函数极值的方法

【学习命令】

MATLAB 可以使用 diff 命令求函数的导数，用解方程的 solve 函数求出驻点，再求二阶导数值，即可以判断函数的极值，具体步骤如下.

（1）创建符号变量：syms x.

（2）求函数的一阶导数：f1=diff（函数表达式）.

（3）求驻点：x_0=solve（f1）.

（4）求函数的二阶导数：f2=diff（f1）.

（5）定义 inline 函数，格式为 f=inline（f1）.

（6）将驻点x_0代入 f2，求出二阶导数值.

（7）求出 f(x_0)，输出结果，得到极值.

【实训内容】

例 34 求函数$f(x)=x^3-12x+1$的极大、极小值.

解 在命令窗口输入：

>>syms x	% 创建符号变量x
>> f=x∧3−12*x+1 ;	% 定义函数f
>>f1=diff（f）	% 求函数f的一阶导数

按回车键，输出：

f1 =	
3*x∧2 − 12	% 输出结果$f'(x)=3x^2+12$

在命令窗口输入：

>>x0=solve（f1）	% 解方程求出驻点（solve 函数是方程求解函数）

按回车键，输出：

x0=	
−2	

| 2 | % 输出结果为$x_0 = -2$和2 |

在命令窗口输入：

| >>f2=diff（f1） | % 求二阶导数f'' |

按回车键，输出：

| f2= | |
| 6*x | % 输出结果为$f'' = 6x$ |

在命令窗口输入：

| >>ff=inline（f2） | % 定义 inline 函数（内联函数） |

说明：求函数值时需要定义 inline 函数后，再把自变量值代入 inline 函数.

按回车键，输出：

ff =	
内联函数：	
ff（x）= x. *6. 0	

在命令窗口输入：

| >>ff（x0） | % 求驻点处的二阶导数值$f''\|_{x=x_0}$ |

按回车键，输出：

ans=	
-12	
12	

在命令窗口输入：

| >>y=inline（f）; | % 定义 inline 函数y |
| >>y（2），y（-2） | % 求驻点处的函数值$y\|_{x=x_0}$ |

按回车键，输出：

ans=	
-15	% 输出结果为$f(2) = -15$
ans=	
17	% 输出结果为$f(-2) = 17$

由上面结果可知，极大值点为$x = -2$，此时极大值为$f(-2) = 17$；极小值点为$x = 2$，此时极小值为$f(2) = -15$.

【实训作业】

使用 MATLAB 求$f(x) = \dfrac{1}{3}x^3 - x^2 - 3x - 3$的极值.

【知识延展】

马克思、恩格斯与微积分的渊源

习近平总书记在 2018 年 5 月 4 日纪念马克思诞辰 200 周年大会上提到："即使在多病的晚年，马克思仍然不断迈向新的科学领域和目标，写下了数量庞大的历史学、人类学、数学等学科笔记."正如恩格斯所说："马克思在他所研究的每一个领域，甚至在数学领域，都有独到的发现，这样的领域是很多的，而且其中任何一个领域他都不是浅尝辄止."

马克思一生酷爱数学，数十年如一日地利用闲暇时间钻研数学，留下了近千页的数学手稿．马克思把微分学看作是科学上的一种新发现、新事物，考察它是怎样产生的，产生以后遇到一些什么困难，经历了怎样的曲折发展，他把从牛顿、莱布尼茨创建微分学到拉格朗日的发展，这一百多年的发展过程分为"神秘的微分学""理性的微分学""纯代数的微分学"三个阶段．

马克思对高等数学的兴趣和钻研带动了恩格斯，他们的通信中大量讨论微积分．马克思在一封给恩格斯的信中说："全部微分学本来就是求任意一条曲线上的任何一点的切线．我就想用这个例子来给你说明问题的实质."在马克思的影响下，恩格斯对微积分也越来越有兴趣，他精辟地分析高等数学与初等数学的区别，对微积分给予了非常高的赞誉："在一切成就中，未必再有什么像 17 世纪下半叶微积分的发明那样看作人类精神的最高胜利了．如果在某个地方，我们看到人类精神的纯粹的和唯一的功绩，那就正在这里."

马克思把数学作为丰富唯物辩证法的一个源泉，在高等数学中他找到了最符合逻辑的，同时也是形式最简单的辩证运动．尽管马克思不是数学家，但他的数学手稿却受到高度重视，作为人类历史上的伟大思想家，同时又在数学领域里辛勤耕耘过，这在人类文化史上是十分罕见的．

第5章 一元函数积分学及其应用

> 数学中的转折点是笛卡尔的变数，有了变数，运动进入了数学，辩证法进入了数学，微分和积分也就立刻成为必要的了.
>
> ——恩格斯

【课前导学】

在初等数学中有加法与减法、乘法与除法、指数与对数等互逆的运算关系，在高等数学中同样存在"互逆运算". 积分的雏形最早可以追溯到古希腊和我国的魏晋时期，17 世纪中期，牛顿和莱布尼茨意识到了微分与积分之间的互逆运算关系，并创立了微积分. 本章将介绍不定积分、定积分的概念、性质以及计算方法，读者需要学会和掌握运用定积分微元法解决实际问题的能力.

【知识脉络】

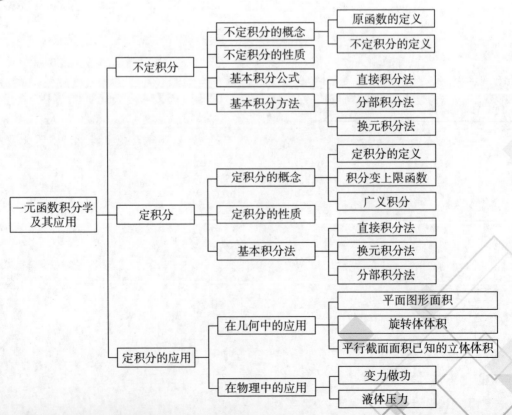

任务提出

广西是矿产资源富集区，是全国锰矿最多的地方，同时也素有"有色金属之乡"的称号，矿资源产业已成为广西国民经济的支柱产业. 已知某矿山每月产锰矿石 1500 吨，预计从现在开始 t 个月后，锰矿石价格将是每吨 $P(t) = 400 + 6\sqrt{t}$（元），假如锰矿石一生产出来就被售出，请测算一下，如果开采 3 年锰矿石可获得到多少元的收入.

解决问题知识要点：不定积分的概念、不定积分的基本积分公式.

学习目标

理解原函数与不定积分的概念；理解不定积分的基本性质；熟练掌握不定积分的基本积分公式.

知识学习

在微分学中我们学会了对一个可微函数求其导函数，而处理实际问题中还会遇到相反的问题：已知函数的导数，反过来求此导数是由哪个函数求导而得，这就形成了"原函数"的概念.

5.1.1　原函数与不定积分的概念

引例　已知物体自由落体的运动速度为 $v(t) = gt$，求自由落体的路程函数 $s = s(t)$.

分析　由导数的物理意义知所求的路程函数 $s = s(t)$ 应满足 $s'(t) = v(t) = gt$，不难看出 $s(t) = \dfrac{1}{2} gt^2$ 满足了要求. 这个问题实际上是已知速度求路程的物理问题. 从数学的角度看，就是找一个函数，使得它的导数等于已知函数. 此时称路程函数 $s(t) = \dfrac{1}{2} gt^2$ 是速度函数 $v(t) = gt$ 的一个原函数. 下面给出原函数的定义.

定义 1　设函数 $F(x)$ 与 $f(x)$ 在区间 I 上有定义，若在区间 I 上，有

$$F'(x) = f(x) \text{ 或 } dF(x) = f(x)dx$$

则称函数 $F(x)$ 是函数 $f(x)$ 在区间 I 上的一个原函数.

如对于函数 $f(x) = 3x^2$，因为 $(x^3)' = 3x^2$，所以 x^3 是 $3x^2$ 的一个原函数；对于函数 $f(x) = \cos x$，因为 $(\sin x)' = \cos x$，所以 $\sin x$ 是 $\cos x$ 的一个原函数.

另外，对于函数 $f(x) = 2x$，存在以下函数

$$F_1(x) = x^2,\ F_2(x) = x^2 + 1,\ F_3(x) = x^2 - 1,\ \cdots,\ F_{100}(x) = x^2 - 100$$

第 5 章

一元函数积分学 及其应用

满足 $F_1'(x) = F_2'(x) = F_3'(x) = \cdots = F_{100}'(x) = 2x$，所以 $F_1(x)$，$F_2(x)$，$F_3(x)$，$\cdots$，$F_{100}(x)$ 分别是 $f(x)$ 的一个原函数.

可见一个函数的原函数并不唯一，而且这些原函数之间仅相差一个常数，那么这是原函数的普遍特征吗？第 4 章第 1 节的推论 2 回答了这个问题，事实上，如果一个函数 $f(x)$ 在区间 I 上存在原函数，那么这些原函数之间的确仅相差一个常数. 若 $F(x)$ 是其中的一个原函数，则函数 $f(x)$ 的所有原函数可表示为 $F(x) + C$，C 为任意常数. 此时，我们需要关心的是一个函数具备什么条件，才能保证它的原函数一定存在. 关于这个问题，以下的定理给出了回答.

定理（原函数存在定理） 如果函数 $f(x)$ 在区间 I 上连续，那么在区间 I 上 $f(x)$ 一定有原函数.

因为初等函数在其定义区间内都连续，所以初等函数在其定义区间都有原函数.

在掌握了原函数概念的基础之上，下面给出不定积分的定义.

定义 2 设 $F(x)$ 是函数 $f(x)$ 在区间 I 上一个原函数，则称 $f(x)$ 的全体原函数 $F(x) + c$ 为函数 $f(x)$ 在 I 上的不定积分，记为

$$\int f(x)\mathrm{d}x = F(x) + c$$

其中 $f(x)$ 称为被积函数，$f(x)\mathrm{d}x$ 称为被积表达式，x 称为积分变量，$\int$ 称为积分号.

由定义 2 知，求函数 $f(x)$ 的不定积分实际上只需求出它的一个原函数，再加上任意常数即可.

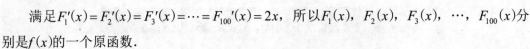

不定积分的定义

例 1 求 $\int 3x^2 \mathrm{d}x$.

解 因为 $(x^3)' = 3x^2$，所以 x^3 是 $y = 3x^2$ 的一个原函数，故

$$\int 3x^2 \mathrm{d}x = x^3 + C$$

例 2 求 $\int \sin x \mathrm{d}x$.

解 因为 $(-\cos x)' = \sin x$，所以 $-\cos x$ 是 $y = \sin x$ 的一个原函数，故

$$\int \sin x \mathrm{d}x = -\cos x + C$$

例 3 求 $\int \frac{1}{x} \mathrm{d}x$.

解 当 $x > 0$ 时，因为 $(\ln x)' = \frac{1}{x}$，所以 $\ln x$ 是 $\frac{1}{x}$ 在 $(0, +\infty)$ 的一个原函数，因此

$$\int \frac{1}{x} \mathrm{d}x = \ln x + C$$

当 $x < 0$ 时，$[\ln(-x)]' = \frac{1}{-x} \cdot (-x)' = \frac{1}{x}$，所以 $\ln(-x)$ 是 $\frac{1}{x}$ 在 $(-\infty, 0)$ 的一个原函数，因此

$$\int \frac{1}{x} \mathrm{d}x = \ln(-x) + C.$$

综上，得 $\int \dfrac{1}{x}dx = \ln|x| + C$.

5.1.2　不定积分的几何意义

若函数 $F'(x) = f(x)$，则 $F(x)$ 是函数 $f(x)$ 的一个原函数，它的图像称为 $f(x)$ 的一条积分曲线，不定积分 $\int f(x)dx$ 表示 $f(x)$ 的全体原函数 $F(x) + C$，所以不定积分 $\int f(x)dx$ 在几何

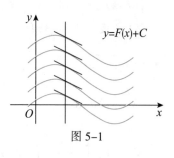

图 5-1

上表示一族积分曲线．这族积分曲线可以由曲线 $y = F(x)$ 沿 y 轴向上或向下平移得到，且这族积分曲线上对于同一横坐标的点的切线平行（图 5-1）．

例 4　求经过点 $(2, 0)$ 切线斜率为 $k = 2x$ 的曲线方程．

解　设所求曲线方程为 $y = f(x)$，由导数的几何意义，有 $f'(x) = 2x$，容易得到 x^2 是 $2x$ 的一个原函数，于是得切线斜率为 $2x$ 的曲线族：

$$y = \int 2xdx = x^2 + C$$

又因所求曲线经过点 $(2, 0)$，把 $x = 2$，$y = 0$ 代入上式，得 $C = -4$，因此所求曲线方程为 $y = x^2 - 4$.

5.1.3　基本积分公式

根据不定积分的定义知，不定积分运算是微分运算的逆运算，所以由微分基本公式可以相应得出基本积分公式如下：

(1) $\int kdx = kx + C$（k 是常数）

(2) $\int x^\mu dx = \dfrac{x^{\mu+1}}{\mu+1} + C$（$\mu \neq -1$）

(3) $\int \dfrac{1}{x}dx = \ln|x| + C$

(4) $\int e^x dx = e^x + C$

(5) $\int a^x dx = \dfrac{1}{\ln a}a^x + C$

(6) $\int \sin xdx = -\cos x + C$

(7) $\int \cos xdx = \sin x + C$

(8) $\int \dfrac{1}{\cos^2 x}dx = \int \sec^2 xdx = \tan x + C$

(9) $\int \dfrac{1}{\sin^2 x}dx = \int \csc^2 xdx = -\cot x + C$

(10) $\int \sec x\tan xdx = \sec x + C$

(11) $\int \csc x\cot xdx = -\csc x + C$

(12) $\int \dfrac{1}{1+x^2}dx = \arctan x + C$

(13) $\int \dfrac{1}{\sqrt{1-x^2}}dx = \arcsin x + C$

另外，由积分运算与微分运算的互逆运算关系可得不定积分与微分的联系如下：

$$d\left[\int f(x)dx\right] = f(x)dx \quad \text{或} \quad \left[\int f(x)dx\right]' = f(x)$$

$$\int dF(x)=F(x)+C \quad \text{或} \quad \int F'(x)\,dx=F(x)+C$$

例 5 求下列不定积分.

(1) $\int \sqrt{x}\,dx$ (2) $\int \dfrac{1}{x^3}\,dx$

(3) $\int x^2 \sqrt{x}\,dx$

解 (1) $\int \sqrt{x}\,dx = \int x^{\frac{1}{2}}\,dx = \dfrac{1}{\frac{1}{2}+1}x^{\frac{1}{2}+1}+C = \dfrac{2}{3}x^{\frac{3}{2}}+C.$

(2) $\int \dfrac{1}{x^3}\,dx = \int x^{-3}\,dx = -\dfrac{1}{2}x^{-2}+C.$

(3) $\int x^2 \sqrt{x}\,dx = \int x^2 x^{\frac{1}{2}}\,dx = \int x^{\frac{5}{2}}\,dx = \dfrac{1}{\frac{5}{2}+1}x^{\frac{5}{2}+1}+C = \dfrac{2}{7}x^{\frac{7}{2}}+C.$

5.1.4 不定积分的性质

由不定积分的定义还可以得到以下不定积分性质.

性质 1 设 $f(x)$ 和 $g(x)$ 的原函数均存在, 则有

$$\int \left[f(x)\pm g(x)\right]dx = \int f(x)\,dx \pm \int g(x)\,dx$$

此性质可推广到有限多个函数的情形.

性质 2 设 k 为非零常数, 函数 $f(x)$ 的原函数存在, 则有

$$\int kf(x)\,dx = k\int f(x)\,dx$$

以上性质也是积分的运算法则, 利用运算法则和基本积分公式, 可以计算一些简单函数的不定积分.

例 6 求 $\int \left(2\cos x - \dfrac{2}{x} + \sqrt[3]{x}\right)dx.$

解 $\int \left(2\cos x - \dfrac{2}{x} + \sqrt[3]{x}\right)dx = \int 2\cos x\,dx - \int \dfrac{2}{x}\,dx + \int \sqrt[3]{x}\,dx$

$= 2\int \cos x\,dx - 2\int \dfrac{1}{x}\,dx + \int x^{\frac{1}{3}}\,dx$

$= 2\sin x + C_1 - 2\ln|x| + C_2 + \dfrac{3}{4}x^{\frac{4}{3}} + C_3$

$= 2\sin x - 2\ln|x| + \dfrac{3}{4}x^{\frac{4}{3}} + C$

【注】 逐项积分后, 每个积分都有一个任意常数, 因为有限个任意常数的代数和仍是任意常数, 所以以后在进行积分运算时, 不需要每个积分都加任意常数, 最后结果定一

个任意常数即可.

例 7 求 $\int \dfrac{(x-1)^2}{x}\mathrm{d}x$.

解 $\int \dfrac{(x-1)^2}{x}\mathrm{d}x = \int \dfrac{x^2-2x+1}{x}\mathrm{d}x = \int\left(x-2+\dfrac{1}{x}\right)\mathrm{d}x$

$\qquad = \int x\mathrm{d}x - \int 2\mathrm{d}x + \int\dfrac{1}{x}\mathrm{d}x = \dfrac{1}{2}x^2 - 2x + \ln|x| + C$

5.1.5 直接积分法

在求不定积分时，经常需要对被积函数进行代数或三角恒等变形后，才能使用基本积分公式和运算法则进行积分运算，这种通过对函数恒等变形，再使用基本积分公式和运算法则求不定积分的方法称为直接积分法.

例 8 求 $\int \sqrt{x}(\sqrt{x}-1)^2\mathrm{d}x$.

解 $\int \sqrt{x}(\sqrt{x}-1)^2\mathrm{d}x = \int \sqrt{x}(x-2\sqrt{x}+1)\mathrm{d}x$

$\qquad = \int(x\sqrt{x}-2x+\sqrt{x})\mathrm{d}x = \int\left(x^{\frac{3}{2}}-2x+x^{\frac{1}{2}}\right)\mathrm{d}x$

$\qquad = \int x^{\frac{3}{2}}\mathrm{d}x - 2\int x\mathrm{d}x + \int x^{\frac{1}{2}}\mathrm{d}x = \dfrac{2}{5}x^{\frac{5}{2}} - x^2 + \dfrac{2}{3}x^{\frac{3}{2}} + C$

例 9 求 $\int \mathrm{e}^x\left(1-\dfrac{\mathrm{e}^{-x}}{\sqrt{x}}\right)\mathrm{d}x$.

解 $\int \mathrm{e}^x\left(1-\dfrac{\mathrm{e}^{-x}}{\sqrt{x}}\right)\mathrm{d}x = \int\left(\mathrm{e}^x - \dfrac{\mathrm{e}^x\cdot\mathrm{e}^{-x}}{x^{\frac{1}{2}}}\right)\mathrm{d}x = \int \mathrm{e}^x\mathrm{d}x - \int x^{-\frac{1}{2}}\mathrm{d}x = \mathrm{e}^x - 2x^{\frac{1}{2}} + C$

例 10 求 $\int \tan^2 x\mathrm{d}x$.

解 $\int \tan^2 x\mathrm{d}x = \int(\sec^2 x - 1)\mathrm{d}x = \int \sec^2 x\mathrm{d}x - \int 1\mathrm{d}x = \tan x - x + C$

由以上例子可以看出，不定积分的计算需要熟练、灵活地运用恒等变形.

任务解决

解 设从开始到 t 个月的锰矿石收入记为 $R(t)$，已知每月产锰矿石 1500 吨，锰矿石价格将是每吨 $P(t)=400+6\sqrt{t}$（元），所以每月售出 1500 吨锰矿石的收入为

$$1500\times(400+6\sqrt{t}) = 600000 + 9000\sqrt{t}$$

由于每月收入是总收入的变化率，因此每月的收入可表示为 $\dfrac{\mathrm{d}R(t)}{\mathrm{d}t}$，于是有

$$\frac{dR(t)}{dt} = 600000 + 9000\sqrt{t}$$

已经知道了收入函数的导数，则可以通过求不定积分求出收入函数，有

$$R(t) = \int (600000 + 9000\sqrt{t})\,dt = 600000t + 6000t^{\frac{3}{2}} + C$$

把$R(0) = 0$代入上式得$C = 0$，所以收入函数为

$$R(t) = 600000t + 6000t^{\frac{3}{2}}$$

36 个月总收入为

$$R(36) = 600000 \times 36 + 6000 \times 36^{\frac{3}{2}} = 2289.6（万元）$$

能力训练 5.1

1. 利用求导运算验证下列等式.

（1）$\int \dfrac{1}{\sqrt{x^2 - 1}}\,dx = \ln(x + \sqrt{x^2 - 1}) + C$

参考答案

（2）$\int x\cos x\,dx = x\sin x + \cos x + C$

2. 求下列不定积分.

（1）$\int \dfrac{dx}{x^2}$

（2）$\int x\sqrt{x}\,dx$

（3）$\int \left(2e^x + \dfrac{3}{x}\right)dx$

（4）$\int \dfrac{e^x}{3^x}\,dx$

（5）$\int \sin^2 \dfrac{x}{2}\,dx$

（6）$\int \dfrac{x^2}{1 + x^2}\,dx$

3. 一条曲线通过点$(e^2, 3)$，且在任一点的切线斜率等于该点横坐标的倒数，求该曲线方程.

5.2 不定积分的换元法与分部积分法

任务提出

为了保护环境，工厂在开展生产经营的同时还要防治污染，需测算出生产产品所产生的排污量. 假如生产一批产品每周排放污染物的速率为$\dfrac{dx}{dt} = \dfrac{1}{600}t^{\frac{3}{4}}$，其中$t$为排污时间（单位：周），$x$是排放污染物的数量（单位：吨），请求出污染物总量的函数表达式，并测

算第一年工厂可能排放的污染物有多少.

解决问题知识要点：不定积分的计算.

学习目标

熟练掌握不定积分的直接积分法、换元积分法与分部积分法.

知识学习

在 5.1 节中直接利用基本积分公式和运算法则能计算的积分是十分有限的，有必要学习其他的积分方法来解决更多的积分问题.

5.2.1 第一类换元积分法

观察下例的两种解法.

例 11 求 $\int (x+1)^2 \mathrm{d}x$.

解 解法 1 $\int (x+1)^2 \mathrm{d}x = \int (x^2+2x+1)\,\mathrm{d}x = \dfrac{1}{3}x^3 + x^2 + x + C$

解法 2 因为 $\mathrm{d}x = \mathrm{d}(x+1)$，设 $u = x+1$，则

$$\int (x+1)^2 \mathrm{d}x = \int (x+1)^2 \mathrm{d}(x+1) \xlongequal{u=x+1} \int u^2 \mathrm{d}u$$

$$= \frac{1}{3}u^3 + C_1 = \frac{1}{3}(x+1)^3 + C_1$$

$$= \frac{1}{3}(x^3 + 3x^2 + 3x + 1) + C_1$$

$$= \frac{1}{3}x^3 + x^2 + x + C$$

两种解法所得结果一致，但解法 2 的应用更为广泛，尤其适用于复合函数的积分问题，例如对于不定积分 $\int (x+1)^{10} \mathrm{d}x$，为了使用公式 $\int u^{10} \mathrm{d}u = \dfrac{1}{11}u^{11} + C$，可以设置中间变量 $u = x+1$，同时需要将微分 $\mathrm{d}x$ "凑" 成 $\mathrm{d}(x+1) = \mathrm{d}u$，于是

$$\int (x+1)^{10} \mathrm{d}x = \int (x+1)^{10} \mathrm{d}(x+1) \xlongequal{u=x+1} \int u^{10} \mathrm{d}u$$

$$= \frac{1}{11}u^{11} + C = \frac{1}{11}(x+1)^{11} + C$$

由此可见，这种方法的关键点是把微分 $\mathrm{d}x$ "凑" 成中间变量 $u = x+1$ 的微分 $\mathrm{d}u$，这种方法称为第一换元积分法（凑微分法）.

定理 1 第一换元积分法（凑微分法）

若已知 $\int f(x)\mathrm{d}x = F(x) + C$，则有

不定积分的凑微分法

$$\int f[\varphi(x)]\varphi'(x)\mathrm{d}x = \int f[\varphi(x)]\mathrm{d}\varphi(x)$$
$$= F[\varphi(x)] + C$$

其中 $\varphi(x)$ 是可微函数.

使用定理 1 求积分时,关键是"拼凑"微分,即设法将被积式拼凑成 $f[\varphi(x)]\mathrm{d}\varphi(x)$ 的形式才能进行换元.

例 12　求 $\int 6\cos 2x\mathrm{d}x$.

解　被积函数的中间变量为 $u = 2x$,需要凑成微分 $\mathrm{d}(2x) = 2\mathrm{d}x$,于是

$$\int 6\cos 2x\mathrm{d}x = \int 6\cos 2x \cdot \frac{1}{2} \cdot 2\mathrm{d}x = \int 3\cos 2x(2x)'\mathrm{d}x$$

$$= 3\int\cos 2x\mathrm{d}(2x) = 3\int\cos u\mathrm{d}u = 3\sin u + C = 3\sin 2x + C$$

例 13　求 $\int\dfrac{1}{1+2x}\mathrm{d}x$.

解　被积函数的中间变量为 $u = 1+2x$,需要凑成微分 $\mathrm{d}(1+2x) = 2\mathrm{d}x$,于是

$$\int\frac{1}{1+2x}\mathrm{d}x = \frac{1}{2}\int\frac{2}{1+2x}\mathrm{d}x = \frac{1}{2}\int\frac{(1+2x)'}{1+2x}\mathrm{d}x = \frac{1}{2}\int\frac{1}{1+2x}\mathrm{d}(1+2x)$$

$$= \frac{1}{2}\int\frac{1}{u}\mathrm{d}u = \frac{1}{2}\ln|u| + c = \frac{1}{2}\ln|1+2x| + C$$

使用凑微法求不定积分需要一定的技巧,在熟练掌握方法后,可以省略中间变量 u 的代换过程,直接求出积分结果.

例 14　求 $\int x\mathrm{e}^{x^2}\mathrm{d}x$.

解　$\displaystyle\int x\mathrm{e}^{x^2}\mathrm{d}x = \frac{1}{2}\int(2x)\mathrm{e}^{x^2}\mathrm{d}x = \frac{1}{2}\int\mathrm{e}^{x^2}(x^2)'\mathrm{d}x = \frac{1}{2}\int\mathrm{e}^{x^2}\mathrm{d}(x^2) = \frac{1}{2}\mathrm{e}^{x^2} + C$

例 15　求 $\int\dfrac{1}{x(1+3\ln x)}\mathrm{d}x$.

解　$\displaystyle\int\frac{1}{x(1+3\ln x)}\mathrm{d}x = \frac{1}{3}\int\frac{1}{(1+3\ln x)}\left(3 \cdot \frac{1}{x}\right)\mathrm{d}x$

$$= \frac{1}{3}\int\frac{(1+3\ln x)'}{1+3\ln x}\mathrm{d}x = \frac{1}{3}\int\frac{1}{1+3\ln x}\mathrm{d}(1+3\ln x) = \frac{1}{3}\ln|1+3\ln x| + C$$

例 16　求 $\int\tan x\mathrm{d}x$.

解　$\displaystyle\int\tan x\mathrm{d}x = \int\frac{\sin x}{\cos x}\mathrm{d}x = \int\frac{1}{\cos x} \cdot \sin x\mathrm{d}x = -\int\frac{1}{\cos x} \cdot (\cos x)'\mathrm{d}x$

$$= -\int\frac{1}{\cos x}\mathrm{d}\cos x = -\ln|\cos x| + C$$

类似地,可得

$$\int\cot x\mathrm{d}x = \ln|\sin x| + C$$

例 17 求 $\int \sin^3 x \mathrm{d}x$.

解 $\int \sin^3 x \mathrm{d}x = \int \sin^2 x \sin x \mathrm{d}x = -\int \sin^2 x (\cos x)' \mathrm{d}x = -\int (1 - \cos^2 x) \mathrm{d}(\cos x)$

$= -\int \mathrm{d}(\cos x) + \int \cos^2 x \mathrm{d}(\cos x) = -\cos x + \frac{1}{3}\cos^3 x + C$

5.2.2 第二类换元积分法

计算不定积分时，虽然第一类换元积分法使用广泛，但对一些无理函数的积分，第一类换元积分法就不易求出，还需另找其他方法求解.

定理 2 第二类换元积分法（变量置换法）

设 $y = f(x)$ 为连续函数，$x = \varphi(t)$ 单调且有连续导数，且 $\varphi'(t) \neq 0$，若 $\int f[\varphi(t)]\varphi'(t)\mathrm{d}t = G(t) + C$，则

$$\int f(x)\mathrm{d}x = \int f[\varphi(t)]\varphi'(t)\mathrm{d}t = G(t) + C = G[\varphi^{-1}(x)] + C$$

其中 $t = \varphi^{-1}(x)$ 是 $x = \varphi(t)$ 的反函数.

使用第二类换元积分法的关键是选择适当的函数代换 $x = \varphi(t)$，将变量 x 替换成函数 $\varphi(t)$，这种积分法称为第二类换元积分法.

第二类换元积分法的求解步骤如下.

第一步，作变量置换，令 $x = \varphi(t)$，将所求积分化为

$$\int f(x)\mathrm{d}x = \int f[\varphi(t)]\varphi'(t)\mathrm{d}t$$

第二步，使用已知公式求解，则

$$\int f(x)\mathrm{d}x = \int f[\varphi(t)]\varphi'(t)\mathrm{d}t = G(t) + C$$

第三步，求出 $x = \varphi(t)$ 的反函数 $t = \varphi^{-1}(x)$ 代入上式的右端，得

$$\int f(x)\mathrm{d}x = G[\varphi^{-1}(x)] + C$$

第二类换元积分法（变量置换法）主要包括简单根式置换、三角代换置换，下面通过例子来学习.

例 18 求 $\int \dfrac{1}{1 + \sqrt{x}} \mathrm{d}x$.（进阶模块）

解 被积函数中含有根式 $\sqrt{x}$，无法直接使用公式求解，为去除掉根式，令 $\sqrt{x} = t$，$t^2 = x(t > 0)$，则有 $\mathrm{d}x = \mathrm{d}(t^2) = 2t\mathrm{d}t$，于是

$$\int \frac{1}{1+\sqrt{x}} \mathrm{d}x = \int \frac{2t}{1+t} \mathrm{d}t = 2\int \frac{1+t-1}{1+t} \mathrm{d}t$$

$$= 2\left(\int \mathrm{d}t - \int \frac{1}{1+t} \mathrm{d}t \right) = 2\left[\int \mathrm{d}t - \int \frac{1}{1+t} \mathrm{d}(1+t) \right]$$

$$= 2(t - \ln|1+t|) + C = 2(\sqrt{x} - \ln|1+\sqrt{x}|) + C$$

例 19 求 $\int \dfrac{1}{\sqrt[3]{x}+\sqrt{x}}\mathrm{d}x$.（进阶模块）

解 被积函数中含有根式 $\sqrt{x}$ 和 $\sqrt[3]{x}$，为去除掉根式，取 $\dfrac{1}{2}$ 与 $\dfrac{1}{3}$ 的公因子 $\dfrac{1}{6}$，令 $t=\sqrt[6]{x}$，

$t^6=x$，则有 $\sqrt{x}=t^3$，$\sqrt[3]{x}=t^2$，$\mathrm{d}x=\mathrm{d}(t^6)=6t^5\mathrm{d}t$，于是

$$\int \frac{1}{\sqrt[3]{x}+\sqrt{x}}\mathrm{d}x=\int \frac{6t^5}{t^2+t^3}\mathrm{d}t=6\int \frac{t^3}{1+t}\mathrm{d}t$$

$$=6\int \frac{t^3+1-1}{1+t}\mathrm{d}t=6\int \left[(t^2-t+1)-\frac{1}{1+t}\right]\mathrm{d}t$$

$$=6\left(\frac{1}{3}t^3-\frac{1}{2}t^2+t\right)-6\ln|t+1|+C$$

$$=(2t^3-3t^2+6t)-6\ln|t+1|+C$$

$$=2\sqrt{x}-3\sqrt[3]{x}+6\sqrt[6]{x}-6\ln\left|\sqrt[6]{x}+1\right|+C$$

例 20 求 $\int \sqrt{a^2-x^2}\mathrm{d}x\,(a>0)$.（进阶模块）

解 此类积分不能使用变量置换 $\sqrt{a^2-x^2}=t$ 去根号，否则会出现更为复杂的不定积

分，而应利用三角函数公式 $\sin^2t+\cos^2t=1$，采用三角代换去除根式，即令 $x=a\sin t$

$\left(-\dfrac{\pi}{2}\leqslant t\leqslant \dfrac{\pi}{2}\right)$，则 $\sqrt{a^2-x^2}=a\cos t$，$\mathrm{d}x=a\cos t\mathrm{d}t$，于是

$$\int \sqrt{a^2-x^2}\mathrm{d}x=\int a\cos t a\cos t\mathrm{d}t$$

$$=a^2\int \cos^2t\mathrm{d}t=a^2\int \frac{1+\cos 2t}{2}\mathrm{d}t$$

$$=\frac{a^2}{2}\int \mathrm{d}t+\frac{a^2}{2}\cdot \frac{1}{2}\int \cos 2t\cdot 2\mathrm{d}t$$

$$=\frac{a^2}{2}t+\frac{a^2}{4}\sin 2t+C$$

$$=\frac{a^2}{2}t+\frac{a}{2}a\sin t\cos t+C$$

由图 5-2 可知，$t=\arcsin \dfrac{x}{a}$，$\cos t=\dfrac{\sqrt{a^2-x^2}}{a}$，所以

$$\int \sqrt{a^2-x^2}\mathrm{d}x=\frac{a^2}{2}\arcsin \frac{x}{a}+\frac{a}{2}x\frac{\sqrt{a^2-x^2}}{a}+C$$

$$=\frac{a^2}{2}\arcsin \frac{x}{a}+\frac{x}{2}\sqrt{a^2-x^2}+C$$

【注】由 $x = a\sin t$，即 $\sin t = \dfrac{x}{a}$，利用直角三角形的边角关系，作如

图 5-2 所示的直角三角形，设锐角为 t，则斜边为 a，对边为 x，于是

有 $\cos t = \dfrac{\sqrt{a^2 - x^2}}{a}$.

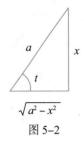

图 5-2

例 21 求 $\displaystyle\int \dfrac{1}{\sqrt{x^2 + a^2}}\,\mathrm{d}x\,(a > 0)$. （进阶模块）

解 为去除根式，利用三角函数公式 $1 + \tan^2 x = \sec^2 x$，采用三角代换去除根式，即令

$x = a\tan t\left(-\dfrac{\pi}{2} < t < \dfrac{\pi}{2}\right)$，则 $\sqrt{x^2 + a^2} = a\sec t$，$\mathrm{d}x = \mathrm{d}(a\tan t) = a\sec^2 t\,\mathrm{d}t$，于是

$$
\begin{aligned}
\int \frac{1}{\sqrt{x^2 + a^2}}\,\mathrm{d}x &= \int \frac{1}{a\sec t} \cdot a\sec^2 t\,\mathrm{d}t \\
&= \int \sec t\,\mathrm{d}t = \ln|\sec t + \tan t| + C_1 \\
&= \ln\left|\frac{x}{a} + \frac{\sqrt{x^2 + a^2}}{a}\right| + C_1 \\
&= \ln\left|x + \sqrt{x^2 + a^2}\right| + C
\end{aligned}
$$

其中 $C = C_1 - \ln a$.

【注】由 $x = a\tan t$，即 $\tan t = \dfrac{x}{a}$，如图 5-3 所示作直角三角形，

由图可得 $\sec t = \dfrac{\sqrt{x^2 + a^2}}{a}$.

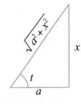

图 5-3

当被积函数包含如下无理函数时，可采用以下变量置换去除根式，一般规律如表 5-1 所示，表中各式的 a，b，k，n，m，h 均为常数.

表 5-1

被积函数	变量代换	运用的公式
$f(\sqrt[k]{ax + b})$	令 $\sqrt[k]{ax + b} = t$	
$f(\sqrt[n]{ax + b},\ \sqrt[m]{ax + b})$	令 $\sqrt[h]{ax + b} = t$	h 取 n，m 的最小公倍数
$f(\sqrt{a^2 - x^2})$	令 $x = a\sin t\left(0 < t < \dfrac{\pi}{2}\right)$	$\sqrt{1 - \sin^2 t} = \sqrt{\cos^2 t} = \cos t$
$f(\sqrt{a^2 + x^2})$	令 $x = a\tan t\left(0 < t < \dfrac{\pi}{2}\right)$	$\sqrt{1 + \tan^2 t} = \sqrt{\sec^2 t} = \sec t$
$f(\sqrt{x^2 - a^2})$	令 $x = a\sec t\left(0 < t < \dfrac{\pi}{2}\right)$	$\sqrt{\sec^2 t - 1} = \sqrt{\tan^2 t} = \tan t$

一元函数积分学 及其应用

利用换元法求得的一些积分结论，可以作为补充公式，方便大家使用.

（1）$\int \tan x \mathrm{d}x = -\ln|\cos x| + c$　　　（2）$\int \cot x \mathrm{d}x = \ln|\sin x| + c$

（3）$\int \sec x \mathrm{d}x = \ln|\sec x + \tan x| + c$　　　（4）$\int \csc x \mathrm{d}x = \ln|\csc x - \cot x| + c$

（5）$\int \dfrac{\mathrm{d}x}{a^2 + x^2} = \dfrac{1}{a}\arctan\dfrac{x}{a} + c$　　　（6）$\int \dfrac{\mathrm{d}x}{x^2 - a^2} = \dfrac{1}{2a}\ln\left|\dfrac{x-a}{x+a}\right| + c$

（7）$\int \dfrac{\mathrm{d}x}{\sqrt{a^2 - x^2}} = \arcsin\dfrac{x}{a} + c$　　　（8）$\int \dfrac{\mathrm{d}x}{\sqrt{x^2 + a^2}} = \ln\left|x + \sqrt{x^2 + a^2}\right| + c$

（9）$\int \dfrac{\mathrm{d}x}{\sqrt{x^2 - a^2}} = \ln\left|x + \sqrt{x^2 - a^2}\right| + c$

5.2.3　分部积分法

前面介绍的直接积分法和换元积分法的共同特点，是经过适当的变形或变量置换，将不易求解的不定积分转化为易于求解的另一个不定积分，达到化难为易的目的. 按此思路，可以从两个函数乘积的导数法则，推出求不定积分的另一种有效的积分方法——分部积分法.

由导数乘法公式

$$(uv)' = u'v + uv'$$

等式两边求不定积分，得

$$uv = \int uv'\mathrm{d}x + \int u'v\mathrm{d}x$$

移项得

$$\int uv'\mathrm{d}x = uv - \int u'v\mathrm{d}x$$

> 定理 3（分部积分法）　设$u(x)$，$v(x)$是连续可微函数，则

$$\int u(x)v'(x)\mathrm{d}x = u(x)v(x) - \int u'(x)v(x)\mathrm{d}x$$

称为分部积分公式.

不定积分的分部积分法

为了方便记忆，利用微分定义$f'(x)\mathrm{d}x = \mathrm{d}f(x)$，上式又可写成

$$\int u(x)\mathrm{d}v(x) = u(x)v(x) - \int v(x)\mathrm{d}u(x)$$

【注】使用分部积分法时应注意以下几个关键点：

（1）被积函数$f(x)$应可以写成$u(x)v'(x)$的形式；

（2）等式右侧的积分$\int u'(x)v(x)\mathrm{d}x$应更容易求解；

（3）有时需用几次分部积分法才能求出最后的解.

下面通过例子说明如何使用分部积分法求不定积分.

例 22　求$\int x\cos x\mathrm{d}x$.

解　令$u = x$，$\mathrm{d}v = \cos x\mathrm{d}x = \mathrm{d}\sin x$，得

$$\int x\cos x\mathrm{d}x = \int x\mathrm{d}(\sin x) = x\sin x - \int \sin x\mathrm{d}x = x\sin x + \cos x + C$$

思考：本题如果令 $u = \cos x$，$\mathrm{d}v = x\mathrm{d}x = \mathrm{d}\left(\dfrac{x^2}{2}\right)$，则

$$\int x\cos x\mathrm{d}x = \int \cos x\mathrm{d}\left(\frac{x^2}{2}\right) = \frac{x^2}{2}\cos x - \int \frac{x^2}{2}\mathrm{d}(\cos x) = \frac{x^2}{2}\cos x + \int \frac{x^2}{2}\sin x\mathrm{d}x.$$

显然，$\int v\,\mathrm{d}u$ 比 $\int u\,\mathrm{d}v$ 更难求解，这说明 u，$\mathrm{d}v$ 选择不当.

例 23 求 $\int x\mathrm{e}^x\mathrm{d}x$.

解 令 $u = x$，$\mathrm{d}v = \mathrm{e}^x\mathrm{d}x$，则

$$\int x\mathrm{e}^x\mathrm{d}x = \int x\mathrm{d}(\mathrm{e}^x) = x\mathrm{e}^x - \int \mathrm{e}^x\mathrm{d}x = x\mathrm{e}^x - \mathrm{e}^x + C$$

例 24 求 $\int \ln x\mathrm{d}x$.

解 设 $u = \ln x$，$\mathrm{d}v = \mathrm{d}x$，则

$$\int \ln x\mathrm{d}x = x\ln x - \int x\mathrm{d}(\ln x) = x\ln x - \int 1\mathrm{d}x = x\ln x - x + C$$

例 25 求 $\int x\ln x\mathrm{d}x$.

解 设 $u = \ln x$，$\mathrm{d}v = x\mathrm{d}x = \mathrm{d}\left(\dfrac{x^2}{2}\right)$，则

$$\int x\ln x\mathrm{d}x = \int \ln x\mathrm{d}\left(\frac{x^2}{2}\right) = \frac{x^2}{2}\ln x - \int \frac{x^2}{2}\mathrm{d}(\ln x)$$

$$= \frac{x^2}{2}\ln x - \frac{1}{2}\int x\mathrm{d}x = \frac{x^2}{2}\ln x - \frac{x^2}{4} + C$$

例 26 求 $\int \arcsin x\mathrm{d}x$.

解
$$\int \arcsin x\mathrm{d}x = x\arcsin x - \int x\mathrm{d}(\arcsin x) = x\arcsin x - \int \frac{x}{\sqrt{1-x^2}}\mathrm{d}x$$

$$= x\arcsin x - \int \left(-\frac{1}{2}\right)\frac{(1-x^2)'}{\sqrt{1-x^2}}\mathrm{d}x = x\arcsin x + \frac{1}{2}\int \frac{1}{\sqrt{1-x^2}}\mathrm{d}(1-x^2)$$

$$= x\arcsin x + \sqrt{1-x^2} + C$$

例 27 求 $\int \mathrm{e}^x\cos x\mathrm{d}x$.

解
$$\int \mathrm{e}^x\cos x\mathrm{d}x = \int \cos x\mathrm{d}(\mathrm{e}^x) = \mathrm{e}^x\cos x - \int \mathrm{e}^x\mathrm{d}(\cos x)$$

$$= \mathrm{e}^x\cos x + \int \mathrm{e}^x\sin x\mathrm{d}x = \mathrm{e}^x\cos x + \int \sin x\mathrm{d}(\mathrm{e}^x)$$

$$= \mathrm{e}^x\cos x + (\mathrm{e}^x\sin x - \int \mathrm{e}^x\mathrm{d}(\sin x)) = \mathrm{e}^x\sin x + \mathrm{e}^x\cos x - \int \mathrm{e}^x\cos x\mathrm{d}x$$

一元函数积分学 及其应用

将等式右边的 $\int e^x \cos x dx$ 移到左边得

$$2\int e^x \cos x dx = e^x \sin x + e^x \cos x + C_1$$

$$\int e^x \sin x dx = \frac{1}{2}e^x \sin x + \frac{1}{2}e^x \cos x + C$$

表 5-2 给出适用分部积分法的积分问题以及 u 和 dv 的选取，表中 $P(x)$ 表示 x 的多项式，a，b 是常数.

表 5-2

不定积分	u 和 dv 选取
$\int e^{ax}P(x)dx$	$u = P(x), dv = e^{ax}dx$
$\int P(x)\sin ax dx$	$u = P(x), dv = \sin ax dx$
$\int P(x)\cos ax dx$	$u = P(x), dv = \cos ax dx$
$\int P(x)\ln x dx$	$u = \ln x, dv = P(x)dx$
$\int P(x)\arcsin x dx$	$u = \arcsin x, dv = P(x)dx$
$\int P(x)\arctan x dx$	$u = \arctan x, dv = P(x)dx$
$\int e^{ax}\sin bx dx$ 或 $\int e^{ax}\cos bx dx$	u，dv 任意选取

$\int e^{ax}\sin bx dx$ 或 $\int e^{ax}\cos bx dx$，此类积分在求解的最后需进行等式间移项、合并处理；运算过程中，u 与 v 应始终选取同类函数.（见例 27）

任务解决

解　由于每周污染物排放的速率为 $\dfrac{dx}{dt} = \dfrac{1}{600}t^{\frac{3}{4}}$，所以 $x(t) = \int \dfrac{1}{600}t^{\frac{3}{4}}dt$ 表示第 t 周排出的污染物数量，于是 $x(t) = \int \dfrac{1}{600}t^{\frac{3}{4}}dt = \dfrac{t^{\frac{7}{4}}}{1050} + C$. 当 $t = 0$ 时，$x(0) = 0$，代入上式，有 $C = 0$，故污染物总量的函数表达为 $x(t) = \dfrac{t^{\frac{7}{4}}}{1050}$.

由于一年有 52 周，所以第一年工厂可能排放的污染物为 $x(52) = \dfrac{52^{\frac{7}{4}}}{1050} = 0.96$（吨）.

能力训练 5.2

1. 在下列各式等号右端的横线处填入适当的系数使等式成立，如 $dx = \dfrac{1}{4}d(4x+7)$.

（1）$dx = \underline{\hspace{2cm}} d(ax)$

（2）$dx = \underline{\hspace{2cm}} d(7x-3)$

（3）$xdx = \underline{\hspace{2cm}} d(x^2)$

（4）$xdx = \underline{\hspace{2cm}} d(5x^2)$

（5）$\sin\dfrac{3}{2}xdx = \underline{\hspace{2cm}} d\left(\cos\dfrac{3}{2}x\right)$

（6）$\dfrac{dx}{x} = \underline{\hspace{2cm}} d(5\ln|x|)$

（7）$\dfrac{dx}{x} = \underline{\hspace{2cm}} d(3-5\ln|x|)$

（8）$\dfrac{dx}{1+9x^2} = \underline{\hspace{2cm}} d(\arctan 3x)$

（9）$\dfrac{dx}{\sqrt{1-x^2}} = \underline{\hspace{2cm}} d(1-\arcsin x)$

（10）$\dfrac{xdx}{\sqrt{1-x^2}} = \underline{\hspace{2cm}} d(\sqrt{1-x^2})$

2. 求下列不定积分.

（1）$\displaystyle\int (3-2x)^{10}dx$

（2）$\displaystyle\int \dfrac{x+1}{x^2+2x+5}dx$

（3）$\displaystyle\int \dfrac{\sin x}{\cos^3 x}dx$

（4）$\displaystyle\int \dfrac{dx}{x\ln x\ln x}$

（5）$\displaystyle\int \dfrac{\arcsin x}{\sqrt{1-x^2}}dx$

（6）设函数 $f(x)=e^x$ 可积，求 $\displaystyle\int \dfrac{2f'(\ln x)}{x}dx$

参考答案

3. 求下列不定积分.

（1）$\displaystyle\int x\sin xdx$

（2）$\displaystyle\int \ln xdx$

（3）$\displaystyle\int xe^{-x}dx$

（4）$\displaystyle\int e^x\sin xdx$

（5）$\displaystyle\int x\arctan xdx$

（6）$\displaystyle\int \dfrac{x}{\sqrt{3-x}}dx$

5.3 定积分的概念与性质

任务提出

由于技术的升级换代，企业使用机器一段时间后会转售，以购买更新的设备. 显然，折旧等因素影响的机器转售价格 $R(t)$（单位：元）是时间 t（单位：周）的单调递减函数 $R(t)=\dfrac{3A}{4}e^{-\frac{t}{96}}$，其中 A 是机器的购买价格（单位：元），在任意时刻 t 开动机器能产生的收益为$P(t) = \dfrac{A}{4}\mathrm{e}^{\frac{t}{48}}$（单位：元），请问：机器使用多长时间后转售出去能使总利润最大？此时总利润是多少？

解决问题知识要点：会对积分变上限函数进行求导.

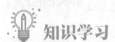 学习目标

理解、掌握定积分的概念及其性质，会用定积分的几何意义求简单积分问题；理解积分变上限函数，会求积分变上限函数的导数.

知识学习

定积分的定义

5.3.1 定积分的概念

借助生产力发展的推动，数学科学发展到 17 世纪终于发生了由量变到质变的飞跃，牛顿、莱布尼茨揭示了微分与积分之间的内在联系——微积分基本定理，开创了数学发展的新纪元，数学从常量数学彻底跨入了变量数学.

引例 1　求曲边梯形的面积.

在初等数学，我们学会了求三角形、矩形、梯形等规则图形的面积，但如果遇到不规则图形如梯形中的斜边变成曲线，那么这类不规则图形的面积该如何求解？

如图 5-4 所示，图形由两条平行线段、一条与平行线段垂直的线段以及一条曲线围成，我们把这样的图形称为曲边梯形.

由于曲边梯形底边上各点处的高 $y = f(x)$ 在区间 $[a, b]$ 上是变化的，所以不能直接用梯形面积公式求出面积. 对这类初等数学无能为力的问题，下面分 4 个步骤来解决.

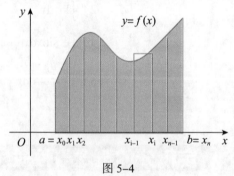

图 5-4

1. 分割（化整为零）

在区间 $[a, b]$ 中任意插入 $n-1$ 个分点，满足 $a = x_0 < x_1 < x_2 < \cdots < x_{i-1} < x_i < \cdots < x_{n-1} < x_n = b$，把 $[a, b]$ 分成 n 个小区间 $[x_0, x_1]$，$[x_1, x_2]$，$\cdots$，$[x_{n-1}, x_n]$，这些小区间及其长度依次为 $\Delta x_1 = x_1 - x_0$，$\Delta x_2 = x_2 - x_1$，$\cdots$，$\Delta x_i = x_i - x_{i-1}$，$\cdots$，$\Delta x_n = x_n - x_{n-1}$，用符号 $\lambda = \max\{\Delta x_i\}$ 表示这些小区间的最大长度.

过每一个分点做平行于 y 轴的直线段，把曲边梯形分成了 n 个小曲边梯形，它们的面

积记为$\Delta S_i(i=1, 2, \cdots, n)$，显然

$$S = \sum_{i=1}^{n} \Delta S_i$$

2. 近似代替（以直代曲）

在某个小区间$[x_{i-1}, x_i]$上任取一点ξ_i，当分割很密时，每个小区间上的连续变化的函数曲线变化得也很微小，于是可以用以$[x_{i-1}, x_i]$为底、$f(\xi_i)$为高的小矩形近似代替第i个小曲边梯形$(i=1, 2, \cdots, n)$，于是有

$$\Delta S_i \approx f(\xi_i)\Delta x_i$$

3. 求和（求曲边梯形面积的近似值）

每个曲边梯形均做第2步同样的近似代替，将n个小矩形的面积加起来，就得到原曲边梯形面积S的近似值，即

$$S = \sum_{i=1}^{n} \Delta S_i \approx f(\xi_1)\Delta x_1 + f(\xi_2)\Delta x_2 + \cdots + f(\xi_n)\Delta x_n = \sum_{i=1}^{n} f(\xi_i)\Delta x_i$$

4. 取极限（积零为整）

当分割越来越细，即分点n越来越多（即$n \to \infty$），且最长小区间的长度$\lambda \to 0$时，n个小矩形的面积之和就越来越接近原曲边梯形的面积，于是对面积之和取极限，便得曲边梯形的面积

$$S = \lim_{\lambda \to 0} \sum_{i=1}^{n} f(\xi_i)\Delta x_i$$

引例2　求变速直线运动的路程.

设某物体做变速直线运动，速度为$v=v(t)(\geqslant 0)$，求该物体在时间间隔$[a, b]$内运动的路程s. 我们知道，匀速直线运动中路程=速度×时间，但在本例中，速度是随时间变化的变量，因此所求路程s不能直接用匀速直线运动的路程公式来计算. 然而物体运动的速度函数$v=v(t)$是连续变化的，可采用引例1同样的思路求解.

1. 分割（化整为零）

在时间区间$[a, b]$内任意插入$n-1$个分点$a=t_0 < t_1 < t_2 < \cdots < t_{n-1} < t_n=b$，把$[a, b]$分成$n$个小时段$[t_0, t_1]$，$[t_1, t_2]$，$\cdots$，$[t_{n-1}, t_n]$，各小时段的时长依次为$\Delta t_1 = t_1 - t_0$，$\Delta t_2 = t_2 - t_1$，$\cdots$，$\Delta t_n = t_n - t_{n-1}$. 在各时间段内物体经过的路程依次为$\Delta s_1$，$\Delta s_2$，$\cdots$，$\Delta s_n$，于是有

$$S = \sum_{i=1}^{n} \Delta S_i$$

2. 近似代替（以匀代变）

在某个时间间隔$[t_{i-1}, t_i]$上任取一个时刻τ_i（$t_{i-1} \leqslant \tau_i \leqslant t_i$），当时间间隔很小时，小间隔内的速度变化也很小，于是可以用τ_i时刻的速度$v(\tau_i)$来近似代替$[t_{i-1}, t_i]$上各个时刻的速

度，得到这个间隔内路程Δs_i的近似值，即

$$\Delta s_i \approx v(\tau_i)\Delta t_i$$

3. 求和（求总路程的近似值）

每个小时段均做第 2 步同样的近似代替，将n个小时段Δt_i内按匀速运动计算的路程求和，便得原总路程S的近似值

$$S = \sum_{i=1}^{n} \triangle S_i \approx v(\tau_1)\Delta t_1 + v(\tau_2)\Delta t_2 + \cdots + v(\tau_n)\Delta t_n = \sum_{i=1}^{n} v(\tau_i)\Delta t_i$$

4. 取极限（积零为整）

当分割越来越细，即分点n越来越多（即$n \to \infty$），且最长小时间段的长度$\lambda \to 0$时，n个小时间段上匀速运动时的路程之和就越来越接近于原总路程S. 于是有

$$S = \lim_{\lambda \to 0} \sum_{i=1}^{n} v(\tau_i)\Delta t_i$$

以上两个具体问题的实际背景不同，但解决问题的方法和思路却是相同的，抛开问题的实际背景，把问题的数量关系抽象出来，便得到定积分的概念.

定义 设$f(x)$在$[a, b]$上有界，在$[a, b]$内任意插入$n-1$个分点

$$a = x_0 < x_1 < x_2 < \cdots < x_{i-1} < x_i < \cdots < x_{n-1} < x_n = b$$

把区间$[a, b]$分成n个小区间$[x_0, x_1]$，$[x_1, x_2]$，$\cdots$，$[x_{n-1}, x_n]$，各个小区间的长度依次为

$$\Delta x_1 = x_1 - x_0, \ \Delta x_2 = x_2 - x_1, \ \cdots, \ \Delta x_n = x_n - x_{n-1}$$

在每个小区间$[x_{i-1}, x_i]$上任取一点$\xi_i(x_{i-1} < \xi_i < x_i)$，得相应的函数值$f(\xi_i)$，作乘积$f(\xi_i)\Delta x_i(i=1, 2, \cdots, n)$，并求和

$$S_n = \sum_{i=1}^{n} f(\xi_i)\Delta x_i$$

记$\lambda = \max\{\Delta x_1, \Delta x_2, \cdots, \Delta x_n\}$，若当$\lambda \to 0$时，和式$S_n$的极限$I$存在，则称这个极限值$I$是函数$f(x)$在区间$[a, b]$上的定积分，记作$\int_a^b f(x)\mathrm{d}x$，即

$$\int_a^b f(x)\mathrm{d}x = I = \lim_{\lambda \to 0} \sum_{i=1}^{n} f(\xi_i)\Delta x_i$$

其中$f(x)$称为被积函数，$f(x)\mathrm{d}x$称为被积表达式，x称为积分变量，a称为积分下限，b称为积分上限，$[a, b]$称为积分区间.

按照定积分的定义，引例 1 曲边梯形面积可以表示为$A = \int_a^b f(x)\mathrm{d}x$，引例 2 变速直线运动的路程可以表示为$S = \int_a^b v(t)\mathrm{d}t$.

由定积分的定义，我们还得出有关定积分如下的结论：

（1）定积分$\int_a^b f(x)\mathrm{d}x$的实质是一个和式的极限，是一个常数，则有$\left(\int_a^b f(x)\mathrm{d}x\right)' = 0$.

（2）定积分$\int_a^b f(x)\mathrm{d}x$的值仅与被积函数$f(x)$及积分区间$[a, b]$有关，与积分变量的记号无关，即

$$\int_a^b f(x)\mathrm{d}x = \int_a^b f(t)\mathrm{d}t = \int_a^b f(u)\mathrm{d}u$$

（3）定积分定义中$a < b$，如果$b < a$，则

$$\int_a^b f(x)\mathrm{d}x = -\int_b^a f(x)\mathrm{d}x$$

特别地，当$a = b$时，有$\int_a^a f(x)\mathrm{d}x = 0$.

（4）可以证明：闭区间上的连续函数是可积的；闭区间上仅有有限个间断点的有界函数也是可积的. 初等函数在其定义域区间内都是可积的.

5.3.2　定积分的几何意义

由引例1可知：当$f(x) \geqslant 0$时，定积分$\int_a^b f(x)\mathrm{d}x$在几何上表示曲线$y = f(x)$与直线$x = a$，$x = b$和x轴围成的曲边梯形面积S，即$S = \int_a^b f(x)\mathrm{d}x$，如图5-5所示.

当$f(x) \leqslant 0$时，定积分$\int_a^b f(x)\mathrm{d}x$在几何上表示曲边梯形面积的负值，即$S = -\int_a^b f(x)\mathrm{d}x$，如图5-6所示.

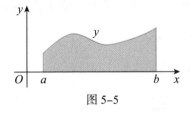

图5-5

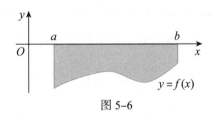

图5-6

当$f(x)$在区间$[a, b]$上有正有负时，定积分$\int_a^b f(x)\mathrm{d}x$在几何上表示曲线$y = f(x)$与直线$x = a$，$x = b$和x轴围成的曲边梯形面积的代数和，即$S = \int_a^b f(x)\mathrm{d}x = S_1 - S_2 + S_3$，如图5-7所示.

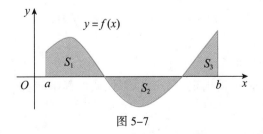

图5-7

一元函数积分学

及其应用

由此得出：

（1）若函数$f(x)$在对称区间$[-a, a]$上连续，且$f(x)$是奇函数，则有$\int_{-a}^{a} f(x)\mathrm{d}x = 0$；

（2）若函数$f(x)$在对称区间$[-a, a]$上连续，且$f(x)$是偶函数，则有$\int_{-a}^{a} f(x)\mathrm{d}x = 2\int_{0}^{a} f(x)\mathrm{d}x$.

利用以上结论，可简化计算出奇函数、偶函数在对称于原点的区间上的定积分.

例 28 用定积分表示曲线$y = x^2$与直线$x = 1$，$y = 0$围成的图形面积.

解 如图 5-8 所示，根据定积分的几何意义，曲线与直线所围成的图形面积S为函数$y = x^2$在$[0, 1]$上的定积分，即

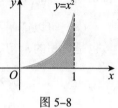

$$S = \int_{0}^{1} x^2 \mathrm{d}x$$

例 29 利用定积分的几何意义，计算下列定积分.

（1）$\int_{0}^{a} \sqrt{a^2 - x^2}\,\mathrm{d}x\,(a > 0)$；　　　　（2）$\int_{1}^{2} (1 - 2x)\mathrm{d}x$

图 5-8

解 （1）根据定积分的几何意义知$\int_{0}^{a} \sqrt{a^2 - x^2}\,\mathrm{d}x$在几何上表示上半个圆周$y = \sqrt{a^2 - x^2}$与两坐标轴围成的图形在第一象限部分的面积（图 5-9），即

$$\int_{0}^{a} \sqrt{a^2 - x^2}\,\mathrm{d}x = \frac{\pi a^2}{4}$$

（2）因为当$x \in [1, 2]$时，$y = 1 - 2x < 0$. 所以$\int_{1}^{2} (1 - 2x)\mathrm{d}x$在几何上表示由直线$y = 1 - 2x$，$x = 1$，$x = 2$以及$x$轴围成的梯形的面积的负值（图 5-10），于是

$$\int_{1}^{2} (1 - 2x)\mathrm{d}x = -\frac{1}{2}(3 + 1) \times 1 = -2$$

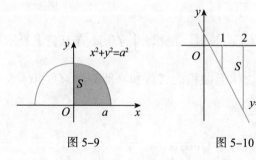

图 5-9　　　　　图 5-10

5.3.3 定积分的性质

根据定积分的定义，可得出定积分有以下性质，其中涉及的函数在所讨论的区间上都是可积的.

性质 1　$\int_{a}^{b} kf(x)\mathrm{d}x = k\int_{a}^{b} f(x)\mathrm{d}x$（$k$ 为常数）

性质2 $\displaystyle\int_a^b\left[f(x)\pm g(x)\right]\mathrm{d}x=\int_a^b f(x)\mathrm{d}x\pm\int_a^b g(x)\mathrm{d}x$

性质2可推广到有限多个函数的代数和.

性质3（定积分的区间可加性） 若点c将区间$[a,b]$分成两个区间$[a,c]$，$[c,b]$，则有

$$\int_a^b f(x)\mathrm{d}x=\int_a^c f(x)\mathrm{d}x+\int_c^b f(x)\mathrm{d}x$$

【注】点c既可在$[a,b]$内，也可在$[a,b]$外，且对有限个分点都成立.

性质4（保序性） 如果在区间$[a,b]$上，$f(x)$，$g(x)$总满足$f(x)\leqslant g(x)$，则

$$\int_a^b f(x)\mathrm{d}x\leqslant\int_a^b g(x)\mathrm{d}x$$

例30 比较积分值$\displaystyle\int_3^4\ln x\mathrm{d}x$和$\displaystyle\int_3^4\ln^2 x\mathrm{d}x$.

解 因为函数$y=\ln x$在定义域内单调递增，所以当$x\in[3,4]$时

$$\ln x\geqslant\ln 3>\ln e=1$$

故当$x\in[3,4]$时，$\ln x<\ln^2 x$，于是有

$$\int_3^4\ln x\mathrm{d}x\leqslant\int_3^4\ln^2 x\mathrm{d}x$$

推论1 若函数$f(x)$在区间$[a,b]$上可积，且$f(x)\geqslant 0$，则

$$\int_a^b f(x)\mathrm{d}x\geqslant 0$$

推论2 若函数$f(x)$在区间$[a,b]$上可积，则

$$\left|\int_a^b f(x)\mathrm{d}x\right|\leqslant\int_a^b|f(x)|\mathrm{d}x\quad(a<b)$$

性质5（估值定理） 若函数$f(x)$在区间$[a,b]$上有最大值和最小值，即

$$m\leqslant f(x)\leqslant M\quad(a\leqslant x\leqslant b)$$

其中m，M均为常数，则有

$$m(b-a)\leqslant\int_a^b f(x)\mathrm{d}x\leqslant M(b-a)$$

性质5说明，由被积函数在积分区间上的最大值和最小值，可以估算出积分值的大致范围.

例31 试估计定积分$\displaystyle\int_0^2\sqrt{1+x^3}\mathrm{d}x$值的范围.

解 首先求出函数$f(x)=\sqrt{1+x^3}$在区间$[0,2]$的最值，对函数求导有

$$f'(x)=\frac{3x^2}{2\sqrt{1+x^3}}$$

由于$f'(x)$在区间$(0,2)$内恒大于零，所以$f(x)$在区间$(0,2)$内单调递增，于是在$[0,2]$上的最大值为$M=f(2)=\sqrt{1+2^3}=3$，最小值为$m=f(0)=\sqrt{1+0^3}=1$. 由

$$1 \leqslant \sqrt{1+x^3} \leqslant 3$$

得到

$$1 \times (2-0) \leqslant \int_0^2 \sqrt{1+x^3} \mathrm{d}x \leqslant 3 \times (2-0)$$

即

$$2 \leqslant \int_0^2 \sqrt{1+x^3} \mathrm{d}x \leqslant 6$$

性质 6（积分中值定理） 若函数 $f(x)$ 在闭区间 $[a, b]$ 上连续，则在 $[a, b]$ 上至少存在一个点 ξ 使

$$\int_a^b f(x)\mathrm{d}x = f(\xi)(b-a)$$

性质 6 的几何意义：在区间 $[a, b]$ 上至少存在一点 ξ，使得以区间 $[a, b]$ 为底，以曲线 $y = f(x)$ 为曲边的曲边梯形面积与同一底边而高为 $f(\xi)$ 的矩形面积相等（图 5–11）.

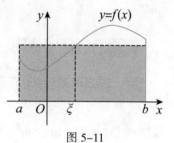

图 5–11

5.3.4　积分变上限函数及其导数

设函数 $f(x)$ 在区间 $[a, b]$ 上连续，x 为 $[a, b]$ 上的一点，由于 $f(t)$ 在区间 $[a, x]$ 上连续，所以 $f(t)$ 在区间 $[a, x]$ 上的定积分存在，即

定积分上限函数

$$\int_a^x f(t)\mathrm{d}t$$

显然，当上限 x 在区间 $[a, b]$ 上任意变动时，对于每一个取定的 x 值，定积分 $\int_a^x f(t)\mathrm{d}t$ 都有一个确定的值与之对应，根据函数的定义，这意味着 $\int_a^x f(t)\mathrm{d}t$ 是 $[a, b]$ 上的一个函数，记作 $S(x)$，即

$$S(x) = \int_a^x f(t)\mathrm{d}t \quad (a \leqslant x \leqslant b)$$

该函数称为积分变上限函数或变上限函数.

函数 $S(x)$ 的几何意义如图 5–12 所示的阴影部分图形的面积，曲边梯形 $AaxB$ 的面积随 x 的变动而改变，且当 x 给定后，面积 $S(x)$ 也随之确定.

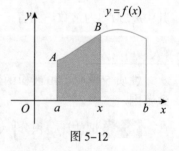

图 5–12

关于积分变上限函数有以下定理.

定理　如果函数 $f(x)$ 在区间 $[a, b]$ 上连续，则积分变上限函数

$$S(x) = \int_a^x f(t)\mathrm{d}t$$

在 $[a, b]$ 上可导，且 $S'(x) = f(x)$，$x \in [a, b]$，即 $S(x)$ 是连续函数 $f(x)$ 的一个原函数.

定理还可表示为

$$S'(x) = \left(\int_a^x f(t)\mathrm{d}t \right)' = f(x) \quad (a \leqslant x \leqslant b)$$

例 32 求下列函数的导数.

(1) $\int_0^x \dfrac{t\sin t}{1+\cos^2 t}\mathrm{d}t$　　　　　　　　(2) $\int_0^{\sqrt{x}} \cos t^2 \mathrm{d}t$

解 (1) 根据定理，有

$$\frac{\mathrm{d}}{\mathrm{d}x}\int_0^x \frac{t\sin t}{1+\cos^2 t}\mathrm{d}t = \frac{x\sin x}{1+\cos^2 x}$$

(2) $\int_0^{\sqrt{x}} \cos t^2 \mathrm{d}t$ 是 $\sqrt{x}$ 的函数，而 $\sqrt{x}$ 是 x 的函数，所以本题的积分变上限函数是一个复合函数，令 $u=\sqrt{x}$，则 $F(u)=\int_0^u \cos t^2 \mathrm{d}t$. 根据复合函数的求导法则，有

$$\frac{\mathrm{d}}{\mathrm{d}x}\int_0^{\sqrt{x}} \cos t^2 \mathrm{d}t = \frac{\mathrm{d}}{\mathrm{d}u}\int_0^u \cos t^2 \mathrm{d}t \cdot \frac{\mathrm{d}u}{\mathrm{d}x} = \cos u^2 \cdot \frac{1}{2\sqrt{x}} = \frac{\cos x}{2\sqrt{x}}$$

任务解决

解 假设机器使用了 x 周后转售，此时机器转售价格是 $R(x)=\dfrac{3A}{4}\mathrm{e}^{-\frac{x}{96}}$，由于 t 时刻开动机器的收益率为 $P(t)=\dfrac{A}{4}\mathrm{e}^{-\frac{t}{48}}$，所以这段时间创造的收益是 $P(x)=\int_0^x \dfrac{A}{4}\mathrm{e}^{-\frac{t}{48}}\mathrm{d}t$，因此总收益函数为

$$F(x)=R(x)+P(x)=\frac{3A}{4}\mathrm{e}^{-\frac{x}{96}}+\int_0^x \frac{A}{4}\mathrm{e}^{-\frac{t}{48}}\mathrm{d}t$$

对总收益函数求导得

$$F'(x)=\left(\frac{3A}{4}\mathrm{e}^{-\frac{x}{96}}\right)'+\left(\int_0^x \frac{A}{4}\mathrm{e}^{-\frac{t}{48}}\mathrm{d}t\right)'=\frac{3A}{4}\left(-\frac{1}{96}\right)\mathrm{e}^{-\frac{x}{96}}+\frac{A}{4}\mathrm{e}^{-\frac{x}{48}}$$

令 $F'(x)=0$，可得 $\mathrm{e}^{-\frac{x}{96}}=\dfrac{1}{32}$，即 $x=96\ln 32$.

由于 $x=96\ln 32 \approx 332.7$ 是总收益函数唯一驻点，所以当使用了 $x=96\ln 32 \approx 332.7$（周）时出售总收益最大，此时总收益为

$$f(96\ln 32)=\frac{3A}{4}\mathrm{e}^{-\ln 32}+\int_0^{96\ln 32} \frac{A}{4}\mathrm{e}^{-\frac{t}{48}}\mathrm{d}t \approx 12.01A（元）$$

能力训练 5.3

一、单项选择题

1. 积分区间相同、被积表达式也相同的两个定积分的值一定（　　）.

A. 相等　　　　　　　　　　　　　　B. 不相等

参考答案

一元函数积分学及其应用

C. 相差一个无穷小量　　　　　　　　　　D. 相差一个任意常数

2. 当积分区间与被积表达式确定以后，定积分的值一定是（　　　）.

A. 唯一　　　　　　　　　　　　　　　　B. 不唯一

C. 有限个　　　　　　　　　　　　　　　D. 无穷多个

3. 设 $f(x) = \begin{cases} x^2, & x \geqslant 0 \\ 2^x, & x < 0 \end{cases}$，则 $\int_{-1}^{1} f(x)\mathrm{d}x = （\quad）$.

A. $\int_{-1}^{1} x^2 \mathrm{d}x$　　　　　　　　　　　　B. $\int_{-1}^{1} 2^x \mathrm{d}x$

C. $\int_{-1}^{0} x^2 \mathrm{d}x + \int_{0}^{1} 2^x \mathrm{d}x$　　　　　　D. $\int_{-1}^{0} 2^x \mathrm{d}x + \int_{0}^{1} x^2 \mathrm{d}x$

二、解答题

1. 估计下列各积分值的范围.

（1）$\int_{1}^{4} (x^2 + 1)\mathrm{d}x$　　　　　　　　　　（2）$\int_{\frac{\pi}{4}}^{\frac{5}{4}\pi} (1 + \sin^2 x)\mathrm{d}x$

2. 利用定积分定义表示由抛物线 $y = x^2 + 1$，两直线 $x = a$，$x = b(b > a)$ 及 x 轴所围成的图形的面积.

3. 利用定积分的几何意义，求下列积分.

（1）$\int_{0}^{1} x \mathrm{d}x (x > 0)$　　　　　　　　　（2）$\int_{-2}^{4} \left(\frac{x}{2} + 3\right)\mathrm{d}x$

4. 利用定积分的性质比较下列各题中两个积分值的大小.

（1）$\int_{1}^{2} x \mathrm{d}x$ 与 $\int_{1}^{2} x^2 \mathrm{d}x$　　　　　　　（2）$\int_{0}^{1} x^2 \mathrm{d}x$ 与 $\int_{0}^{1} x^3 \mathrm{d}x$

（3）$\int_{1}^{e} \ln x \mathrm{d}x$ 和 $\int_{1}^{e} \ln^2 x \mathrm{d}x$　　　　（4）$\int_{0}^{\frac{\pi}{2}} \sin x \mathrm{d}x$ 和 $\int_{0}^{\frac{\pi}{2}} \sin^2 x \mathrm{d}x$

5. 利用定积分的性质估计 $\int_{-2}^{1} \mathrm{e}^{-x^2} \mathrm{d}x$ 的值.

6. 求下列函数的导数.

（1）$\dfrac{\mathrm{d}}{\mathrm{d}t} \int_{0}^{x^2} \sqrt{1 + t^2} \mathrm{d}t$　　　　　　　（2）$\dfrac{\mathrm{d}}{\mathrm{d}x} \int_{\sin x}^{\cos x} \cos \pi t^2 \mathrm{d}t$

7. 证明 $f(x) = \int_{1}^{x} \sqrt{1 + t^3} \mathrm{d}t$ 在 $[-1, +\infty)$ 上是单调递增函数，并求 $f'(0)$.

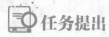 **5.4　微积分基本公式和定积分的积分方法**

📖 任务提出

大学毕业生开展创业就业，决定以小型仓储类销售项目为起点，该项目每天要支付

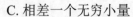

仓库的租金、保险费、保证金等都和商品的库存量有关．假如每月（按 30 天计）会收到 1200 件某商品，随后每天以一定的比例销售给零售商，已知到货后的x天，仓库该商品的库存量为$C(x)=1200-40\sqrt{30x}$件，而一件该商品的保管费是 0.05 元，请问这个创业公司每天就这种商品要支付多少保管费？

解决问题知识要点：积分中值定理，定积分的计算．

📖 **学习目标**

掌握牛顿—莱布尼茨公式；熟练掌握定积分的计算方法．

💡 **知识学习**

定积分是一种和式的极限，而且解决问题的方法十分合理，但是按定义计算定积分的值，显然是不易的，甚至是无法计算的，那么定积分与不定积分之间是否存在联系？能否借助不定积分的求解求出定积分？牛顿和莱布尼茨在经过不断地研究、探索后，给出了完美的回答．

5.4.1 牛顿—莱布尼茨公式

引例 变速直线运动中路程函数与速度函数之间有什么联系？

由 5.3 节引例 2 知，物体在时间间隔$[a,b]$内经过的路程可以用速度函数$v(t)$在$[a,b]$上的定积分$\int_a^b v(t)\mathrm{d}t$表示．另外，这段路程也可以通过路程函数$s(t)$在区间$[a,b]$上的增量 $s(b)-s(a)$来表示．由此可见，路程函数$s(t)$与速度函数$v(t)$之间有如下关系：

$$\int_a^b v(t)\mathrm{d}t = s(b)-s(a)$$

上式表明，速度函数$v(t)$在区间$[a,b]$上的定积分等于$v(t)$的原函数$s(t)$在区间$[a,b]$上的增量．对于这个结论，我们关心的是它是否具有普遍性．事实上，如果函数$f(x)$满足一定的条件，结论是成立的，这就是牛顿—莱布尼茨公式．

定理 1 如果函数$F(x)$是连续函数$f(x)$在区间$[a,b]$上的一个原函数，则

$$\int_a^b f(x)\mathrm{d}x = F(b)-F(a)$$

该公式称为牛顿—莱布尼茨公式，又称之为微积分基本定理．

为了方便，$F(b)-F(a)$可记为$F(x)\big|_a^b$，于是有

$$\int_a^b f(x)\mathrm{d}x = F(x)\big|_a^b = F(b)-F(a)$$

该公式表明：一个连续函数$f(x)$在区间$[a,b]$上的定积分等于它的任一原函数$F(x)$在区间$[a,b]$上的增量，这就给定积分的计算提供了有效而简便的方法．

例 33 计算定积分 $\int_0^1 x^2 \mathrm{d}x$.

解 由于 $\dfrac{x^3}{3}$ 是 x^2 的一个原函数，按照牛顿—莱布尼茨公式有

$$\int_0^1 x^2 \mathrm{d}x = \frac{x^3}{3} \Big|_0^1 = \frac{1^3}{3} - \frac{0^3}{3} = \frac{1}{3} - 0 = \frac{1}{3}$$

例 34 计算 $\int_{-1}^{\sqrt{3}} \dfrac{\mathrm{d}x}{1+x^2}$.

解 由于 $\arctan x$ 是 $\dfrac{1}{1+x^2}$ 的一个原函数，所以

$$\int_{-1}^{\sqrt{3}} \frac{\mathrm{d}x}{1+x^2} = \arctan x \Big|_{-1}^{\sqrt{3}} = \arctan\sqrt{3} - \arctan(-1) = \frac{\pi}{3} - \left(-\frac{\pi}{4}\right) = \frac{7}{12}\pi$$

例 35 求 $\int_0^2 |x-1| \mathrm{d}x$.

解 因为 $|x-1| = \begin{cases} 1-x, & x < 1 \\ x-1, & x \geqslant 1 \end{cases}$，所以

$$\int_0^2 |x-1| \mathrm{d}x = \int_0^1 (1-x)\mathrm{d}x + \int_1^2 (x-1)\mathrm{d}x = \left(x - \frac{x^2}{2}\right)\Big|_0^1 + \left(\frac{x^2}{2} - x\right)\Big|_1^2 = 1$$

微积分基本定理把定积分的计算与原函数联系起来，于是定积分计算的关键步骤变成了原函数的求解，因此定积分的计算方法也有类似于不定积分的换元法和分部积分法.

5.4.2 定积分的换元积分法

定理 2 设函数 $f(x)$ 在 $[a, b]$ 上连续，函数 $x = \varphi(t)$ 满足条件：

（1）$\varphi(\alpha) = a$，$\varphi(\beta) = b$；

（2）$\varphi(t)$ 在 $[\alpha, \beta]$（或 $[\beta, \alpha]$）上单调且具有连续导数，且其值域包含在区间 $[a, b]$ 内，

则有

$$\int_a^b f(x)\mathrm{d}x = \int_\alpha^\beta f[\varphi(t)]\varphi'(t)\mathrm{d}t$$

该公式称为定积分的换元公式.

【注】定积分的换元公式与不定积分的换元公式类似，但在应用时应注意以下两点.

（1）换元必换限，通过 $x = \varphi(t)$ 把变量 x 换成新变量 t 时，积分上、下限也要随之换成相应于新变量 t 的积分上下限，且上限对应上限，下限对应下限.

（2）求出 $f[\varphi(t)]\varphi'(t)$ 的一个原函数 $S(t)$ 后，不必像不定积分换元法需把 $S(t)$ 变换成原变量 x 的函数，而只要把新变量 t 的上、下限分别代入 $S(t)$，然后相减即可.

例 36 计算 $\int_0^4 \dfrac{1}{1+\sqrt{x}}\,\mathrm{d}x$.

解 为去掉被积函数中的根式，令 $\sqrt{x}=t$，则有 $x=t^2$，$t\in[0,2]$，$\mathrm{d}x=2t\mathrm{d}t$，于是有

$$
\begin{aligned}
\int_0^4 \frac{1}{1+\sqrt{x}}\mathrm{d}x &= \int_0^2 \frac{2t}{1+t}\mathrm{d}t = 2\int_0^2\left(1-\frac{1}{1+t}\right)\mathrm{d}t\\
&= 2\int_0^2 \mathrm{d}t - 2\int_0^2 \frac{1}{1+t}\mathrm{d}t\\
&= 2\left[\left.t\right|_0^2 - \left.\ln(1+t)\right|_0^2\right]\\
&= 2(2-\ln 3)
\end{aligned}
$$

例 37 计算 $\int_1^{\mathrm{e}^3} \dfrac{\mathrm{d}x}{x\sqrt{\ln x+1}}$.

解 令 $t=\ln x+1$，则 $\mathrm{d}t=\dfrac{1}{x}\mathrm{d}x \Leftrightarrow \mathrm{d}x=x\mathrm{d}t$. 当 $x=1$ 时，$t=1$；当 $x=\mathrm{e}^3$ 时，$t=4$.
于是

$$
\int_1^{\mathrm{e}^3} \frac{\mathrm{d}x}{x\sqrt{\ln x+1}} = \int_1^4 \frac{\mathrm{d}t}{\sqrt{t}} = \left.2\sqrt{t}\right|_1^4 = 2
$$

【注】本例也可用凑微法计算，由于过程中没有进行变量代换，所以计算时定积分的上、下限无须变化.

例 38 求 $\int_0^1 \sqrt{1-x^2}\,\mathrm{d}x$.（进阶模块）

解 为去根号，作三角代换 $x=\sin u$，则 $\sqrt{1-x^2}=\cos u$，$u\in\left[0,\dfrac{\pi}{2}\right]$，$\mathrm{d}x=\mathrm{d}\sin u=\cos u\mathrm{d}u$.

$$
\begin{aligned}
\int_0^1 \sqrt{1-x^2}\mathrm{d}x &= \int_0^{\frac{\pi}{2}} \cos u\cdot\cos u\mathrm{d}u = \int_0^{\frac{\pi}{2}}\cos^2 u\mathrm{d}u\\
&= \int_0^{\frac{\pi}{2}} \frac{1+\cos 2u}{2}\mathrm{d}u = \int_0^{\frac{\pi}{2}}\frac{1}{2}\mathrm{d}u + \frac{1}{2}\int_0^{\frac{\pi}{2}}\cos 2u\mathrm{d}u\\
&= \left.\frac{u}{2}\right|_0^{\frac{\pi}{2}} + \left.\frac{1}{4}\sin 2u\right|_0^{\frac{\pi}{2}}\\
&= \frac{\pi}{4}
\end{aligned}
$$

5.4.3 定积分的分部积分法

定理 3 设函数 $u=u(x)$，$v=v(x)$ 在区间 $[a,b]$ 上具有连续导数，则有

$$
\int_a^b u\mathrm{d}v = \left.(uv)\right|_a^b - \int_a^b v\mathrm{d}u
$$

上式称为定积分的分部积分公式.

在使用定积分分部积分法时，适用的积分类型以及 u、$\mathrm{d}v$ 的选取，可参见本章表 5-2.

例 39 求 $\int_1^e x\ln x\mathrm{d}x$.

解 $\displaystyle\int_1^e x\ln x\mathrm{d}x = \frac{1}{2}\int_1^e \ln x\mathrm{d}(x^2)$

$\displaystyle = \frac{1}{2}\left[(x^2\ln x)\Big|_1^e - \int_1^e x^2\mathrm{d}(\ln x)\right]$

$\displaystyle = \frac{1}{2}\left[e^2 - \frac{1}{2}x^2\Big|_1^e\right] = \frac{1}{4}e^2 + \frac{1}{4}$

例 40 求 $\int_0^1 \arctan x\mathrm{d}x$.

解 $\displaystyle\int_0^1 \arctan x\mathrm{d}x = (x\arctan x)\Big|_0^1 - \int_0^1 x\mathrm{d}(\arctan x)$

$\displaystyle = \frac{\pi}{4} - \frac{1}{2}\int_0^1 \frac{2x\mathrm{d}x}{1+x^2} = \frac{\pi}{4} - \frac{1}{2}\int_0^1 \frac{\mathrm{d}(1+x^2)}{1+x^2}$

$\displaystyle = \frac{\pi}{4} - \frac{1}{2}\left[\ln(1+x^2)\right]\Big|_0^1 = \frac{\pi}{4} - \frac{1}{2}\ln 2$

例 41 求 $\int_0^4 e^{\sqrt{x}}\mathrm{d}x$.

解 设 $\sqrt{x} = t$，则当 $x=0$ 时，$t=0$；当 $x=4$ 时，$t=2$，且 $\mathrm{d}x = 2t\mathrm{d}t$，于是

$$\int_0^4 e^{\sqrt{x}}\mathrm{d}x = 2\int_0^2 te^t\mathrm{d}t$$

$$= 2\int_0^2 t\mathrm{d}(e^t) = 2\left[(te^t)\Big|_0^2 - \int_0^2 e^t\mathrm{d}t\right]$$

$$= 4e^2 - 2e^t\Big|_0^2 = 2(e^2+1)$$

本例求解过程中，结合了换元法和分部积分法.

任务解决

解 首先需要算出平均每天的库存量 y 是多少，而平均每天的库存量等于将每日的库存量加起来再除以 30 即可得到，所以有

$$y = \frac{1}{30}\int_0^{30}(1200 - 40\sqrt{30x})\mathrm{d}x = 400（件）$$

所以这个创业公司每天要就该商品支付 $400 \times 0.05 = 20$（元）保管费.

能力训练 5.4

参考答案

1. 单项选择题

（1）已知 $\int_0^1 \mathrm{e}^{-ax}\mathrm{d}x = \dfrac{1}{2a}\,(a \neq 0)$，则 $a = $（　　）.

A. $\dfrac{1}{2}$ 　　　　　B. $-\dfrac{1}{2}$ 　　　　　C. $\ln 2$ 　　　　　D. $-\ln 2$

（2）$\int_0^{\frac{\pi}{2}}(a\sin x + b\cos x)\mathrm{d}x$ 的值是（　　）.

A. $a + b$ 　　　　B. $a - b$ 　　　　C. $b - a$ 　　　　D. 0

（3）已知 $F'(x) = f(x)$，则 $\int_1^2 f(2x)\mathrm{d}x = $（　　）.

A. $2F(4) - 2F(2)$ 　　　　　　　B. $\dfrac{1}{2}F(4) - \dfrac{1}{2}F(2)$

C. $2F(2) - 2F(1)$ 　　　　　　　D. $F(2) - F(1)$

（4）已知函数 $f(x)$ 可积，令 $t = \sqrt{x}$，则 $\int_1^4 f(\sqrt{x})\mathrm{d}x = $（　　）.

A. $\int_1^2 f(t)\mathrm{d}t$ 　　　　　　　　B. $\int_1^2 2tf(t)\mathrm{d}t$

C. $\int_1^4 tf(t)\mathrm{d}t$ 　　　　　　　　D. $\int_1^4 f(t)\mathrm{d}t$

2. 计算下列定积分

（1）$\int_{\frac{\pi}{3}}^{\pi} \sin\left(x + \dfrac{\pi}{3}\right)\mathrm{d}x$ 　　　　　　（2）$\int_0^{\frac{\pi}{2}} \sin\varphi\cos^3\varphi\,\mathrm{d}\varphi$

（3）$\int_0^a x^2\sqrt{a^2 - x^2}\,\mathrm{d}x\,(a > 0)$ 　　　（4）$\int_1^{\sqrt{3}} \dfrac{\mathrm{d}x}{x^2\sqrt{1 + x^2}}$

3. 计算下列定积分

（1）$\int_0^1 x\mathrm{e}^{-x}\mathrm{d}x$ 　　　　（2）$\int_1^4 \dfrac{\ln x}{\sqrt{x}}\mathrm{d}x$ 　　　　（3）$\int_1^{\mathrm{e}} \sin(\ln x)\mathrm{d}x$

5.5 广义积分

任务提出

假设某制造公司在生产了一批工程机械后停产了，但公司承诺向客户终身提供专用于这种机械的润滑油. 一年后这批机械的用油率（单位：升／年）为 $r(t) = 300/t^{3/2}$，其中 t 表示机械使用的年数 $(t \geqslant 1)$，该公司要一次性生产这批机械一年后所需的润滑油并在需要时分发出去，请问需要生产这种润滑油多少升？

解决问题知识要点：无穷区间广义积分的计算.

📖 学习目标

理解广义积分的概念，掌握无穷区间广义积分的计算方法.

💡 知识学习

前面所学习的定积分，其积分区间都是有限区间，且被积函数都是有界函数，这样的积分称为常义积分，但在解决实际问题中，常常会遇到积分区间是无限区间，或者被积函数是无界函数的情形，这两类积分被称为广义积分.

5.5.1 无穷区间上的广义积分

定义1 设函数$f(x)$在区间$[a, +\infty)$上连续，取$b > a$，如果极限$\lim\limits_{b \to +\infty} \int_a^b f(x)\mathrm{d}x$存在，则称该极限值为$f(x)$在无穷区间$[a, +\infty)$上的广义积分，记作$\int_a^{+\infty} f(x)\mathrm{d}x$，即

$$\int_a^{+\infty} f(x)\mathrm{d}x = \lim_{b \to +\infty} \int_a^b f(x)\mathrm{d}x$$

此时也称广义积分$\int_a^{+\infty} f(x)\mathrm{d}x$是收敛的，若此极限不存在，则称广义积分$\int_a^{+\infty} f(x)\mathrm{d}x$是发散的.

类似地，可以定义$f(x)$在$(-\infty, b]$，$(-\infty, +\infty)$上的广义积分，分别为

$$\int_{-\infty}^b f(x)\mathrm{d}x = \lim_{a \to -\infty} \int_a^b f(x)\mathrm{d}x$$

$$\int_{-\infty}^{+\infty} f(x)\mathrm{d}x = \int_{-\infty}^c f(x)\mathrm{d}x + \int_c^{+\infty} f(x)\mathrm{d}x$$

其中c为任意实常数. 当上式右端两个积分都收敛时，称广义积分$\int_{-\infty}^{+\infty} f(x)\mathrm{d}x$是收敛的，否则是发散的.

例42 判断广义积分$\int_{-\infty}^1 \dfrac{x}{1+x^2}\mathrm{d}x$的敛散性.

广义积分

解 对于任意$b < 1$有

$$\int_b^1 \frac{x}{1+x^2}\mathrm{d}x = \frac{1}{2}\int_b^1 \frac{\mathrm{d}(1+x^2)}{1+x^2} = \frac{1}{2}\ln(1+x^2)\Big|_b^1 = \frac{1}{2}\ln 2 - \frac{1}{2}\ln(1+b^2)$$

因为$\lim\limits_{b \to -\infty}\left(\dfrac{1}{2}\ln 2 - \dfrac{1}{2}\ln(1+b^2)\right) = -\infty$，所以$\int_{-\infty}^1 \dfrac{x}{1+x^2}\mathrm{d}x$是发散的.

例43 判断广义积分$\int_0^{+\infty} \dfrac{1}{1+x^2}\mathrm{d}x$的敛散性.

解 对于任意$b > 0$有

$$\int_0^b \frac{1}{1+x^2} \mathrm{d}x = \arctan x \big|_0^b = \arctan b$$

因为 $\lim\limits_{b \to +\infty} \arctan b = \dfrac{\pi}{2}$，所以

$$\int_0^{+\infty} \frac{1}{1+x^2} \mathrm{d}x = \lim\limits_{b \to +\infty} \int_0^b \frac{1}{1+x^2} \mathrm{d}x = \lim\limits_{b \to +\infty} \arctan b = \frac{\pi}{2}$$

故此广义积分收敛.

5.5.2 无界函数的广义积分（进阶模块）

定义 2　设函数 $f(x)$ 在 $[a, b)$ 上连续，且 $\lim\limits_{x \to b^-} f(x) = \infty$，取 $\delta > 0$ 且 $b - \delta > a$，若极限

$$\lim\limits_{\delta \to 0} \int_a^{b-\delta} f(x) \mathrm{d}x$$

存在，则称此极限为无界函数 $f(x)$ 在 $[a, b)$ 上的广义积分，记作 $\int_a^b f(x) \mathrm{d}x$，即

$$\int_a^b f(x) \mathrm{d}x = \lim\limits_{\delta \to 0} \int_a^{b-\delta} f(x) \mathrm{d}x$$

若极限存在，称广义积分 $\int_a^b f(x) \mathrm{d}x$ 是收敛的，若极限不存在，则称广义积分 $\int_a^b f(x) \mathrm{d}x$ 是发散的，$x = b$ 称为函数 $f(x)$ 的瑕点.

类似地，若函数 $f(x)$ 在 $(a, b]$ 上连续，且 $\lim\limits_{x \to a^+} f(x) = \infty$，则定义无界函数 $f(x)$ 在 $(a, b]$ 上的广义积分为

$$\int_a^b f(x) \mathrm{d}x = \lim\limits_{\delta \to 0} \int_{a+\delta}^b f(x) \mathrm{d}x$$

若函数 $f(x)$ 在 $[a, c)$，$(c, b]$ 内连续，且 $\lim\limits_{x \to c} f(x) = \infty$，则定义无界函数 $f(x)$ 的广义积分为

$$\int_a^b f(x) \mathrm{d}x = \lim\limits_{\delta_1 \to 0} \int_a^{c-\delta_1} f(x) \mathrm{d}x + \lim\limits_{\delta_2 \to 0} \int_{c+\delta_2}^b f(x) \mathrm{d}x$$

当上式右端两个极限同时存在时，广义积分才是收敛的，否则发散.

例 44 计算广义积分

$$\int_0^a \frac{\mathrm{d}x}{\sqrt{a^2 - x^2}} \quad (a > 0)$$

解　因为

$$\lim\limits_{x \to a^-} \frac{1}{\sqrt{a^2 - x^2}} = +\infty$$

所以点 a 是瑕点，于是

$$\int_0^a \frac{\mathrm{d}x}{\sqrt{a^2 - x^2}} = \lim\limits_{\delta \to 0} \int_0^{a-\delta} \frac{\mathrm{d}x}{\sqrt{a^2 - x^2}} = \lim\limits_{\delta \to 0} \left[\arcsin \frac{x}{a} \right]_0^{a-\delta} = \lim\limits_{\delta \to 0} \arcsin \frac{a-\delta}{a} - 0 = \frac{\pi}{2}$$

一元函数积分学 及其应用

这个广义积分值的几何意义是：位于曲线 $y = \dfrac{1}{\sqrt{a^2 - x^2}}$ 之下，x 轴之上，直线 $x=0$ 与 $x=a$ 之间的图形面积（图 5–13）.

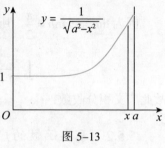

图 5–13

例 45 讨论广义积分 $\displaystyle\int_{-1}^{1} \dfrac{\mathrm{d}x}{x^2}$ 的收敛性.

解 被积函数 $f(x) = \dfrac{1}{x^2}$ 在积分区间 $[-1, 1]$ 上除 $x=0$ 外连续，且 $\displaystyle\lim_{x \to 0} \dfrac{1}{x^2} = \infty$. 所以

$$\int_{-1}^{1} \frac{\mathrm{d}x}{x^2} = \lim_{\delta_1 \to 0} \int_{-1}^{0-\delta_1} \frac{\mathrm{d}x}{x^2} + \lim_{\delta_2 \to 0} \int_{0+\delta_2}^{1} \frac{\mathrm{d}x}{x^2} = \lim_{\delta_1 \to 0}\left[-\frac{1}{x}\right]_{-1}^{-\delta_1} + \lim_{\delta_2 \to 0}\left[-\frac{1}{x}\right]_{\delta_2}^{1} = \infty$$

所以广义积分 $\displaystyle\int_{-1}^{1} \dfrac{\mathrm{d}x}{x^2}$ 发散.

【注】 此例中若疏忽了 $x=0$ 是被积函数的瑕点，就会得到以下错误的结果：

$$\int_{-1}^{1} \frac{\mathrm{d}x}{x^2} = \left[-\frac{1}{x}\right]_{-1}^{1} = -1 - 1 = -2$$

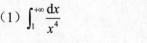**任务解决**

解 $r(t)$ 是这批机械一年后的用油率，所以 $\displaystyle\int_{1}^{x} r(t)\mathrm{d}t$ 等于第一年到第 x 年间机械所用的润滑油的数量，则 $\displaystyle\int_{1}^{+\infty} r(t)\mathrm{d}t$ 就是终身所需润滑油的数量.

$$\int_{1}^{+\infty} r(t)\mathrm{d}t = \lim_{x \to +\infty} \int_{1}^{x} r(t)\mathrm{d}t = \lim_{x \to +\infty} \int_{1}^{x} \frac{300}{t^{\frac{3}{2}}}\mathrm{d}t = \lim_{x \to +\infty} \int_{1}^{x} 300 t^{-\frac{3}{2}}\mathrm{d}t$$

$$= \lim_{x \to +\infty} 300\left[-2t^{-\frac{1}{2}}\right]_{1}^{x} = \lim_{x \to +\infty}\left[-600x^{-\frac{1}{2}} + 600\right] = 600\,（升）$$

所以公司为满足客户要求需生产润滑油 600 升.

能力训练 5.5

参考答案

1. 判断下列广义积分的敛散性.

（1）$\displaystyle\int_{1}^{+\infty} \dfrac{\mathrm{d}x}{x^4}$

（2）$\displaystyle\int_{0}^{+\infty} \mathrm{e}^{-4x}\mathrm{d}x$

（3）$\displaystyle\int_{0}^{+\infty} \mathrm{e}^{-p}\sin\omega t\,\mathrm{d}t$

（4）$\displaystyle\int_{-\infty}^{+\infty} \dfrac{\mathrm{d}x}{x^2 + 2x + 2}$

2. 当 k 为何值时，广义积分 $\int_{2}^{+\infty} \dfrac{\mathrm{d}x}{x(\ln x)^{k}}$ 收敛？当 k 为何值时，此广义积分发散？又当 k 为何值时，此广义积分取得最小值？

3. 判断无界函数广义积分 $\int_{0}^{1} \ln x \mathrm{d}x$ 的敛散性.

5.6 定积分的应用

任务提出

定积分的应用非常广泛，既有在几何上的应用，也有在物理上的应用. 在小学数学课推导圆锥体体积公式时，老师拿两个等底、等高的圆柱体和圆锥体容器，用倒沙子或倒水的方法，把圆锥装满沙子（或水），再往圆柱体容器里倒，正好三次倒满，于是得出圆锥体体积是圆柱体体积的三分之一. 显然，公式的推导直观但不严谨，事实上，利用定积分的几何应用可以精确地推导出圆锥体的体积公式. 具体如何推导呢？

解决问题知识要点：定积分在旋转体体积计算中的应用.

学习目标

掌握利用定积分求平面图形的面积和求旋转体体积的方法.

知识学习

在前面章节中，我们学习了定积分的定义、性质、运算，本节将运用这些知识来分析、解决实际问题，下面主要介绍定积分在计算平面图形面积、旋转体体积的应用.

5.6.1 平面图形面积

1. 直角坐标系下平面图形面积的计算

根据定积分的几何意义：当 $f(x) \geqslant 0$ 时，$\int_{a}^{b} f(x)\mathrm{d}x$ 表示曲线 $y = f(x)$ 及直线 $x = a$，$x = b(a < b)$ 与 x 轴所围成的曲边梯形的面积.

一般地，由上、下两条曲线函数 $y = f(x)$，$y = g(x)$ 以及直线 $x = a$，$x = b$ 所围成的平面图形，如图 5-14 所示，其面积为

$$S = \int_{a}^{b} \left[f(x) - g(x) \right] \mathrm{d}x$$

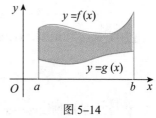

定积分的几何应用：平面图形面积

图 5-14

由于 $S = \int_a^b \left[f(x) - g(x) \right] \mathrm{d}x = \int_a^b f(x)\mathrm{d}x - \int_a^b g(x)\mathrm{d}x$，所以此面积公式可以理解为阴影部分的面积等于曲线 $f(x)$ 与 $x=a$，$x=b$ 及 x 轴围成的曲边梯形面积减去曲线 $g(x)$ 与 $x=a$，$x=b$ 及 x 轴围成的曲边梯形面积.

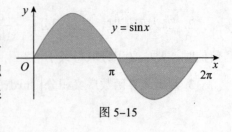

图 5-15

例 46 求曲线 $y = \sin x$ 在区间 $[0, 2\pi]$ 段与 x 轴所围成的平面图形的面积.

解 作图（图 5-15）.

根据上述结论，所求面积为

$$S = \int_0^\pi (\sin x - 0)\mathrm{d}x + \int_\pi^{2\pi} (0 - \sin x)\mathrm{d}x$$

$$= \int_0^\pi \sin x \, \mathrm{d}x + \int_\pi^{2\pi} (-\sin x)\mathrm{d}x$$

$$= -\cos x \big|_0^\pi + \cos x \big|_\pi^{2\pi} = 4$$

例 47 求曲线 $y = x^2 - 2$ 和 $y = 6 - x^2$ 围成的图形面积.

解 作图 5-16，解方程组

$$\begin{cases} y = x^2 - 2 \\ y = 6 - x^2 \end{cases}$$

求出两曲线交点为 $(-2, 2)$，$(2, 2)$，从而所求图形的面积为

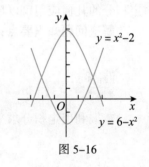

图 5-16

$$S = \int_{-2}^2 \left[(6 - x^2) - (x^2 - 2) \right] \mathrm{d}x$$

$$= 2\int_{-2}^2 (4 - x^2)\mathrm{d}x$$

$$= 4\int_0^2 (4 - x^2)\mathrm{d}x = \frac{64}{3}$$

例 48 求曲线 $y = \mathrm{e}^x$，$y = \mathrm{e}^{-x}$ 和直线 $x = 1$ 所围成的图形面积.

解 如图 5-17 所示，解方程组

$$\begin{cases} y = \mathrm{e}^x \\ y = \mathrm{e}^{-x} \\ x = 1 \end{cases}$$

求出曲线交点为 $(0, 1)$，$(1, \mathrm{e}^{-1})$，$(1, \mathrm{e})$，从而所求图形的面积为

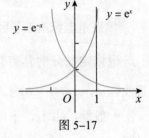

图 5-17

$$S = \int_0^1 (\mathrm{e}^x - \mathrm{e}^{-x})\mathrm{d}x = \mathrm{e} + \frac{1}{\mathrm{e}} - 2$$

例 49 求抛物线 $y = -x^2 + 4x - 3$ 及其在点 $(0, -3)$ 和 $(3, 0)$ 处的切线所围成的图形的面积.

解 如图 5-18 所示，首先求出切线方程，由

$$y' = -2x + 4$$

可得抛物线在两点的切线斜率

$$y'\big|_{x=0} = 4, \; y'\big|_{x=3} = -2$$

故抛物线在点$(0, -3)$, $(3, 0)$处的切线分别为

$$y = 4x - 3, \; y = -2x + 6$$

容易求得这两条切线交点为$\left(\dfrac{3}{2}, 3\right)$，因此所求面积为

$$S = \int_0^{\frac{3}{2}} \left[4x - 3 - (-x^2 + 4x - 3)\right]\mathrm{d}x + \int_{\frac{3}{2}}^3 \left[-2x + 6 - (-x^2 + 4x - 3)\right]\mathrm{d}x$$

$$= \int_0^{\frac{3}{2}} x^2 \mathrm{d}x + \int_{\frac{3}{2}}^3 (x^2 - 6x + 9)\mathrm{d}x = \frac{1}{3}x^3 \bigg|_0^{\frac{3}{2}} + \left(\frac{1}{3}x^3 - 3x^2 + 9x\right)\bigg|_{\frac{3}{2}}^3 = \frac{9}{4}$$

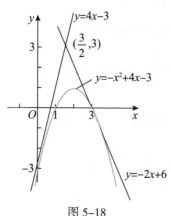

图 5-18

2. 极坐标系下平面图形面积的计算（进阶模块）

在平面上取一点O，称为极点，由O引出一条射线，称为极轴. 如图 5-19 所示，平面上取一点M，此时点M的位置可由$|OM| = r$及OM与极轴的夹角θ来确定，记做$M(r, \theta)$，r称为点M的极径，θ称为点M的极角.

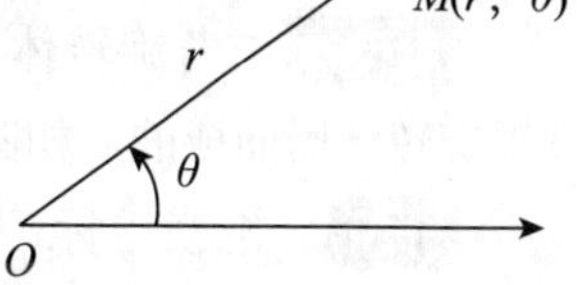

如果将平面直角坐标系的原点作为极坐标系的极点，将x轴正半轴作为极坐标系的极轴，则平面上同一点M有两种表示方法：在平面直角坐标系中表示为$M(x, y)$，在平面极坐标系中表示为$M(r, \theta)$，这两种坐标之间的关系如下（图 5-20）：

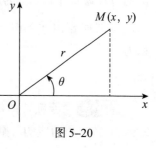

图 5-19

$$\begin{cases} x = r\cos\theta \\ y = r\sin\theta \end{cases} \Leftrightarrow \begin{cases} r = \sqrt{x^2 + y^2} \\ \tan\theta = \dfrac{y}{x} \end{cases}$$

图 5-20

引例　由曲线$r = r(\theta)$及射线$\theta = \alpha$，$\theta = \beta$所围成的图形称为曲边扇形（图 5-21），这里$r(\theta)$在$[\alpha, \beta]$上连续，且

$r(\theta) \geq 0$，求曲边扇形的面积S.

分析 根据微元法，将此曲边扇形分割成n个小曲边扇形，则小曲边扇形可近似看成半径为$r(\theta)$，圆心角为$d\theta$的扇形，故

$$dS = \frac{1}{2}r^2(\theta)d\theta$$

从而所求曲边扇形的面积为

$$S = \frac{1}{2}\int_\alpha^\beta r^2(\theta)d\theta$$

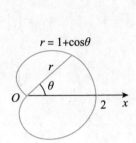

图 5-21

例 50 求心形线$r = 1 + \cos\theta$所围平面图形的面积.

解 如图 5-22 所示，心形线图形关于极轴对称，对于极轴以上部分图形，θ的变化范围为$[0, \pi]$. 于是所求图形面积为

$$S = 2 \cdot \frac{1}{2}\int_0^\pi r^2(\theta)d\theta$$

$$= \int_0^\pi (1 + 2\cos\theta + \cos^2\theta)d\theta$$

$$= \int_0^\pi \left(\frac{3}{2} + 2\cos\theta + \frac{1}{2}\cos 2\theta\right)d\theta$$

$$= \left(\frac{3}{2}\theta + 2\sin\theta + \frac{1}{4}\sin 2\theta\right)\Big|_0^\pi$$

$$= \frac{3\pi}{2}$$

图 5-22

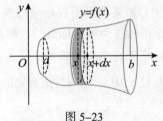

定积分的几何应用：旋转体体积

5.6.2 旋转体体积

旋转体是指一平面图形绕该平面内一条直线旋转一周而成的立体，该直线称为旋转轴，显而易见圆柱、圆锥、圆台、球分别是由矩形、直角三角形、直角梯形、半圆绕平面内某一直线旋转一周而得.

类型 1 若旋转体是由连续曲线$y = f(x)$，直线$x = a$，$x = b$及x轴所围成的曲边梯形绕x轴旋转一周而成的，如图 5-23 所示，求此旋转体体积.

分析 取横坐标x为积分变量，它的变化区间为$[a, b]$，在$[a, b]$内任取一个小区间$[x, x + dx]$，此小区间截旋转体所得的薄片近似于以$f(x)$为底面圆半径、dx为高的小圆柱体，从而得到体积微元为$dV = \pi[f(x)]^2 dx$，于是所求旋转体体积为

$$V = \int_a^b dV = \pi\int_a^b [f(x)]^2 dx$$

类型 2 若旋转体是由连续曲线$x = \varphi(y)$，直线$y = c$，$y = d$及y轴所围成的曲边梯形绕y轴旋转一周而成的，则该旋转体体积为.

$$V = \pi \int_c^d [\varphi(y)]^2 \mathrm{d}y$$

例 51 计算由 $y = x^2 + 1$，$y = 0$，$x = 0$，$x = 1$ 所围成的平面图形绕 x 轴旋转一周而成的旋转体体积.

解 如图 5-24 所示，所求旋转体体积为

$$V = \pi \int_0^1 (x^2 + 1)^2 \mathrm{d}x$$
$$= \pi \int_0^1 (x^4 + 2x^2 + 1) \mathrm{d}x$$
$$= \pi \left[\frac{1}{5} x^5 + \frac{2}{3} x^3 + x \right]\Big|_0^1$$
$$= \frac{28}{15} \pi$$

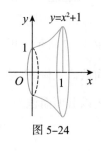

图 5-24

例 52 计算由椭圆 $\dfrac{x^2}{a^2} + \dfrac{y^2}{b^2} = 1$ 绕 x 轴旋转一周而成的旋转体的体积.

解 如图 5-25 所示，由椭圆方程得

$$y^2 = b^2 \left(1 - \frac{x^2}{a^2} \right)$$

由于椭圆图形关于 x 轴对称，于是所求旋转椭球体的体积为

$$V = \pi \int_{-a}^a y^2 \mathrm{d}x$$
$$= 2\pi \int_0^a b^2 \left(1 - \frac{x^2}{a^2} \right) \mathrm{d}x$$
$$= \frac{2\pi b^2}{a^2} \int_0^a (a^2 - x^2) \mathrm{d}x = \frac{4}{3} \pi ab^2$$

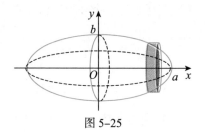

图 5-25

特别地，方程中当 $a = b$ 时图形为圆，圆绕 x 轴旋转得到球，此时旋转体体积 $V = \dfrac{4}{3} \pi a^3$，正是球的体积公式.

请读者思考，本例如果椭圆图形绕 y 轴旋转，所得立体及其体积是什么？

5.6.3 平行截面面积已知的立体体积（进阶模块）

如果某立体不是旋转体，但已知该立体垂直于某一定轴的各截面面积，那么该立体的体积也可用定积分计算.

如图 5-26 所示，取定轴为 x 轴，设某一立体介于垂直于 x 轴的两平面 $x = a$ 与 $x = b$ 之间，设 $S(x)$ 表示过点 x 且垂直于 x 轴的截面面积，$S(x)$ 在 $[a, b]$ 连续，取 x 为积分变量，在变化区间 $[a, b]$ 上任取一小区间 $[x, x + \mathrm{d}x]$，则对应该区间的薄片体积近似等于底面积为 $S(x)$，高为 $\mathrm{d}x$ 的小柱体的体积，从而得体积元素为

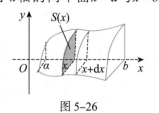

图 5-26

$$dV = S(x)dx$$

于是，所求立体的体积为

$$V = \int_a^b S(x)dx$$

例53 求由圆柱面$x^2 + y^2 = a^2$与$x^2 + z^2 = a^2$所围立体的体积.

解 依题意，所围成的立体在第一卦限的图形如图5–27所示。用同时垂直于平面xOy和平面xOz的平面截此立体，则截面是以$y = \sqrt{a^2 - x^2}$为边长的正方形，所以截面面积为

$$S(x) = y^2 = a^2 - x^2$$

于是，第一卦限立体的体积为

$$V = \int_0^a S(x)dx$$

图5–27

$$= \int_0^a (a^2 - x^2)dx = \left(a^2 x - \frac{x^3}{3} \right) \Big|_0^a$$

$$= a^3 - \frac{a^3}{3} = \frac{2a^3}{3}$$

空间坐标系有8个卦限，由该立体的对称性得所求立体体积为

$$V = 8 \cdot \frac{2a^3}{3} = \frac{16a^3}{3}$$

5.6.4 定积分在物理中的应用（进阶模块）

1. 变力做功

我们知道，如果一个物体在恒力F的作用下，沿力F的方向运动一段距离S，则力F对物体所做的功为$W = F \cdot S$，以下通过举例说明定积分在物理中的应用.

例54 已知把弹簧拉长所需的力与弹簧伸长的长度成正比，1牛顿的力能使弹簧伸长0.01米，求这个弹簧从静止位置拉伸0.1米所做的功.

解 将弹簧一端固定，如图5–28所示，若将弹簧拉长到位置P，$OP = 0.1$米，由胡克定律知，拉力与弹簧伸长长度的函数关系为$F(x) = kx$，其中k是比例常数. 已知$F(0.01) = 1$，于是有$k = \dfrac{1}{0.01} = 100$牛/米，则$F(x) = 100x$.

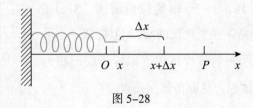

图5–28

在OP上取微小的一段Δx，在此段上的弹力可近似看作常数，于是弹簧从x拉伸到$x+\Delta x$所做的功为

$$\Delta w \approx F(x)\Delta x$$

所以，弹簧拉伸0.1米所作的功为

$$W = \int_0^{0.1}100x\mathrm{d}x = 50x^2\Big|_0^{0.1} = 0.5（牛／米）= 0.5（焦耳）$$

用定积分解决物理问题时，微元法是非常重要的思想方法.

2. 液体压力

例 55 如图 5-29 所示，有一个水面宽为2米，高度为1米的抛物线$(y=x^2)$型水闸，请问当水位为1米时，作用在水闸板上的压力有多少？（水的密度为$\gamma=1$千克／立方米）

解 由物理学知识可知，在液体深度为h处，由液体重量所产生的压强为$P=\gamma h$（γ为液体密度）. 因为物体垂直于液体，所以物体表面上各点压强的大小与方向都不变，则物体所受的总压力为"压强×面积"，即$F=\gamma hS$. 由于水闸在不同深处的压强不同，因此，可用微元法求水闸所受的总压力.

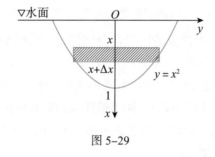

图 5-29

为此，建立如图 5-29 所示的直角坐标系，在$[0,1]$上任取一个小区间$[x,x+\Delta x]$，其对应的小横条上每个点的液体深度近似看成x，其压强为

$$P = \gamma x$$

相应的小横条面积为$S=f(x)\Delta x=2x^2\Delta x$，其上的压力为$\Delta F$，则有

$$\Delta F \approx PS = \gamma x 2x^2 \Delta x = 2\gamma x^3 \Delta x$$

根据微元法，可知水闸上的总压力为

$$F = \int_0^1 2\gamma x^3 \mathrm{d}x = 2\int_0^1 x^3 \mathrm{d}x = \frac{1}{2}x^4\Big|_0^1 = \frac{1}{2}$$

任务解决

解 小学数学里用实验观察的方法推导出圆锥体的体积公式，此方法直观但不严谨. 实际上，圆锥体可以看作是一个直角三角形绕一条直角边旋转一周所构成的旋转体. 设圆锥体的高为h，底面圆的半径为r，如图 5-30 所示. 这个圆锥可以看成是由平面图形

（直角三角形）$0 \leqslant |y| \leqslant \dfrac{r}{h}x$，$x \in [0, h]$ 绕 x 轴（直角边）旋转一周而得，根据旋转体体积公式，有

$$V = \pi \int_0^h y^2 \, \mathrm{d}x = \pi \int_0^h \left(\frac{r}{h}x\right)^2 \mathrm{d}x = \frac{1}{3}\pi r^2 h$$

图 5-30

能力训练 5.6

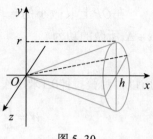

参考答案

1. 求由下列各曲线所围成的图形的面积.

（1）$y = \dfrac{1}{x}$ 与直线 $y = x$ 及 $x = 2$.

（2）$y = \ln x$，y 轴与直线 $y = \ln a$，$y = \ln b$（$b > a > 0$）.

2. 求抛物线 $y^2 = 2x$ 及其在点 $\left(\dfrac{1}{2}, 1\right)$ 处的法线所围成的图形的面积.

3. 求曲线 $\rho = 3\cos\theta$ 及 $\rho = 1 + \cos\theta$ 所围成图形的公共部分的面积.

4. 由 $y = x^3$，$x = 2$，$y = 0$ 所围成的图形，分别绕 x 轴及 y 轴旋转，计算所得两个旋转体的体积.

5. 由实验可知，弹簧在拉伸过程中，需要的力 F（单位：牛顿）与伸长量 s（单位：厘米）成正比，即 $F = ks$（k 是比例常数），如果把弹簧由原长拉伸 6 厘米，计算所做的功.

6. 有一个等腰梯形闸门，它的两条底边各 10 米和 6 米，高为 20 米，较长的底边与水面相齐，计算闸门的一侧所受的水压力.

【数学实训五】

利用 MATLAB 求函数的积分

【实训目的】

掌握求符号函数积分的方法.

【学习命令】

MATLAB 可以使用 int 命令求函数的积分，该命令可求不定积分、定积分和广义积分，命令语法格式如下.

（1）int（f）：求函数 f 对默认自变量 x 的不定积分 $\int f \mathrm{d}x$.

（2）int（f, t）：求函数 f 对自变量 t 的不定积分 $\int f \mathrm{d}t$.

（3）int（f, x, a, b）：求函数 f 对自变量 x 从 a 到 b 的定积分 $\int_a^b f(x)\mathrm{d}x$.

【实训内容】

例 56 求 $\int \sin 3x\mathrm{d}x$.

操作 在命令窗口输入：

```
>>syms x                    % 创建符号变量x
>> f=sin（3*x）;            % 定义函数f(x)=sin3x
>>f1=int（f，x）            % 对函数f求不定积分∫fdx
```

按回车键，输出：

```
f1 =

-cos（3*x）/3               % 输出结果 -\frac{1}{3}cos3x
```

例 57 计算 $\int_0^1 \dfrac{x^3-x}{\ln x}\mathrm{d}x$.

操作 在命令窗口输入：

```
>>syms x                    % 创建符号变量x
>> f=（x∧3-x）/log（x）;   % 定义函数f(x)=\frac{x^3-x}{\ln x}
>> f1=int（f，x，0，1）    % 对函数f求定积分∫_0^1 fdx
```

按回车键，输出：

```
f1 =
log（2）                    % 输出积分结果为ln2
```

【实训作业】

使用 MATLAB 求下列积分.

（1）$\int x\sin x\mathrm{d}x$

（2）$\int x\mathrm{e}^{-x}\mathrm{d}x$

（3）$\int_1^4 (x^2+1)\mathrm{d}x$

（4）$\int_1^4 \dfrac{\ln x}{\sqrt{x}}\mathrm{d}x$

【知识延展】

数学里的美学

人们通常都认为数学是枯燥无味的、冰冷的，与美学毫不相关，而事实并非如此. 德国诗人诺瓦利说："纯数学是一门科学，同时也是一门艺术." 我国数学家徐利治说："古今中外的杰出数学家和科学家都无不高度赞赏并应用数学科学中的美学方法." 可见，数学中是存在着美的.

数学美是一种人的本质力量通过宜人的思维结构所呈现的，法国数学家、天体力学家、科学哲学家亨利·庞加莱曾把数学美的基本特征概括为：简洁性、统一性、对称性、奇异性.

数学的简洁性是指数学表达形式的简洁和数学理论体系结构的简洁，数学的简洁美要求：用最简单的公式或者最简洁的模型来表示非常复杂的事物之间的关系，比如莱布尼茨就是用"$\int f(x)\mathrm{d}x$"这个简洁的符号表达了积分概念的丰富的思想．

数学的统一性是指在极度离散中发现事物间关系的高度一致性，局部与局部、局部与整体间的和谐与协调．数学中看起来并不相同的概念、定理、法则，在一定条件下却可以置于某个统一体中．比如代数中的"运算"、分析中的"函数"、几何中的"变换"三个不同领域的概念，在集合论建立之后，可以统一在"映射"概念之中．

对称性是数学美的最直观的体现，数学是研究现实世界空间形式与数量关系的学科，自然会渗透并映照出自然的对称美．例如，函数与反函数图像关于直线$y=x$对称．在几何中，在对称变换下仍然变为它自己本身的图形，都给人一种对称性的美感．对称美在数学中比比皆是．

奇异性也是数学美的重要特征，如一些数学家认为连续函数至少在某些点处可以微分，后来德国数学家却找到了一个处处连续却又处处不可微的函数，这就给人以奇异感，数学一些反例往往给人以奇异感，让人体会到了一种奇特的美感．

第6章 常微分方程

自然界的统一性显示在关于各种现象领域的微分方程式的"惊人的类似"中.

——列宁

【课前导学】

微积分研究的对象是函数关系,但在处理大量实际问题中通常无法直接找到所研究的变量之间的关系,却能较容易地发现这些变量与其导数或微分的关系,而微分方程正是通过变量与变化率的关系研究客观世界物质运动的数学模型,它在物理学、生物学、天文学、经济学、考古学、心理学等范围有着很有价值的应用,是数学应用于解决实际问题的重要工具.

【知识脉络】

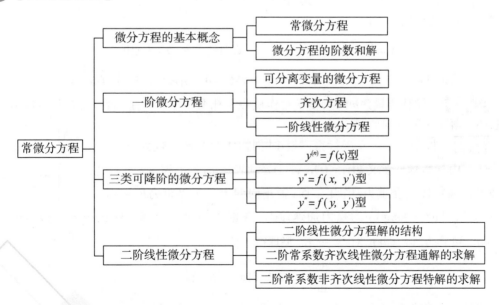

6.1 微分方程的基本概念

任务提出

一项工艺需要把物体放置在空气温度为30℃的环境里自然冷却，15分钟内物体从100℃冷却到70℃，请根据牛顿冷却定律，测算该物体冷却到40℃需要多长时间.

解决问题知识要点：一阶微分方程的求解.

学习目标

了解微分方程的阶数及其解、通解、初始条件和特解的概念.

知识学习

引例 1 已知曲线上任意一点$M(x, y)$处的切线斜率为$3x^2$，且该曲线过点$M_0(1, 1)$，求此曲线的方程.

分析 设所求曲线方程为$y = f(x)$，由导数几何意义知曲线$y = f(x)$满足

$$\frac{dy}{dx} = 3x^2 \quad (\text{一阶微分方程}) \tag{6-1}$$

此外，曲线还满足当$x = 1$时，$y = 1$，记为

$$y|_{x=1} = 1 \quad (\text{初始条件})$$

对式（6-1）两边积分，得

$$y = \int 3x^2 dx，有 y = x^3 + C（C为任意常数）（通解）$$

将初始条件$y|_{x=1} = 1$代入上式，有$1 = 1 + C$，得$C = 0$. 所以所求曲线方程为$y = x^3$（特解）.

引例 2 设有质量为m的物体（看作质点）在空气中只受重力作用而自由降落，试求它的下落距离随时间t的变化规律.

分析 按图6-1建立坐标系，设t时刻物体的位置函数为$y = y(t)$，由导数物理意义知，$y'(t)$，$y''(t)$分别表示t时刻的速度、加速度. 因物体只受重力F作用，而y轴正向向上，所以重力F向下为负，即$F = -mg$（g为重力加速度），根据牛顿第二定律$F = ma$，可列方程，即$my''(t) = -mg$，整理得

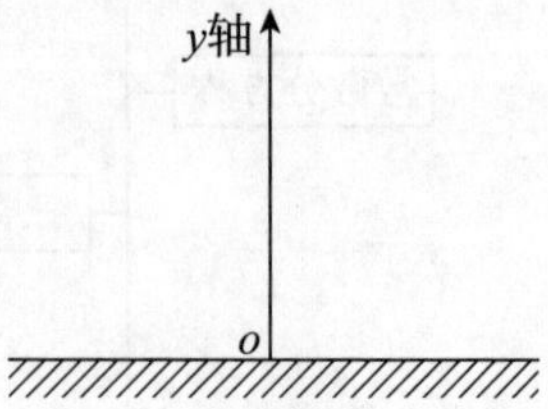

图 6-1

$$\frac{d^2y}{dt^2} = -g \quad (\text{二阶微分方程})$$

这是一个含有未知函数二阶导数的等式，等式两端对t积分，得

$$\frac{dy}{dt} = -g\int dt = -gt + C_1 \tag{6-2}$$

就式（6–2）再对t积分，得

$$y = -\frac{1}{2}gt^2 + C_1 t + C_2 \quad （通解）\qquad\qquad (6-3)$$

设物体在初始时刻$t = 0$的位置为$y(0) = y_0$，初始速度为$y'(0) = v_0$（初始条件）．将条件代入式（6–2）和式（6–3），得$C_1 = v_0$，$C_2 = y_0$，于是最后确定了物体的运动规律为

$$y(t) = -\frac{1}{2}gt^2 + v_0 t + y_0 \quad （特解）$$

上述两个引例解决问题的方法是相同的：首先建立一个含有未知函数的导数的方程，再通过方程求出满足所给条件的未知函数．为了便于讨论，以下给出微分方程的定义和有关概念．

1. 微分方程

含有未知函数的导数（或微分）的方程称为微分方程．未知函数为一元函数的微分方程称为常微分方程．未知函数为多元函数的微分方程称为偏微分方程，本章仅讨论常微分方程．

下列方程均为常微分方程（其中y，v，θ均为未知函数）．

（1）$y' = kx$（k为常数）．

（2）$(y - 2xy)\mathrm{d}x + x^2\mathrm{d}y = 0$．

（3）$mv'(t) = mg - kv(t)$．

（4）$y'' = \frac{1}{a}\sqrt{1 + y^2}$．

（5）$\dfrac{\mathrm{d}^2\theta}{\mathrm{d}t^2} + \dfrac{g}{l}\sin\theta = 0$（$g$，$l$是常数）．

2. 微分方程的阶数

微分方程中出现的未知函数的最高阶导数的阶数，称为微分方程的阶数．上面列出的方程中（1）、（2）、（3）是一阶常微分方程，（4）、（5）是二阶常微分方程．

若方程中所含的未知函数及其各阶导数都是一次有理整式的微分方程称为线性微分方程，否则称为非线性微分方程．

3. 微分方程的解

任何代入微分方程后使其成为恒等式的函数，都称为方程的解．求微分方程解的过程，称为解微分方程．如函数$y = x^2$，$y = x^2 + 1$，$y = x^2 + 2$，$y = x^2 \pm C$（C为任意常数）都是方程$y' = 2x$的解．

如果微分方程的解中含有任意常数，且相互独立的任意常数的个数与微分方程的阶数相等，此解称为微分方程的通解（一般解），微分方程不含任意常数的解称为微分方程的特解．

【注】相互独立的任意常数，是指它们无法通过合并而使通解中的任意常数的个数减少．

4. 微分方程的初始条件

在解决许多实际问题中都要求寻找满足某些附加条件的解，这类附加条件可以用来确定通解中的任意常数，这类附加条件称为初始条件.

一阶微分方程 $\dfrac{dy}{dx} = f(x, y)$ 的初始条件通常写为 $y|_{x=x_0} = y_0$ 或 $y(x_0) = y_0$，其中 x_0, y_0 都是已知常数.

二阶微分方程 $y'' = f(x, y, y')$ 的初始条件通常写为 $y|_{x=x_0} = y_0$，$y'|_{x=x_0} = y_1$ 或 $y(x_0) = y_0$，$y'(x_0) = y_1$，其中 x_0, y_0, y_1 都是已知常数.

带有初始条件的微分方程称为微分方程的初值问题.

例 1 验证函数 $y = (x^2 + C)\sin x$（C 为任意常数）是方程（6-4）的通解，并求满足初始条件 $y\left(\dfrac{\pi}{2}\right) = 0$ 的特解.

$$\frac{dy}{dx} - y\cot x - 2x\sin x = 0 \qquad\qquad (6\text{-}4)$$

解 要验证函数是否为方程的通解，只需将函数代入方程，验证等式是否成立，之后再观察函数式中所含的独立任意常数的个数是否与方程的阶数相同.

对 $y = (x^2 + C)\sin x$ 求导，得

$$\frac{dy}{dx} = 2x\sin x + (x^2 + C)\cos x$$

将 y 及 $\dfrac{dy}{dx}$ 代入方程（6-4）左边，得

$$\frac{dy}{dx} - y\cot x - 2x\sin x = 2x\sin x + (x^2 + C)\cos x - (x^2 + C)\sin x\cot x - 2x\sin x = 0$$

因方程两边相等且 y 中含有一个任意常数，故 $y = (x^2 + C)\sin x$ 是方程的通解.

将初始条件 $y\left(\dfrac{\pi}{2}\right) = 0$ 代入通解 $y = (x^2 + C)\sin x$ 中，有 $0 = \dfrac{\pi^2}{4} + C$，$C = -\dfrac{\pi^2}{4}$，从而所求特解为 $y = \left(x^2 - \dfrac{\pi^2}{4}\right)\sin x$.

任务解决

解 设物体温度随时间变化的函数为 $u(t)$，由牛顿冷却定律知物体温度的变化率与物体温度和空气温度之差成正比，由于物体随时间慢慢冷却，所以温度的变化率 $\dfrac{du}{dt}$ 为负.

由此可建立函数 $u(t)$ 满足的微分方程

$$\frac{du}{dt} = -k(u - 30)$$

其中$k>0$为比例常数．解方程（具体解法后续课程介绍）得微分方程的通解

$$u=30+Ce^{-kt}$$

依题意，$u=u(t)$还需满足初始条件$u|_{t=0}=100$，$u|_{t=15}=70$，将初始条件代入通解，最后求出方程的特解：$u=30+70e^{-\frac{1}{15}\ln\frac{7}{4}t}$．将$u=40$代入特解，得冷却时间$t\approx52$分钟．

能力训练 6.1

参考答案

1. 选择题

（1）微分方程$xy''+(y'')^4=x^4$的阶数是（　　）．

A. 2　　　　　　　　B. 3　　　　　　　　C. 4　　　　　　　　D. 1

（2）微分方程$3y^2dy+3x^2dx=0$的阶数是（　　）．

A. 1　　　　　　　　B. 3　　　　　　　　C. 2　　　　　　　　D. 0

（3）下列方程中，不是微分方程的是（　　）．

A. $(y')^2+3y=0$　　　　　　　　　　　B. $dy+\dfrac{1}{x}dx=2dx$

C. $y''=e^{x-y}$　　　　　　　　　　　　D. $x^2+y^2=K^2$

（4）下列函数中，（　　）是微分方程$dy-2xdx=0$的解．

A. $y=2x$　　　　　B. $y=-2x$　　　　　C. $y=-x$　　　　　D. $y=x^2$

（5）微分方程$3\dfrac{d^2y}{dx^2}+\dfrac{dy}{dx}+e^x=1$的通解中应包含的常数的个数是（　　）．

A. 2　　　　　　　　B. 3　　　　　　　　C. 1　　　　　　　　D. 0

2. 指出下列方程哪些是微分方程，并指出方程的阶数．

（1）$xyy''+(y')^3-y^4y'=0$　　　　　　　（2）$\dfrac{dy}{dx}\cos x+y\sin x=0$

（3）$y^2-\dfrac{y}{x}=\dfrac{x}{y}$　　　　　　　　　　（4）$3y^2dy+3x^2dx=1$

（5）$(x-2y)y''=2x^4-y$　　　　　　　　（6）$y'=3y^{\frac{2}{3}}$

3. 验证函数$x=C_1\cos kt+C_2\sin kt$是微分方程$\dfrac{d^2x}{dt^2}+k^2x=0$的解，并求满足初始条件$x|_{t=0}=4$，$\dfrac{dx}{dt}|_{t=0}=0$的特解．

4. 确定下列函数中C_1，C_2的值，使函数满足所给定的条件．

（1）$y=C_1\cos x+C_2\sin x$，$y|_{x=0}=1$，$y'|_{x=0}=3$．

（2）$y=(C_1+xC_2)e^{2x}$，$y|_{x=0}=0$，$y'|_{x=0}=1$．

5. 写出由下列条件确定的曲线所满足的微分方程．

（1）曲线在点(x,y)处的切线的斜率等于该点的横坐标的立方．

常微分方程

（2）曲线在点(x, y)处的法线的斜率等于该点的纵坐标的一半.

6. 已知曲线过点$(1, 2)$，且在该曲线上任意点(x, y)处的切线的斜率为$3x^2$，求此曲线方程.

6.2　一阶微分方程

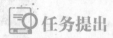 **任务提出**

某广告公司在一个 35 万人的城区推广新产品，用$x(t)$表示产品推出t天后知道该产品的人数. 经研究发现，知道该产品的人数$x(t)$增长的速度与不知道该产品的人数成正比，试找出知道产品的人数与时间之间的关系以便调整公司的营销策略. 市场调查还发现，产品最初投放市场时无人知晓，2 天后有 5 万人知道.

解决问题知识要点：一阶线性微分方程求解.

学习目标

熟练掌握可分离变量的微分方程和一阶线性微分方程的求解方法.

知识学习

实际问题的多样性使微分方程的类型也是多样的，解法也各不相同，本节将介绍可分离变量的微分方程、齐次方程和一阶线性微分方程的求解.

6.2.1　可分离变量的微分方程

形如

$$\frac{\mathrm{d}y}{\mathrm{d}x} = f(x)g(y) \text{或} \frac{\mathrm{d}y}{g(y)} = f(x)\mathrm{d}x$$

可分离变量的微分方程

的方程称为可分离变量的微分方程.

方程特征　方程等号一端仅含y的函数和y的微分$\mathrm{d}y$，等号另一端仅含有x的函数和x的微分$\mathrm{d}x$.

方程解法　对方程进行变量分离后，方程等号两边同时积分，即

$$\int \frac{\mathrm{d}y}{g(y)} = \int f(x)\mathrm{d}x$$

例 2　求微分方程$\dfrac{\mathrm{d}y}{\mathrm{d}x} = \dfrac{x}{y}$的通解.

解　所给方程为可分离变量的微分方程，分离变量得

$$yd y = x d x$$

两边积分，得

$$\int y d y = \int x d x$$

有

$$\frac{y^2}{2} = \frac{x^2}{2} + C_1$$

因而，所求方程的通解为 $y^2 - x^2 = C$（记 $C = 2C_1$ 是任意常数）.

例 3 求微分方程 $\dfrac{d y}{d x} = 2xy$ 的通解.

解 所给方程为可分离变量的微分方程，分离变量得

$$\frac{d y}{y} = 2x d x$$

两边积分，得

$$\int \frac{d y}{y} = \int 2x d x$$

则有

$$\ln |y| = x^2 + C_1$$

两边取指数函数，得

$$y = \pm e^{x^2 + C_1} = \pm e^{C_1} e^{x^2}$$

记 $C = \pm e^{C_1}$，仍是任意常数，则得到方程的通解为

$$y = C e^{x^2}$$

为了书写方便，今后类似此例中的 $\ln|y|$ 可以不必先取绝对值，去掉绝对值后令 $C = \pm e^{C_1}$，而在两边积分时就可写成 $\ln y$，把常数 C_1 写成 $\ln C$，这样方程 $\int \dfrac{d y}{y} = \int 2x d x$ 的解为 $\ln y = x^2 + \ln C$，即可得到 $y = C e^{x^2}$，请注意此处的常数 C 是可以取负值的任意常数.

例 4 求微分方程 $y' = y^2 \cos x$ 的通解，并求满足初始条件当 $x = 0$ 时，$y = 1$ 的特解.

解 将方程进行变形，得

$$\frac{d y}{d x} = y^2 \cos x$$

分离变量，得

$$\frac{d y}{y^2} = \cos x d x$$

方程两边积分

$$\int \frac{d y}{y^2} = \int \cos x d x$$

常微分方程

151

得

$$-\frac{1}{y} = \sin x + C$$

因而，所求方程的通解为 $y = -\dfrac{1}{\sin x + C}$（$C$是任意常数），其中$y=0$也为方程的解.

将初始条件$x=0$时，$y=1$代入通解中即可求出任意常数C，得$C=-1$. 因而，所求的特解为

$$y = \frac{1}{1-\sin x}$$

6.2.2 齐次方程（进阶模块）

形如

$$\frac{\mathrm{d}y}{\mathrm{d}x} = \varphi\left(\frac{y}{x}\right)$$

的方程，称为齐次方程.

方程特征 方程经整理、变形后，方程一边可表示为$\dfrac{y}{x}$的函数.

方程解法 对方程进行变量替换$u=\dfrac{y}{x}$，替换后方程变为可分离变量方程，然后求解.

在齐次方程$\dfrac{\mathrm{d}y}{\mathrm{d}x} = \varphi\left(\dfrac{y}{x}\right)$中，令$u=\dfrac{y}{x}$，则$y=ux$，$y'=u+u'x$，于是原方程化为

$$u + x\frac{\mathrm{d}u}{\mathrm{d}x} = \varphi(u)$$

分离变量，得

$$\frac{\mathrm{d}u}{\varphi(u)-u} = \frac{\mathrm{d}x}{x}$$

两边积分

$$\int \frac{\mathrm{d}u}{\varphi(u)-u} = \int \frac{\mathrm{d}x}{x}$$

求出积分后，再用$\dfrac{y}{x}$替换u，便得所给齐次方程的通解.

例 5 求微分方程$\dfrac{\mathrm{d}y}{\mathrm{d}x} = \dfrac{y}{x} + \tan\dfrac{y}{x}$满足初始条件$y|_{x=1} = \dfrac{\pi}{6}$的特解.

解 所求方程为齐次方程，设$u=\dfrac{y}{x}$，则

$$\frac{\mathrm{d}y}{\mathrm{d}x} = u + x\frac{\mathrm{d}u}{\mathrm{d}x}$$

代入原方程，得

$$u + x\frac{\mathrm{d}u}{\mathrm{d}x} = u + \tan u$$

分离变量，得

$$\cot u\,\mathrm{d}u = \frac{1}{x}\mathrm{d}x$$

两边积分，得$\ln(\sin u) = \ln x + \ln C$，即$\sin u = Cx$. 将$u = \dfrac{y}{x}$回代，则得到方程的通解为$\sin\dfrac{y}{x} = Cx$.

利用初始条件$y\big|_{x=1} = \dfrac{\pi}{6}$，得到$C = \dfrac{1}{2}$，从而得到方程特解为$\sin\dfrac{y}{x} = \dfrac{1}{2}x$.

例 6 求微分方程$x(\ln y - \ln x)\mathrm{d}y + y\mathrm{d}x = 0$的通解.

解 原方程可变形为$\ln\dfrac{y}{x}\mathrm{d}y + \dfrac{y}{x}\mathrm{d}x = 0$，令$u = \dfrac{y}{x}$，则$\dfrac{\mathrm{d}y}{\mathrm{d}x} = u + x\dfrac{\mathrm{d}u}{\mathrm{d}x}$，代入上述方程并整理，得

$$\frac{\ln u}{u(\ln u + 1)}\mathrm{d}u = -\frac{\mathrm{d}x}{x}$$

两边积分，得

$$\ln u - \ln(\ln u + 1) = -\ln x + \ln C$$

即

$$y = C(\ln u + 1)$$

变量回代得所求通解为

$$y = C\left(\ln\frac{y}{x} + 1\right)$$

【注】有的微分方程需要进行相应整理、变形，才能转化为齐次方程.

6.2.3 一阶线性微分方程

形如

$$\frac{\mathrm{d}y}{\mathrm{d}x} + P(x)y = Q(x) \qquad (6\text{-}5)$$

的方程称为一阶线性微分方程，其中函数$P(x)$，$Q(x)$是某一区间I上的连续函数.

方程特征 未知函数导数为一阶导数，y和y'均为一次有理整式，缺yy'项.

方程解法 公式法或常数变易法.

当$Q(x) \equiv 0$时，方程（6-5）变为

$$\frac{\mathrm{d}y}{\mathrm{d}x} + P(x)y = 0 \qquad (6\text{-}6)$$

此方程称为一阶齐次线性微分方程，相应地，当$Q(x) \neq 0$时，方程（6-5）称为一阶非齐

第6章 常微分方程

次线性微分方程.

（1）一阶齐次线性微分方程（6-6）通解的求解（可分离变量法）.

可以看出，一阶齐次线性微分方程（6-6）是可分离变量的方程，得

$$\frac{\mathrm{d}y}{y} = -P(x)\mathrm{d}x$$

上式两边积分，得

$$\ln|y| = -\int P(x)\mathrm{d}x + C$$

$$|y| = \mathrm{e}^{C_1}\mathrm{e}^{-\int p(x)\mathrm{d}x}$$

$$y = \pm\mathrm{e}^{C_1}\mathrm{e}^{-\int p(x)\mathrm{d}x}$$

又因为 $y = 0$ 也是方程（6-6）的解，从而得到方程（6-6）的通解

$$y = C\mathrm{e}^{-\int p(x)\mathrm{d}x} \quad （C为任意常数） \tag{6-7}$$

【注】式（6-7）可以作为公式使用，在 $y = C\mathrm{e}^{-\int p(x)\mathrm{d}x}$ 中，$\int P(x)\mathrm{d}x$ 仅表示 $P(x)$ 的一个原函数.

（2）一阶非齐次线性微分方程（6-5）通解的求解（常数变易法）.

不难看出，方程（6-6）是方程（6-5）的特殊情形，可以设想利用方程（6-6）的通解（6-7）形式去求出方程（6-5）的通解. 设想将式（6-7）中任意常数 C 变易为 x 的待定函数 $C(x)$，使之满足方程（6-5），再求出 $C(x)$. 为此，令 $y = C(x)\mathrm{e}^{-\int p(x)\mathrm{d}x}$ 为方程（6-5）的通解，对其求导，得

$$\frac{\mathrm{d}y}{\mathrm{d}x} = C'(x)\mathrm{e}^{-\int p(x)\mathrm{d}x} - C(x)P(x)\mathrm{e}^{-\int p(x)\mathrm{d}x}$$

把 y 和 $\dfrac{\mathrm{d}y}{\mathrm{d}x}$ 代入原方程（6-5）中，得

$$C'(x)\mathrm{e}^{-\int p(x)\mathrm{d}x} = Q(x)$$

$$C'(x) = Q(x)\mathrm{e}^{\int p(x)\mathrm{d}x}$$

方程两边积分，得

$$C(x) = \int Q(x)\mathrm{e}^{\int p(x)\mathrm{d}x}\mathrm{d}x + C \quad （C为任意常数）$$

于是，一阶非齐次线性微分方程（6-5）的通解为

$$y = \left[\int Q(x)\mathrm{e}^{\int p(x)\mathrm{d}x}\mathrm{d}x + C\right]\mathrm{e}^{-\int p(x)\mathrm{d}x} \tag{6-8}$$

上式可写为

$$y = C\mathrm{e}^{-\int p(x)\mathrm{d}x} + \mathrm{e}^{-\int p(x)\mathrm{d}x}\int Q(x)\mathrm{e}^{\int p(x)\mathrm{d}x}\mathrm{d}x$$

可以看出，一阶非齐次线性微分方程的通解是其对应的齐次线性微分方程的通解与非

齐次线性微分方程的一个特解之和. 这种将常数变易为待定函数的方法称为常数变易法.

在求解一阶非齐次线性微分方程（6-5）时，可以使用常数变易法或直接使用公式（6-8）求解.

例 7 求微分方程$\dfrac{\mathrm{d}y}{\mathrm{d}x}+2xy=2x\mathrm{e}^{-x^2}$的通解.

解 方法一（常数变易法）. 该方程对应的齐次方程，为

$$\frac{\mathrm{d}y}{\mathrm{d}x}+2xy=0$$

这里$p(x)=2x$，于是此齐次方程的通解为

$$y=C\mathrm{e}^{-\int p(x)\mathrm{d}x}=C\mathrm{e}^{-\int 2x\mathrm{d}x}=C\mathrm{e}^{-x^2}$$

设所求非齐次方程的解为$y=C(x)\mathrm{e}^{-x^2}$，代入原方程，得

$$C'(x)\mathrm{e}^{-x^2}-2xC(x)\mathrm{e}^{-x^2}+2xC(x)\mathrm{e}^{-x^2}=2x\mathrm{e}^{-x^2}$$

所以

$$C'(x)=2x$$

解得

$$C(x)=x^2+C$$

从而，得所求方程的通解为$y=(x^2+C)\mathrm{e}^{-x^2}$.

方法二（公式法）. 在微分方程$\dfrac{\mathrm{d}y}{\mathrm{d}x}+2xy=2x\mathrm{e}^{-x^2}$中，$P(x)=2x$，$Q(x)=2x\mathrm{e}^{-x^2}$，由公式（6-8）得所求方程的通解为

$$
\begin{aligned}
y &= \mathrm{e}^{-\int 2x\mathrm{d}x}\left(\int 2x\mathrm{e}^{-x^2}\mathrm{e}^{\int 2x\mathrm{d}x}\mathrm{d}x+C\right) \\
&= \mathrm{e}^{-x^2}\left(\int 2x\mathrm{e}^{-x^2}\mathrm{e}^{x^2}\mathrm{d}x+C\right) \\
&= \mathrm{e}^{-x^2}\left(\int 2x\mathrm{d}x+C\right) \\
&= \mathrm{e}^{-x^2}(x^2+C)
\end{aligned}
$$

例 8 求微分方程$x^2\mathrm{d}y+(2xy-x+1)\mathrm{d}x=0$的通解.

解 该方程未知函数的导数y'与未知函数y都是一次有理整式，方程是线性微分方程，将方程改写成一般形式

$$\frac{\mathrm{d}y}{\mathrm{d}x}+\frac{2}{x}y=\frac{x-1}{x^2}$$

这是一阶非齐次线性微分方程，用公式法求通解，有

$$\mathrm{e}^{\int p(x)\mathrm{d}x}=\mathrm{e}^{\int \frac{2}{x}\mathrm{d}x}=\mathrm{e}^{\ln x^2}=x^2,\quad \mathrm{e}^{-\int p(x)\mathrm{d}x}=\mathrm{e}^{-\int \frac{2}{x}\mathrm{d}x}=\mathrm{e}^{\ln x^{-2}}=\frac{1}{x^2}$$

$$\int Q(x)e^{\int p(x)dx}dx = \int \frac{x-1}{x^2} \cdot x^2 dx = \int (x-1)dx = \frac{x^2}{2} - x + C$$

故由公式（6-8）得通解

$$y = \frac{1}{x^2}\left(\frac{x^2}{2} - x + C\right)$$

即

$$y = \frac{1}{2} - \frac{1}{x} + \frac{C}{x^2}$$

任务解决

解 由题意建立微分方程 $x'(t) = k(350000 - x)$，即 $x'(t) + kx = 350000k$，这是一阶线性微分方程，用常数变易法求解.

先求相应的齐次方程的通解，有

$$x'(t) + kx = 0 \Rightarrow \frac{dx}{dt} = -kx \Rightarrow \frac{dx}{x} = -kdt \Rightarrow \int \frac{dx}{x} = \int -kdt$$

$$\ln x = -kt + c \Rightarrow x = Ce^{-kt}$$

常数变易，令 $x(t) = C(t)e^{-kt}$ 为原方程的解，将 $x(t) = C(t)e^{-kt}$，$x'(t) = C'(t)e^{-kt} - kC(t)e^{-kt}$ 代入原方程，得

$$C'(t)e^{-kt} = 350000k \Rightarrow C'(t) = 350000ke^{kt} \Rightarrow C(t) = 350000e^{kt} + C$$

得原方程的通解 $x(t) = \left(350000e^{kt} + C\right)e^{-kt} = Ce^{-kt} + 350000$.

将初始条件代入通解，有 $t = 0$，$x = 0 \Rightarrow C = -350000$，$t = 2$，$x = 50000 \Rightarrow k = 0.077$，得到知道该产品人数与时间的关系函数 $x = 350000 - 350000e^{-0.077t}$.

能力训练 6.2

1. 求下列可分离变量微分方程通解.

（1）$xy' + y = 0$

（2）$3x^2 + 5x - 5y' = 0$

（3）$xyy' = 1 - x^2$

（4）$y' = e^{2x-y}$

（5）$\frac{x}{1+y}dy - \frac{y}{1+x}dx = 0$

（6）$\sin^2 x \cdot y' + y = 0$

2. 求下列齐次方程通解.

（1）$y^2 + x^2\frac{dy}{dx} = xy\frac{dy}{dx}$

（2）$x(\ln x - \ln y)dy - ydx = 0$

参考答案

3. 求下列一阶线性微分方程通解.

（1）$y' - \dfrac{y}{x} = \dfrac{1}{1+x}$ （2）$y' = -2xy + 2xe^{-x^2}$

（3）$y' + y = e^{-x}$ （4）$y' + 2xy = 4x$

（5）$xy' = x - y$ （6）$(x^2+1)y' + 2xy = 4x^2$

4. 求下列微分方程满足所给初始条件的特解.

（1）$\begin{cases} \dfrac{\mathrm{d}y}{\mathrm{d}x} = \dfrac{x}{y^2} \\ y\big|_{x=1} = 0 \end{cases}$ （2）$\begin{cases} \sqrt{1-x^2}\,y' = x \\ y\big|_{x=0} = 0 \end{cases}$

（3）$\begin{cases} (y+3)\mathrm{d}x + \cot x\mathrm{d}y = 0 \\ y\big|_{x=0} = 1 \end{cases}$ （4）$\begin{cases} \cos y\mathrm{d}x + (1+e^{-x})\sin y\mathrm{d}y = 0 \\ y\big|_{x=0} = \dfrac{\pi}{4} \end{cases}$

（5）$\begin{cases} y' = e^{2x-y} \\ y\big|_{x=0} = 0 \end{cases}$ （6）$\begin{cases} xy' + y = 3 \\ y\big|_{x=1} = 0 \end{cases}$

（7）$\begin{cases} y' = \dfrac{x^2+y^2}{xy} \\ y\big|_{x=1} = 1 \end{cases}$ （8）$\begin{cases} \sin x\cos y\mathrm{d}x = \cos x\sin y\mathrm{d}y \\ y\big|_{x=0} = \dfrac{\pi}{3} \end{cases}$

（9）$\begin{cases} \dfrac{\mathrm{d}y}{\mathrm{d}x} - y\tan x = \sec x \\ y\big|_{x=0} = 0 \end{cases}$ （10）$\begin{cases} xy' + y = \sin x \\ y\big|_{x=\frac{\pi}{2}} = 0 \end{cases}$

5. 一曲线经过点$(2,3)$，它在两坐标轴之间的任意切线段均被切点所平分，求此曲线方程.

6. 求一曲线方程，该曲线过原点，并且它在点(x, y)处的切线斜率等于$2x+y$.

6.3 三类可降阶的微分方程

任务提出

我们知道，冰雹从高空落下时，既受地球重力的作用还受空气阻力的作用. 通常阻力的大小会与冰雹的形状及运动的速度有关，假设阻力的大小与下落的速度成正比，能测算出冰雹下落的速度吗？

解决问题知识要点：可降阶微分方程的求解.

常微分方程

掌握 $y^{(n)} = f(x)$ 型微分方程的求解，了解 $y'' = f(x, y')$ 型、$y'' = f(y, y')$ 型微分方程的求解.

除了一阶微分方程，还有其他类型的非一阶微分方程，我们把二阶及二阶以上的微分方程统称为高阶微分方程. 一般的高阶微分方程是没有普遍解法的，处理问题的基本原则是降阶，本节介绍三类可降阶的微分方程.

6.3.1 $y^{(n)} = f(x)$ 型

这是最简单的高阶微分方程，求解方法是逐次积分，只要连续积分 n 次，就可得到方程 $y^{(n)} = f(x)$ 的含有 n 个独立的任意常数的通解.

例 9 求方程 $y''' = \sin x$ 的通解.

解 已知 $y''' = \sin x$，则

$$y'' = \int \sin x \, dx = -\cos x + \bar{C}_1$$

同理

$$y' = \int \left(-\cos x + \bar{C}_1 \right) dx = -\sin x + \bar{C}_1 x + C_2$$

$$y = \int \left(-\sin x + \bar{C}_1 x + C_2 \right) dx = \cos x + C_1 x^2 + C_2 x + C_3$$

即为原方程通解.

6.3.2 $y'' = f(x, y')$ 型（进阶模块）

方程特征 不显含未知函数 y.

方程解法 令 $y' = p(x)$，则 $y'' = p'$，原方程降为以 p 为未知函数的一阶微分方程，得

$$p' = f(x, p)$$

根据一阶微分方程的解法，求得它的通解 $p = \varphi(x, C_1)$，即

$$y' = p = \varphi(x, C_1)$$

对上式两边积分，得

$$y = \int \varphi(x, C_1) dx$$

求此积分，即得原方程通解.

例 10 求微分方程 $(1 + x^2) y'' = 2xy'$ 的通解.

解 令 $y' = p(x)$，则 $y'' = p'$，原方程可化为以 p 为未知函数的一阶微分方程，得

$$(1+x^2)p' = 2xp$$

分离变量，得

$$\frac{\mathrm{d}p}{p} = \frac{2x}{1+x^2}\mathrm{d}x$$

两边积分，得

$$\ln|p| = \ln(1+x^2) + C$$

整理得

$$p = C_1(1+x^2)(其中 C_1 = \pm e^C)$$

即

$$y' = C_1(1+x^2)$$

对上式再积分，得 $y = C_1\left(x + \frac{1}{3}x^3\right) + C_2$（$C_1$，$C_2$ 为任意常数），即为原方程的通解.

6.3.3 $y'' = f(y, y')$ 型（进阶模块）

方程特征　不显含自变量 x.

方程解法　令 $y' = p(y)$，$y'' = \dfrac{\mathrm{d}p}{\mathrm{d}x} = \dfrac{\mathrm{d}p}{\mathrm{d}y} \cdot \dfrac{\mathrm{d}y}{\mathrm{d}x} = p\dfrac{\mathrm{d}p}{\mathrm{d}y}$，化为关于变量 y，p 的一阶微分方程.

原方程降为 $p\dfrac{\mathrm{d}p}{\mathrm{d}y} = f(y, p)$，设它的通解为 $p = \varphi(y, C_1)$，则有

$$y' = p = \varphi(y, C_1)$$

这是可分离变量的方程，对其积分可得原方程的通解为

$$\int \frac{\mathrm{d}y}{\varphi(y, C_1)} = \int \mathrm{d}x = x + C_2$$

例 11　求微分方程 $yy'' - y'^2 = 0$ 的通解.

解　令 $y' = p(y)$，则 $y'' = p\dfrac{\mathrm{d}p}{\mathrm{d}y}$，代入原方程中，得

$$yp\frac{\mathrm{d}p}{\mathrm{d}y} - p^2 = 0$$

即

$$p\left(y\frac{\mathrm{d}p}{\mathrm{d}y} - p\right) = 0$$

当 $p \neq 0$ 时，可得

$$y\frac{\mathrm{d}p}{\mathrm{d}y} - p = 0$$

分离变量，得

$$\frac{\mathrm{d}p}{p} = \frac{\mathrm{d}y}{y}$$

两边积分，得

$$\ln|p| = \ln|y| + \ln|C|$$

整理得

$$p = C_1 y \quad (C_1 = \pm C)$$

即

$$y' = C_1 y$$

分离变量，得

$$\frac{\mathrm{d}y}{y} = C_1 \mathrm{d}x$$

两边积分，得

$$\int \frac{\mathrm{d}y}{y} = \int C_1 \mathrm{d}x$$

$$y = C_2 \mathrm{e}^{C_1 x}$$

再由 $p = 0$，得 $y' = 0$，解得 $y = C$，因为 $y = C$ 包含在 $y = C_2 \mathrm{e}^{C_1 x}$ 中，所以原方程的通解为

$$y = C_2 \mathrm{e}^{C_1 x} \ (C_1, C_2 \text{为任意常数})$$

🏛 任务解决

解 用 y 表示冰雹的高度，y' 表示冰雹下落的速度（$y' < 0$），冰雹在下落时受地球重力的作用还受空气阻力的作用，由假设知阻力 $f = -ky' (k > 0)$，根据牛顿第二定律可建立微分方程 $my'' = -mg - ky'$。

这是不显含未知函数 y 的微分方程，令 $v(t) = y' = \frac{\mathrm{d}v}{\mathrm{d}t}$，有 $y'' = v'(t)$，于是微分方程可化为 $v' = -g - \frac{k}{m}v$。

不妨记 $c = \sqrt{\frac{k}{mg}}$，方程可简化为 $\frac{\mathrm{d}v}{\mathrm{d}t} = -g(1 + c^2 v)$，由分离变量得

$$\frac{\mathrm{d}v}{g(1 + c^2 v)} = -\mathrm{d}t$$

两边积分，得 $\frac{1}{gc^2}\ln(1 + c^2 v) = -(t - m)$，$m$ 为任意常数．所以冰雹下落的速度为 $v(t) = -\frac{1}{c^2}\left[1 - \mathrm{e}^{-gc^2(t-m)}\right]$．

能力训练 6.3

参考答案

1. 求下列微分方程的通解.

（1）$y'' = x^2 + \cos x$

（2）$y'' = e^{2x}$

（3）$xy'' + y' = 0$

（4）$y'' + \dfrac{1}{x}y' = x + \dfrac{1}{x}$

（5）$y'' - xe^x = 0$

（6）$y'' + 2y' = x$

（7）$y'' = 1 + (y')^2$

（8）$yy'' = 2(y')^2$

2. 求微分方程$y'' = x + \sin x$满足初始条件$y|_{x=0} = 0$，$y'|_{x=0} = 1$的特解.

3. 求微分方程$y^3 y'' + 1 = 0$满足初始条件$y|_{x=0} = 1$，$y'|_{x=0} = 1$的特解.

 **6.4** **二阶线性微分方程**

📖 任务提出

为了获得舒适的驾驶或骑行体验，汽车、电动车、自行车在设计时都会考虑安装至少一个弹簧装置，以利用弹簧的振动来缓和颠簸路面的冲击. 这个装置由螺旋弹簧和位于弹簧内部的阻尼器组成，它和车身一起构成简单的振动系统，称为有阻尼自由振动系统（弹簧—质量—阻尼器系统）. 当系统静止时，弹簧所处的位置为平衡位置，阻尼器不发挥作用，当质点运动时，弹簧和阻尼器跟随一起运动. 请从数学的角度研究这个振动规律.

解决问题知识要点：二阶常系数齐次线性微分方程的求解.

📑 学习目标

掌握二阶常系数齐次线性微分方程的解法，了解二阶线性微分方程解的结构.

💡 知识学习

为了学习二阶线性微分方程的求解，首先了解二阶线性微分方程解的结构.

6.4.1　二阶线性微分方程解的结构

形如

$$y'' + P(x)y' + Q(x)y = f(x) \tag{6-9}$$

的方程称为二阶线性微分方程. 其中$P(x)$，$Q(x)$及$f(x)$是自变量x的已知函数，函数$f(x)$称为方程（6-9）的自由项，当$f(x) \equiv 0$时，方程（6-9）化为

$$y'' + P(x)y' + Q(x)y = 0 \tag{6-10}$$

称为二阶齐次线性微分方程，当$f(x) \neq 0$时，方程（6-9）称为二阶非齐次线性微分方程.

为了更好地理解线性微分方程解的结构，先了解二阶线性微分方程解的一些性质.

定理1　如果函数$y_1(x)$与$y_2(x)$是方程（6-10）的两个解，则

$$y = C_1 y_1(x) + C_2 y_2(x) \qquad (6-11)$$

也是方程（6-10）的解，其中C_1，C_2是任意常数.

定理1表明二阶齐次线性微分方程的解具有叠加性，叠加起来的式（6-11）从形式上看虽然含有C_1，C_2两个任意常数，但它却不一定是方程（6-10）的通解，这是因为定理1的条件中并没有保证C_1与C_2是相互独立的.

那么，什么情况下式（6-11）才是方程（6-10）的通解呢？为了解决这个问题，再引入一个新的概念：函数的线性相关与线性无关.

定义　设$y_1(x)$，$y_2(x)$是定义在区间I内的两个函数，如果存在两个不全为零的常数k_1，k_2使得在区间I内恒有$k_1 y_1 + k_2 y_2 = 0$，则称这两个函数在区间I内线性相关，否则称线性无关.

由定义知，在区间I内的两个函数是否线性相关，只需判断它们的比是否为常数，若是常数，则线性相关，否则线性无关. 如函数$y_1(x) = \sin 2x$，$y_2(x) = 4\sin x \cos x$是两个线性相关的函数，因为

$$\frac{y_2(x)}{y_1(x)} = \frac{4\sin x \cos x}{\sin 2x} = 2$$

而函数$y_1(x) = \cos x$，$y_2(x) = \sin x$是两个线性无关的函数，因为

$$\frac{y_2(x)}{y_1(x)} = \frac{\sin x}{\cos x} \neq 常数$$

定理2　如果$y_1(x)$与$y_2(x)$是方程（6-10）的两个线性无关的特解，则

$$y = C_1 y_1(x) + C_2 y_2(x)$$

是方程（6-10）的通解，其中C_1，C_2是任意常数.

接下来讨论二阶非齐次线性微分方程（6-9）的通解.

定理3　若y^*是二阶非齐次线性微分方程（6-9）的一个特解，Y是对应的二阶齐次线性微分方程（6-10）的通解，则$y = Y + y^*$就是二阶非齐次线性微分方程（6-9）的通解.

例如已知方程$y'' + y = x^2$其对应的二阶齐次线性微分方程$y'' + y = 0$的通解为$y = C_1 \cos x + C_2 \sin x$，又容易验证$y = x^2 - 2$是该方程的一个特解，则

$$y = C_1 \cos x + C_2 \sin x + x^2 - 2$$

就是$y'' + y = x^2$的通解.

定理4　设二阶非齐次线性微分方程的自由项是两个函数的和，如

$$y'' + P(x)y' + Q(x)y = f_1(x) + f_2(x) \qquad (6-12)$$

而y_1^*，y_2^*分别是方程$y'' + P(x)y' + Q(x)y = f_1(x)$和$y'' + P(x)y' + Q(x)y = f_2(x)$的特解，那

么$y_1^* + y_2^*$是方程（6-12）的特解. 此定理通常被称为二阶非齐次线性微分方程解的叠加原理.

在了解了二阶线性微分方程解的结构后, 接下来介绍二阶常系数线性微分方程的求解.

6.4.2　二阶常系数齐次线性微分方程的求解

形如

$$y'' + py' + qy = f(x) \tag{6-13}$$

的方程, 其中p, q是常数, 则称方程（6-13）为二阶常系数非齐次线性微分方程.

形如

$$y'' + py' + qy = 0 \tag{6-14}$$

的方程, 其中p, q是常数, 则称方程（6-14）为二阶常系数齐次线性微分方程.

方程特征　y'', y', y均为一次有理整式且各项系数均为常数, 缺交叉项yy'', $y'y''$, yy'.

下面介绍方程（6-13）、方程（6-14）的解法.

对于二阶常系数齐次线性微分方程

$$y'' + py' + qy = 0$$

由定理 2 知, 只要求出方程（6-14）两个线性无关的特解y_1, y_2, 则$y = C_1 y_1 + C_2 y_2$就是方程（6-14）的通解.

由于方程（6-14）是由y'', y'与y各乘以常数后相加等于零所构成的, 因此如果能找到一个函数y, 并且它具有y'', y'与y之间仅相差一个常数的特点, 那么这样的函数就有可能是方程（6-14）的特解, 而指数函数$y = e^{rx}$就有这个特征. 于是, 令$y = e^{rx}$尝试求解, 其中r为待定系数.

将$y = e^{rx}$, $y' = re^{rx}$, $y'' = r^2 e^{rx}$代入方程（6-14）, 得

$$(r^2 + pr + q)e^{rx} = 0$$

由于$e^{rx} \neq 0$, 故

$$r^2 + pr + q = 0 \tag{6-15}$$

由此可见, 只要r是一元二次方程（6-15）的根, 则$y = e^{rx}$就是方程（6-14）的特解, 微分方程（6-14）的求解问题就转化为代数方程（6-15）的求根问题.

我们把代数方程（6-15）称为微分方程（6-14）的特征方程, 并称特征方程的两个根r_1, r_2为特征根.

由一元二次方程的求根方法可知, 特征方程的两个根r_1, r_2可以表示为

$$r_{1,2} = \frac{-p \pm \sqrt{p^2 - 4q}}{2}$$

它们有以下三种不同的情形.

（1）当 $p^2 - 4q > 0$ 时，特征根是两个不相等的实根：$r_1 \neq r_2$，这时方程（6–14）有两个特解 $y_1 = e^{r_1 x}$ 和 $y_2 = e^{r_2 x}$，且

$$\frac{y_1}{y_2} = \frac{e^{r_1 x}}{e^{r_2 x}} = e^{(r_1 - r_2)x} \neq 常数$$

所以由定理 2 得方程（6–14）的通解是

$$y = C_1 e^{r_1 x} + C_2 e^{r_2 x} \quad （C_1，C_2 为任意常数）$$

（2）当 $p^2 - 4q = 0$ 时，特征根是两个相等的实根：$r_1 = r_2 = r$. 这时只能得到方程（6–14）的一个特解 $y_1 = e^{rx}$，还需找出另一个与 y_1 线性无关的特解 y_2，即使得

$$\frac{y_2}{y_1} = u(x) \neq 常数$$

为此可设

$$y_2 = u(x)y_1 = u(x)e^{rx}$$

其中 $u(x)$ 为待定函数.

将 y_2 代入方程（6–14）得 $u''(x) = 0$. 不妨选取它的最简单的一个解 $u(x) = x$，由此就得到方程（6–14）的另一个特解 $y_2 = xe^{rx}$，且 y_1，y_2 线性无关，从而得到方程（6–14）的通解为

$$y = (C_1 + C_2 x)e^{rx} \quad （C_1，C_2 为任意常数）$$

（3）当 $p^2 - 4q < 0$ 时，特征方程（6–15）有一对共轭复数根：$r_1 = \alpha + i\beta$，$r_2 = \alpha - i\beta$（$\beta \neq 0$）. 这时 $y_1 = e^{(\alpha + i\beta)x}$，$y_2 = e^{(\alpha - i\beta)x}$ 是方程 $y'' + py' + qy = 0$ 的两个特解. 由于复数形式的特解不便于应用，为了得出实数形式的解，可借助欧拉公式

$$e^{i\theta} = \cos\theta + i\sin\theta$$

将 y_1，y_2 改写成

$$y_1 = e^{(\alpha + i\beta)x} = e^{\alpha x}(\cos\beta x + i\sin\beta x)$$
$$y_2 = e^{(\alpha - i\beta)x} = e^{\alpha x}(\cos\beta x - i\sin\beta x)$$

令

$$\bar{y}_1 = \frac{1}{2}(y_1 + y_2) = e^{\alpha x}\cos\beta x$$

$$\bar{y}_2 = \frac{1}{2}(y_1 - y_2) = e^{\alpha x}\sin\beta x$$

则根据定理 1 知，$\bar{y}_1$，$\bar{y}_2$ 仍是方程（6–14）的特解且线性无关，从而方程（6–14）的通解可表示为

$$y = e^{\alpha x}(C_1 \cos\beta x + C_2 \sin\beta x) \quad （C_1，C_2 为任意常数）$$

综上所述，二阶常系数齐次线性微分方程 $y'' + py' + qy = 0$ 通解的求解步骤如下.

（1）写出微分方程的特征方程$r^2 + pr + q = 0$.

（2）求出特征方程的两个根r_1，r_2.

（3）根据特征方程两个根的不同情形，按照表6-1写出微分方程的通解.

表6-1

特征方程$r^2 + pr + q = 0$两个根r_1，r_2	微分方程$y'' + py' + qy = 0$通解
两个不相等实根 $r_1 \neq r_2$	$y = C_1 e^{r_1 x} + C_2 e^{r_2 x}$
两个相等实根 $r_1 = r_2 = r$	$y = (C_1 + C_2 x) e^{rx}$
一对共轭复数根 $r_1 = \alpha + i\beta$，$r_2 = \alpha - i\beta$	$y = e^{\alpha x}(C_1 \cos\beta x + C_2 \sin\beta x)$

例12 求微分方程$y'' - 5y' + 6y = 0$的通解.

解 所给微分方程的特征方程为$r^2 - 5r + 6 = 0$，其特征根$r_1 = 2$，$r_2 = 3$是两个不相等的实根，故所求微分方程的通解为

$$y = C_1 e^{2x} + C_2 e^{3x}$$

例13 求微分方程$y'' + 4y' + 4y = 0$的通解.

解 所给微分方程的特征方程为$r^2 + 4r + 4 = 0$，其特征根$r_1 = r_2 = -2$是两个相等的实根，故所求微分方程的通解为

$$y = (C_1 + C_2 x)e^{-2x}$$

例14 求微分方程$y'' - 2y' + 5y = 0$的通解.

解 所给微分方程的特征方程为$r^2 - 2r + 5 = 0$，其特征根$r_1 = 1 + 2i$，$r_2 = 1 - 2i$是一对共轭复数，故所求微分方程的通解为

$$y = e^x(C_1 \cos 2x + C_2 \sin 2x)$$

6.4.3 二阶常系数非齐次线性微分方程的求解（进阶模块）

二阶常系数非齐次线性微分方程的一般形式为

$$y'' + py' + qy = f(x)$$

其中p，q是常数.

根据定理3知，求出与其对应的二阶常系数齐次线性微分方程（6-14）的通解$y = C_1 y_1 + C_2 y_2$，再求出方程（6-13）的一个特解y^*，则

$$y = C_1 y_1 + C_2 y_2 + y^*$$

就是方程（6-13）的通解.

前面已经学习了二阶常系数齐次线性微分方程（6-14）通解的求解，接下来学习求非齐次线性微分方程（6-13）的特解y^*. 如果要对$f(x)$的任意情形来求方程（6-13）的特解是非常困难的，这里仅就$f(x)$两种常见的情形分别进行讨论.

（1）$f(x) = P_n(x)e^{\lambda x}$. 其中$P_n(x)$是$x$的一个$n$次多项式，$\lambda$是常数. 此时方程（6–13）写成

$$y'' + py' + qy = P_n(x)e^{\lambda x} \qquad (6–16)$$

上式的自由项是多项式$P_n(x)$与指数函数$e^{\lambda x}$的乘积，而多项式与指数函数乘积的导数仍是同一类型的函数，因此推测方程（6–16）的特解可能具有如下形式：

$$y^* = Q(x)e^{\lambda x} \quad (Q(x)\text{为某个多项式})$$

对y^*求导，得

$$y^{*'} = [\lambda Q(x) + Q'(x)]e^{\lambda x}, \ y^{*''} = [\lambda^2 Q(x) + 2\lambda Q'(x) + Q''(x)]e^{\lambda x}$$

代入方程（6–16），并消去$e^{\lambda x}$，得

$$Q''(x) + (2\lambda + p)Q'(x) + (\lambda^2 + p\lambda + q)Q(x) = P_n(x)$$

1）当λ不是特征方程$r^2 + pr + q = 0$的根，即$\lambda^2 + p\lambda + q \neq 0$时，$Q(x)$应为一个$n$次多项式，可设方程（6–16）的特解形式为$y^* = Q_n(x)e^{\lambda x}$.

2）当λ是特征方程$r^2 + pr + q = 0$的单根时，则$\lambda^2 + p\lambda + q = 0$，$2\lambda + p \neq 0$，这时$Q'(x)$是$x$的$n$次多项式，则$Q(x)$应为一个$n+1$次多项式，可设方程（6–16）的特解形式为$y^* = xQ_n(x)e^{\lambda x}$.

3）当λ是特征方程$r^2 + pr + q = 0$的重根时，则$\lambda^2 + p\lambda + q = 0$，$2\lambda + p = 0$，这时$Q''(x)$必须是$x$的$n$次多项式，则$Q(x)$应为一个$n+2$次多项式，可设方程（6–16）的特解形式为$y^* = x^2 Q_n(x)e^{\lambda x}$.

综上所述，当自由项$f(x) = P_n(x)e^{\lambda x}$时，方程$y'' + py' + qy = P_n(x)e^{\lambda x}$的特解$y^*$具有表6–2所示的形式.

表6–2

$f(x)$的形式	条件	特解y^*的形式
	λ不是特征根	$y^* = Q_n(x)e^{\lambda x}$
$f(x) = P_n(x)e^{\lambda x}$	λ是特征单根	$y^* = xQ_n(x)e^{\lambda x}$
	λ是特征重根	$y^* = x^2 Q_n(x)e^{\lambda x}$

例 15 求微分方程$y'' - 2y' - 3y = 3x + 1$的一个特解.

解 所求方程是自由项为$f(x) = P_n(x)e^{\lambda x}$型的二阶常系数非齐次线性微分方程，其中

$$P_n(x) = 3x + 1, \ \lambda = 0$$

与所求方程对应的齐次方程是

$$y'' - 2y' - 3y = 0$$

特征根为$r_1 = -1$，$r_2 = 3$.

由于$\lambda = 0$不是特征方程的根，故可设特解为

$$y^* = b_0 x + b_1$$

将其代入所求方程，得

$$-3b_0 x - 2b_0 - 3b_1 = 3x + 1$$

比较上式两端系数，得

$$\begin{cases} -3b_0 = 3 \\ -2b_0 - 3b_1 = 1 \end{cases}$$

解得$b_0 = -1$，$b_1 = \dfrac{1}{3}$. 所以所求方程的一个特解为$y^* = -x + \dfrac{1}{3}$.

例 16 求微分方程$y'' - 5y' + 6y = xe^{2x}$的通解.

解 所求方程是自由项为$f(x) = P_n(x)e^{\lambda x}$型的二阶常系数非齐次线性微分方程，其中

$$P_n(x) = x,\ \lambda = 2$$

首先求出所求微分方程对应的齐次方程的解

$$y'' - 5y' + 6y = 0$$

其特征方程为

$$r^2 - 5r + 6 = 0$$

其特征根$r_1 = 2$，$r_2 = 3$是两个不相等的实根，因此与所求微分方程对应的齐次方程的通解为

$$Y = C_1 e^{2x} + C_2 e^{3x}$$

其次求出所求微分方程的一个特解. 由于$\lambda = 2$是特征单根，故可设特解为

$$y^* = x(b_0 x + b_1)e^{2x}$$

将其代入所求微分方程，得

$$-2b_0 x + 2b_0 - b_1 = x$$

比较上式两边的系数，得

$$\begin{cases} -2b_0 = 1 \\ 2b_0 - b_1 = 0 \end{cases}$$

解得$b_0 = -\dfrac{1}{2}$，$b_1 = -1$. 由此得一个特解为

$$y^* = -x\left(\dfrac{1}{2}x + 1\right)e^{2x}$$

从而所求微分方程的通解为

$$y = C_1 e^{2x} + C_2 e^{3x} - x\left(\dfrac{1}{2}x + 1\right)e^{2x}$$

（2）$f(x) = e^{\lambda x}\left[P_l(x)\cos\omega x + P_n(x)\sin\omega x\right]$. 其中$\lambda$，$\omega$是常数；$P_l(x)$和$P_n(x)$分别是$l$次和$n$次多项式，即

$$y'' + py' + qy = e^{\lambda x}\left[P_l(x)\cos\omega x + P_n(x)\sin\omega x\right] \qquad (6\text{-}17)$$

因为$P_l(x)\cos\omega x + P_n(x)\sin\omega x$的导数仍是同样形式的函数，可以推出方程（6-17）的特解写成如下形式

$$y^* = x^k e^{\lambda x}\left[R_m^{(1)}(x)\cos\omega x + R_m^{(2)}(x)\sin\omega x\right]$$

其中$R_m^{(1)}(x)$，$R_m^{(2)}(x)$是m次多项式，$m = \max\{l, n\}$，而k按$\lambda \pm \omega i$是否为特征方程的单根依次取0或1，如表6-3所示.

表6-3

$f(x)$的形式	条件	特解y^*的形式
$f(x) = e^{\lambda x}[P_l(x)\cos\omega x + P_n(x)\sin\omega x]$	$\lambda \pm \omega i$不是特征根	$y^* = e^{\lambda x}[R_m^{(1)}(x)\cos\omega x + R_m^{(2)}(x)\sin\omega x]$
	$\lambda \pm \omega i$是特征单根	$y^* = xe^{\lambda x}[R_m^{(1)}(x)\cos\omega x + R_m^{(2)}(x)\sin\omega x]$

例17 求微分方程$y'' + y = x\cos 2x$的一个特解.

解 所求微分方程为$f(x) = e^{\lambda x}\left[P_l(x)\cos\omega x + P_n(x)\sin\omega x\right]$型二阶常系数非齐次线性微分方程，其中$\lambda = 0$，$\omega = 2$，$P_l(x) = x$，$P_n(x) = 0$. 对应的齐次方程为$y'' + y = 0$，其特征方程为$r^2 + 1 = 0$，特征根$r = \pm i$. 由于$\lambda \pm \omega i = \pm 2i$不是特征方程的根，所以可设非齐次方程的特解为

$$y^* = (ax + b)\cos 2x + (cx + d)\sin 2x$$

代入所求微分方程，得

$$(-3ax - 3b + 4c)\cos 2x - (3cx + 3d + 4a)\sin 2x = x\cos 2x$$

比较上式两边的系数，得

$$\begin{cases} -3a = 1 \\ -3b + 4c = 0 \\ -3c = 0 \\ -3d - 4a = 0 \end{cases}$$

解得$a = -\dfrac{1}{3}$，$b = 0$，$c = 0$，$d = \dfrac{4}{9}$.

于是，所求微分方程的一个特解为

$$y^* = -\frac{1}{3}x\cos 2x + \frac{4}{9}\sin 2x$$

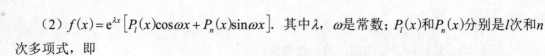

任务解决

为了从数学的角度研究这个振动规律，以平衡位置为原点，建立一个关于y的数轴，

则质点偏离平衡点的位移是关于时间的函数，假设位移函数为$y(t)$，在某个t时刻，质点会有瞬时速度$v(t)$，而$v(t)$是位移关于时间的导数$\dfrac{\mathrm{d}y}{\mathrm{d}t}$，同时也会有一个瞬时加速度$a(t)$，而$a(t)$是位移函数关于时间的二阶导数$\dfrac{\mathrm{d}^2 y}{\mathrm{d}t^2}$. 随着质点的运动，质点会受到弹簧的回复力，这个回复力与质点的位移成正比，方向指向平衡位置，设弹簧的弹性系数为k，则回复力为$-ky$. 同时质点还受到来自阻尼器的阻力，阻力的大小与速度成正比，方向与速度方向相反，设阻尼器的阻尼系数为c，则阻力为$-cv$. 根据牛顿第二定律，回复力与阻力之和等于质点的质量乘以加速度，从而得到等式$ma = -cv - ky$，将速度$\dfrac{\mathrm{d}y}{\mathrm{d}t}$和加速度$\dfrac{\mathrm{d}^2 y}{\mathrm{d}t^2}$代入得到方程$m\dfrac{\mathrm{d}^2 y}{\mathrm{d}t^2} = -c\dfrac{\mathrm{d}y}{\mathrm{d}t} - ky$，即$\dfrac{\mathrm{d}^2 y}{\mathrm{d}t^2} + \dfrac{c}{m}\dfrac{\mathrm{d}y}{\mathrm{d}t} + \dfrac{k}{m}y = 0$这个方程正是二阶常系数齐次线性微分方程.

能力训练 6.4

参考答案

1. 求下列微分方程的解.

（1）$y'' + y' - 2y = 0$ 　　　　（2）$y'' - 2y' + y = 0$

（3）$y'' - y = 0$ 　　　　　　（4）$y'' - 4y' + 5y = 0$

（5）$y'' - 4y' + 3y = 0$，$y|_{x=0} = 6$，$y'|_{x=0} = 10$

2. 设$y_1 = \mathrm{e}^{2x}$，$y_2 = \mathrm{e}^{-3x}$都是微分方程$y'' + py' + qy = 0$的解，写出该方程的通解并求出p, q的值.

3. 求下列微分方程的解.

（1）$2y'' + y' - y = 2\mathrm{e}^x$

（2）$y'' + y' - 2y = 2x$，$y|_{x=0} = 0$，$y'|_{x=0} = 1$

（3）$y'' - 10y' + 9y = \mathrm{e}^{2x}$，$y|_{x=0} = \dfrac{6}{7}$，$y'|_{x=0} = \dfrac{33}{7}$

4. 求微分方程$y'' + 4y = x\cos x$的通解.

【数学实训六】

利用 MATLAB 求解微分方程

【实训目的】

掌握用 MATLAB 求解微分方程的方法.

【学习命令】

在 MATLAB 中可以使用 dsolve 命令求解微分方程. 使用 dsolve 求某个方程的解的语法是：

微分方程

$$y=\text{dsove}('微分方程','初始条件','自变量')$$

说明：

（1）用 MATLAB 求微分方程只能用字符串的方式表示，自变量缺省时值为 t；

（2）一阶导数 y' 表示为 D，二阶导数 y'' 表示为 D2，以此类推．例如：输入方程 $y''+2y'=5\sin 7x$，将写成 $'D2y+2Dy=5*\sin（7*x）'$；

（3）所求的是微分方程在初始条件下的特解，若无初始条件，则求出的是方程的通解．

【实训内容】

例 18 求微分方程 $\dfrac{\mathrm{d}y}{\mathrm{d}x}=\dfrac{x}{y}$ 的通解．

解 在命令窗口输入：

```
>> y=dsolve('Dy=x/y','x')        % matlab 默认自变量为 t, 这里要注明自变量项
```
按回车键，输出结果为

```
y =
2^(1/2)*(x^2/2 + C2)^(1/2)
-2^(1/2)*(x^2/2 + C2)^(1/2)  % 无初始条件时输出的是通解
```
$$y=\pm\sqrt{2}\times\sqrt{\dfrac{x^2}{2}+c_2}$$

说明：如果省略自变量项 'x'，则以 t 为自变量，x 看成常数，如输入：

```
>> y=dsolve('Dy=x/y')           % 缺少自变量项，自变量为 t, x 为常数
```
按回车键，输出结果为

```
y =
2^(1/2)*(C2 + t*x)^(1/2)
-2^(1/2)*(C2 + t*x)^(1/2)    % 输出的是通解 y=±√2×√(tx+c₂)，即
```
$$y=\pm\sqrt{2}\times\sqrt{tx+c_2}$$
$$y=\pm\sqrt{2tx+2c_2}=\pm\sqrt{2tx+c}$$

例 19 求微分方程 $\dfrac{\mathrm{d}y}{\mathrm{d}x}=\dfrac{y}{x}+\tan\dfrac{y}{x}$ 满足初始条件 $y|_{x=1}=\dfrac{\pi}{6}$ 的特解．

解 在命令窗口输入：

```
>> y=dsolve('Dy=y/x+tan(y/x)','y(1)=1/6*pi','x')
```
按回车键，输出结果为

```
y =

x*asin(x/2)              % 在 y(0)=1 条件下的特解 y=xarcsin(x/2)
```

【实训作业】

1. 使用 MATLAB 求微分方程 $\dfrac{\mathrm{d}y}{\mathrm{d}x}=\dfrac{y}{x}$ 的通解．

2. 求微分方程 $\dfrac{\mathrm{d}y}{\mathrm{d}x} = \dfrac{x}{y^2}$ 满足初始条件 $y(1)=0$ 的特解.

【知识延展】

数学建模：数学应用的显化

数学建模就是建立数学模型，通过对实际问题的抽象、简化，确定变量和参数，并应用某些规律建立起变量与参数之间确定的数学问题，之后求解此数学问题并验证所得到的解，从而确定其能否应用于解决实际问题.

我国 1992 年开始举办自己的大学生数学建模竞赛，是全国高校规模最大的课外科技活动之一，同时也是教育部组织的全国大学生十项学科竞赛之一. 竞赛的宗旨是创新意识、团队精神、重在参与、公平竞争. 竞赛中要解决的问题一般都来自现实生活的热点工程或管理问题，通常不要求参赛的学生预先掌握较为深入的专业专门知识，只要学习过高校中的数学课程即可. 竞赛的问题较为灵活以充分发挥学生们的创造能力，最后提交的答卷（论文）中应清晰地说明模型的假设、模型的建立和求解，计算方法的设计以及计算机实现、结果的分析和检验，还应包含模型的改进等内容. 竞赛的目的是考查学生们利用数学以及其他学科的知识，结合计算机技术的应用以解决实际问题的综合能力，鼓励学生们积极参与国家建设.

数学建模的一般步骤为问题分析、模型假设、模型构成、模型求解、模型分析、模型检验、模型应用. 各步骤进行当中，如果模型检验结果与实际不符，需再重新进行模型假设，直至结果符合要求，最后走向模型应用. 其实，数学建模并不是新事物，自从有了数学，就有了数学建模. 当前，数学建模越来越被重视，主要缘于计算机时代的到来，以知识创新为核心的知识经济时代的到来，对数学的应用提出了越来越多的需求. 数学建模能力已经成为当今时代高素质人才应具备的能力，可以断言，谁具有了这种能力，谁必将大有作为.

第7章 二元函数微分学

我们欣赏数学，我们需要数学．

——陈省身

【课前导学】

前面的章节中涉及的函数都是一元函数，但在解决实际问题中经常会遇到含有多个自变量的函数，如某种商品的市场需求量不仅与其市场价格有关，还与消费者的收入以及此商品其他代用品的价格等多个因素相关，再比如影响儿童身高的因素就不止一个，会与遗传因素、生活质量、体育锻炼状况等多个因素有关，研究这些问题都需要运用多元函数的概念及其性质．

本章将主要介绍二元函数的基本概念及其相关性质，二元函数极限和连续性概念，以及二元函数偏导数的定义及其应用．

【知识脉络】

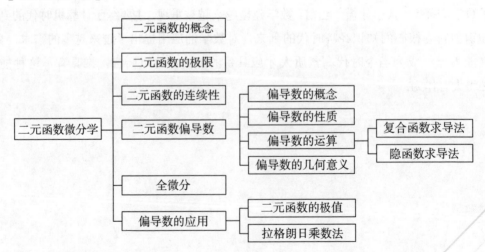

7.1 二元函数的概念、极限与连续性

人们在实际生活中，通常会遇到依赖于两个及以上变量的函数关系，比如长方体的体积V与其长x、宽y和高h之间的关系为$V = xyh$，再比如投资回报问题，如果投资利率为6%，按连续计息，则本利和S就与本金P、存期t（年）有关，若它们之间的关系为$S = f(P, t) = Pe^{0.06t}$，你能求出并解释$f(2000, 20)$的经济意义吗？

解决问题知识要点：理解多元函数的概念.

学习目标

理解二元函数的概念、二元函数极限与连续性，了解有界闭区域上的连续函数的性质.

知识学习

7.1.1 二元函数的概念

定义1 设D是n元实数组集合R^n上的非空子集，若对于D内的任意一个有序数组$(x_1, x_2, \cdots, x_n)$，通过一定的对应法则f都有唯一确定的值z与之对应，则称对应规则f为定义在D上的n元函数，通常记为

$$z = f(x_1, x_2, \cdots, x_n), (x_1, x_2, \cdots, x_n) \in D 或 \ z = f(P), P \in D$$

其中$x_1, x_2, \cdots, x_n$称为自变量，z称为因变量，自变量的取值范围D称为该函数的定义域.

上述定义中，当自变量只有两个x，y时，即

$$z = f(x, y), (x, y) \in D$$

则该函数称为二元函数，自变量x和y在定义域D上相对应的因变量z值，称为函数f在点(x, y)处的函数值，记作$f(x, y)$，即$z = f(x, y)$. 函数值$f(x, y)$的全体所构成的集合称为函数的值域，记作$f(D)$，即

$$f(D) = \{z | z = f(x, y), (x, y) \in D\}$$

二元函数的定义域通常是由一条或几条曲线所围成的平面区域，围成区域的曲线称为该区域的边界，不包括边界的区域称为开区域，连同边界的区域称为闭区域. 如果区域可以延伸到无限远，则称该区域是无界的. 每个二元函数都有定义域，对于从实际问题提出的函数，可由实际问题的具体意义以确定定义域，用数学式子表示的函数，则约定其定义域就是使数学式子有意义的自变量取值的全体.

例1 求二元函数$z = \ln(x + y)$的定义域.

解 因为只有当$x + y > 0$时，函数才有意义，所以此函数的定义域为$D = \{(x, y) | x + y > 0\}$，即位于直线$x + y = 0$的上方，且不包含直线$x + y = 0$上的点的平面，是一个无界（开）区域，如图 7-1 的阴影部分所示.

例2 求二元函数$z = \arcsin(x^2 + y^2)$的定义域.

解 此例中，一方面$x^2 + y^2$的最小值为 0，另一方面只有当$-1 \leq x^2 + y^2 \leq 1$时，函数才有意义，在同时满足以上两个条件下，函数的定义域为$D = \{(x, y) | 0 \leq x^2 + y^2 \leq 1\}$，几何上是以原点为圆心，半径为 1 的单位圆内，是一个有界（闭）区域，如图 7-2 阴影部分所示.

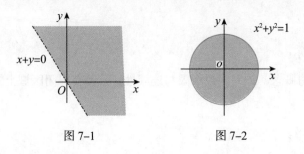

图 7-1　　　　　　　图 7-2

我们曾在平面直角坐标系中描绘一元函数$y = f(x)$的图形，对于二元函数$z = f(x, y)$，需要在空间直角坐标系来描绘它的图形. 设函数$z = f(x, y)$的定义域为xOy平面上的某一区域D，当自变量x，y在区域D内取定一组数(x_0, y_0)，即在区域D内选定了一点$P_0(x_0, y_0)$时，函数z必有一确定的值$z_0 = f(x_0, y_0)$与之对应，于是三个有序实数(x_0, y_0, z_0)就确定了空间一个点$M(x_0, y_0, z_0)$. 一般地，当点$P(x, y)$在定义域内变动时，对应的点$M(x, y, z)$的全体便形成了一个空间曲面，这个曲面就是二元函数$z = f(x, y)$的图形，如图 7-3 所示.

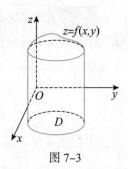

图 7-3

7.1.2　二元函数的极限

类似于一元函数极限的概念，对于给定的二元函数$z = f(x, y)$，需要研究当自变量x，y变化时，(x, y)无限接近于一组实数(x_0, y_0)时，对应的函数值的变化趋势.

下面给出二元函数极限的概念.

定义2 设函数$z = f(x, y)$在点$P_0(x_0, y_0)$的某去心邻域内有定义，如果当动点$P(x, y)$以任何方式趋向于点$P_0(x_0, y_0)$时（即当$x \to x_0$，$y \to y_0$时），函数值$z = f(x, y)$总无限接近于一个固定的值A. 那么，则称函数$z = f(x, y)$在点(x, y)趋向于$P_0(x_0, y_0)$时极限存在且极限值为A，记作

$$\lim_{(x, y) \to (x_0, y_0)} f(x, y) = A$$

【注】二元函数的极限存在，是指点$P(x, y)$以任意方式趋向点$P_0(x_0, y_0)$时，相应的函数都趋向于同一数值A．所以如果点$P(x, y)$以某一特殊的方式，比如沿一条定直线或一条定曲线趋向点$P_0(x_0, y_0)$时，即使函数无限接近于某一确定值，也不能断定函数的极限存在．反之，如果当点$P(x, y)$以不同的方式趋向点$P_0(x_0, y_0)$时，函数值趋向于不同的值，则可以断定函数$f(x, y)$的极限不存在．下面通过两个例子说明．

例3 讨论函数$f(x, y) = \begin{cases} \dfrac{xy}{x^2 + y^2}, & x^2 + y^2 \neq 0 \\ 0, & x^2 + y^2 = 0 \end{cases}$在点$p(x, y)$趋向点$(0, 0)$时的极限．

解 显然，当点$P(x, y)$沿x轴趋于点$(0, 0)$时

$$\lim_{\substack{(x, y) \to (0, 0) \\ y = 0}} f(x, y) = \lim_{x \to 0} f(x, 0) = \lim_{x \to 0} 0 = 0$$

当$P(x, y)$沿y轴趋于点$(0, 0)$时

$$\lim_{\substack{(x, y) \to (0, 0) \\ x = 0}} f(x, y) = \lim_{y \to 0} f(0, y) = \lim_{y \to 0} 0 = 0$$

虽然点$P(x, y)$以上述两种特殊路径（沿x轴或沿y轴）趋于原点时函数的极限存在且相等，但是$\lim\limits_{\substack{x \to 0 \\ y \to 0}} f(x, y)$并不存在，因为当点$P(x, y)$沿着直线$y = kx$趋向于点$(0, 0)$时，有

$$\lim_{\substack{(x, y) \to (0, 0) \\ y = kx}} \frac{xy}{x^2 + y^2} = \lim_{x \to 0} \frac{kx^2}{x^2 + k^2 x^2} = \frac{k}{1 + k^2}$$

显然此结果随着k值的不同而改变．

例4 求$\lim\limits_{(x, y) \to (0, 2)} \dfrac{\sin(xy)}{x}$．

解 这里函数$\dfrac{\sin(xy)}{x}$的定义域为$D = \{(x, y) \mid x \neq 0, y \in R\}$，在$P_0(0, 2)$的某一去心邻域内，由极限的乘积运算法则，得

$$\lim_{(x, y) \to (0, 2)} \frac{\sin(xy)}{x} = \lim_{(x, y) \to (0, 2)} \left[\frac{\sin(xy)}{xy} y \right] = \lim_{(x, y) \to (0, 2)} \frac{\sin(xy)}{xy} \lim_{(x, y) \to (0, 2)} y = 1 \times 2 = 2$$

函数的极限是研究当自变量变化时函数值的变化趋势，由于二元函数的自变量有两个，其变化过程比一元函数要复杂得多，因此二元函数的极限比一元函数的极限也更为复杂．

7.1.3 二元函数的连续性

定义3 设二元函数$z = f(x, y)$在点$P_0(x_0, y_0)$的某邻域内有定义，且

$$\lim_{\substack{x \to x_0 \\ y \to y_0}} f(x, y) = f(x_0, y_0)$$

则称函数 $z = f(x, y)$ 在点 $P_0(x_0, y_0)$ 处连续，否则函数在 $P_0(x_0, y_0)$ 不连续，不连续的点称为间断点.

若函数 $z = f(x, y)$ 在平面区域 D 内每个点都连续，就称函数 $z = f(x, y)$ 在平面区域 D 内是连续的.

由极限运算法则得二元连续函数的和、差、积、商（分母不为零）仍是连续函数；二元连续函数的复合函数也是连续函数.

与一元初等函数相似，二元初等函数是指具有不同自变量的一元基本初等函数及常数经过有限次四则运算及复合运算所构成，并可用一个数学式子表示的二元函数称为二元初等函数.

例如

$$z = \frac{x + x^2 + y^2}{1 + 2x^2}, \quad z = \cos(x + 2y), \quad z = e^{2x+y}\ln(x^2 + y^2 + 1)$$

等都是二元初等函数.

关于二元初等函数有结论：**所有二元初等函数在其定义区域内都是连续的.**

二元初等函数的连续性为求二元初等函数的极限提供了方便，如果点 $P_0(x_0, y_0)$ 属于连续函数 $f(x, y)$ 的定义域，则函数在点 $P_0(x_0, y_0)$ 处的极限值就等于该点的函数值，即

$$\lim_{\substack{x \to x_0 \\ y \to y_0}} f(x, y) = f(x_0, y_0)$$

例 5 设 $f(x, y) = \dfrac{1 - xy}{x^2 + y^2}$，求 $\lim\limits_{\substack{x \to 1 \\ y \to 2}} f(x, y)$.

解　$f(x, y)$ 是二元初等函数，定义域为 $D = \{(x, y) \mid x \neq 0, y \neq 0\}$，点 $(1, 2)$ 在 $f(x, y)$ 定义域内，故函数在点 $(1, 2)$ 处连续，则在该点处的极限值等于该点的函数值，即

$$\lim_{\substack{x \to 1 \\ y \to 2}} f(x, y) = f(1, 2) = \frac{1 - 1 \times 2}{1^2 + 2^2} = -\frac{1}{5}$$

例 6 求极限 $\lim\limits_{\substack{x \to 0 \\ y \to 0}} \dfrac{\sqrt{xy + 1} - 1}{xy}$.

解　$\lim\limits_{\substack{x \to 0 \\ y \to 0}} \dfrac{\sqrt{xy + 1} - 1}{xy} = \lim\limits_{\substack{x \to 0 \\ y \to 0}} \dfrac{xy}{xy(\sqrt{xy + 1} + 1)} = \lim\limits_{\substack{x \to 0 \\ y \to 0}} \dfrac{1}{\sqrt{xy + 1} + 1} = \dfrac{1}{\sqrt{0 \times 0 + 1} + 1} = \dfrac{1}{2}$，此例运

算的最后一步用到了二元函数 $\dfrac{1}{\sqrt{xy + 1} + 1}$ 在点 $(0, 0)$ 处的连续性.

🏫 任务解决

解　已知 $S = f(P, t) = Pe^{0.06t}$，其中 P 为本金，t 为存期（单位：年），则 $f(2000, 20) = 2000e^{0.06 \cdot 20} = 3282.97$（元），即投资 2000 元，20 年产生的回报为 3282.97 元.

能力训练 7.1

参考答案

1. 求下列函数的定义域，并作定义域的图形.

（1）$z = \ln(xy) + \sqrt{1-x^2}$

（2）$z = \sqrt{16 - 4x^2 - 4y^2}$

（3）$z = \sqrt{9 - x^2 - y^2} + \dfrac{1}{\sqrt{x^2 + y^2 - 1}}$

（4）$z = \sin\dfrac{x}{y} + \sqrt{1-x}$

（5）$z = \sqrt{y^2 - 4x + 8}$

（6）$z = \ln\left(2 - \dfrac{y}{x}\right)$

2. 已知 $f(x, y) = xy + \dfrac{y}{x}$，求 $f(1, -1)$，$f(2, -3)$ 及 $f\left(ab, \dfrac{a}{b}\right)$.

3. 求下列极限.

（1）$\lim\limits_{\substack{x \to 1 \\ y \to 2}} \dfrac{2xy}{x^2 + y^2}$

（2）$\lim\limits_{\substack{x \to 0 \\ y \to 0}} \dfrac{2 - \sqrt{xy + 4}}{xy}$

（3）$\lim\limits_{\substack{x \to 1 \\ y \to 0}} \dfrac{\sin(xy)}{y}$

（4）$\lim\limits_{\substack{x \to 0 \\ y \to 0}} \dfrac{\sin(x+y)}{x+y}$

4. 填空题.

（1）函数 $z = \dfrac{\cos(x + 2y)}{x - y}$ 在点 $(-1, 2)$ 处 _____（填"连续"或"间断"）.

（2）函数 $z = \dfrac{x^2 + y^2}{2x - y}$ 的间断点为 _____ .

7.2 二元函数偏导数

📖 任务提出

生产函数是用来预测国家或地区工业系统的生产，分析发展生产途径的一种经济数学模型. 对于生产函数 $Q = f(K, L)$，其中 K 为投入资本，L 为投入劳动，Q 为总产量，试讨论投入资本 K 不变时，总产量 Q 怎样随投入劳动 L 的变化而变化；投入劳动 L 不变时，总产量 Q 怎样随投入资本 K 的变化而变化. 设某产品的生产函数为 $f(K, L) = 40K^{2/3}L^{1/3}$，试求使得资本的边际产量等于劳动的边际产量的 K、L 值.

解决问题知识要点：会求二元函数偏导数，了解偏导数在经济学中的意义.

🖥 学习目标

理解偏导数的概念、几何意义，掌握二元函数偏导数的计算，会求二阶偏导数。

第7章

二元函数微分学

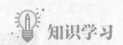

知识学习

二元函数偏导数

7.2.1 偏导数的概念

我们通过研究函数变化率引入一元函数导数,对于二元函数亦是如此.比如一定量的理想气体,既需要了解它的体积V随温度T和压强P变化的规律,也要了解恒温(T是常数)时V随P变化的规律,以及等压(即P为常数)时V随T变化的规律.二元函数对其中一个自变量的变化率就是偏导数,定义如下.

定义 设函数$z = f(x, y)$在点$P_0(x_0, y_0)$某邻域内有定义,当y固定于y_0,而x在x_0有增量Δx时,相应的函数z在点$P_0(x_0, y_0)$处有对x的偏增量

$$\Delta z_x = f(x_0 + \Delta x, y_0) - f(x_0, y_0)$$

如果

$$\lim_{\Delta x \to 0} \frac{\Delta z_x}{\Delta x} = \lim_{\Delta x \to 0} \frac{f(x_0 + \Delta x, y_0) - f(x_0, y_0)}{\Delta x}$$

存在,则称此极限为函数$z = f(x, y)$在点$P_0(x_0, y_0)$处对x的偏导数,记作

$$\frac{\partial z}{\partial x}\Big|_{(x_0, y_0)}, \quad \frac{\partial f}{\partial x}\Big|_{(x_0, y_0)}, \quad z_x'(x_0, y_0), \quad f_x'(x_0, y_0)$$

即

$$f_x'(x_0, y_0) = \lim_{\Delta x \to 0} \frac{f(x_0 + \Delta x, y_0) - f(x_0, y_0)}{\Delta x}$$

类似地,函数$z = f(x, y)$在点$P_0(x_0, y_0)$处对y的偏导数定义为

$$\lim_{\Delta y \to 0} \frac{f(x_0, y_0 + \Delta y) - f(x_0, y_0)}{\Delta y}$$

记作

$$\frac{\partial z}{\partial y}\Big|_{(x_0, y_0)}, \quad \frac{\partial f}{\partial y}\Big|_{(x_0, y_0)}, \quad z_y'(x_0, y_0), \quad f_y'(x_0, y_0)$$

如果函数$z = f(x, y)$在区域D内每一点(x, y)处对x的偏导数都存在,则对于区域D内任一点(x, y),都有一个确定的偏导数值与之对应,这样就在区域D内定义了一个新的关于x, y的函数,这个函数称为$z = f(x, y)$对x的偏导函数(简称偏导数),记作

$$\frac{\partial z}{\partial x}, \quad \frac{\partial f}{\partial x}, \quad z_x', \quad f_x'(x, y)$$

即

$$f_x'(x, y) = \lim_{\Delta x \to 0} \frac{f(x + \Delta x, y) - f(x, y)}{\Delta x}$$

类似地,可得函数$z = f(x, y)$对y的偏导函数

$$f_y'(x, y) = \lim_{\Delta y \to 0} \frac{f(x, y + \Delta y) - f(x, y)}{\Delta y}$$

记作

$$\frac{\partial z}{\partial y},\ \frac{\partial f}{\partial y},\ z_y',\ f_y'(x,\ y)$$

【注】（1）二元函数$z = f(x,\ y)$在区域D内的偏导数$f_x'(x,\ y)$或$f_y'(x,\ y)$仍是二元函数.

（2）$f_x'(x_0,\ y_0)$，$f_y'(x_0,\ y_0)$分别是偏导数$f_x'(x,\ y)$，$f_y'(x,\ y)$在点$P_0(x_0,\ y_0)$处的函数值.

实际求解$z = f(x,\ y)$的偏导数并不需要新的方法，只需将固定的自变量看作常量，按照一元函数求导方法对另一个变化的变量进行求导即可. 例如，求$\frac{\partial z}{\partial x}$时，只需把$y$看作常量对$x$求导数，求$\frac{\partial z}{\partial y}$时，只需把$x$看作常量对$y$求导数.

例 7　求$z = x^2 + 3xy + 5y^2$在点$(1,\ 2)$处的偏导数.

解　将变量y看作常量，对变量x求偏导数，得

$$\frac{\partial z}{\partial x} = 2x + 3y$$

将变量x看作常量，对变量y求偏导数，得

$$\frac{\partial z}{\partial y} = 3x + 10y$$

将$(1,\ 2)$代入以上结果，得

$$\frac{\partial z}{\partial x}\Big|_{\substack{x=1\\y=2}} = 2\times1 + 3\times2 = 8,\ \frac{\partial z}{\partial y}\Big|_{\substack{x=1\\y=2}} = 3\times1 + 10\times2 = 23$$

例 8　求$z = x^2\sin2y$的偏导数.

解　将变量y看作常量，对变量x求偏导数，得

$$\frac{\partial z}{\partial x} = 2x\sin2y$$

将变量x看作常量，对变量y求偏导数，得

$$\frac{\partial z}{\partial y} = 2x^2\cos2y$$

7.2.2　高阶偏导数

设函数$z = f(x,\ y)$在区域D内有偏导数$f_x'(x,\ y)$和$f_y'(x,\ y)$，则在区域D内$f_x'(x,\ y)$和$f_y'(x,\ y)$仍是$x,\ y$的函数，如果这两个偏导数的偏导数存在，则称其为$z = f(x,\ y)$的二阶偏导数. 按对变量求导次序的不同，有下列四种二阶偏导数.

$$\frac{\partial}{\partial x}\left(\frac{\partial z}{\partial x}\right) = \frac{\partial^2 z}{\partial x^2} = f_{xx}''(x,\ y) \qquad \frac{\partial}{\partial y}\left(\frac{\partial z}{\partial x}\right) = \frac{\partial^2 z}{\partial x\partial y} = f_{xy}''(x,\ y)$$

$$\frac{\partial}{\partial x}\left(\frac{\partial z}{\partial y}\right) = \frac{\partial^2 z}{\partial y\partial x} = f_{yx}''(x,\ y) \qquad \frac{\partial}{\partial y}\left(\frac{\partial z}{\partial y}\right) = \frac{\partial^2 z}{\partial y^2} = f_{yy}''(x,\ y)$$

其中$f''_{xy}(x, y)$和$f''_{yx}(x, y)$称为二阶混合偏导数. 类似地, 可以得到三阶、四阶……以及n阶偏导数, 二阶及二阶以上的偏导数统称为高阶偏导数.

例 9 求函数$z = x^3y^2 - 3xy^3 - xy + 1$的二阶偏导数.

解
$$\frac{\partial z}{\partial x} = 3x^2y^2 - 3y^3 - y \qquad \frac{\partial z}{\partial y} = 2x^3y - 9xy^2 - x$$

$$\frac{\partial^2 z}{\partial x^2} = 6xy^2 \qquad\qquad \frac{\partial^2 z}{\partial x \partial y} = 6x^2y - 9y^2 - 1$$

$$\frac{\partial^2 z}{\partial y \partial x} = 6x^2y - 9y^2 - 1 \qquad \frac{\partial^2 z}{\partial y^2} = 2x^3 - 18xy$$

从例 9 可以看到两个二阶混合偏导数相等, 即$\dfrac{\partial^2 z}{\partial x \partial y} = \dfrac{\partial^2 z}{\partial y \partial x}$. 这一现象并不偶然, 如下定理说明了这个问题.

定理 如果函数$z = f(x, y)$的两个二阶混合偏导数$\dfrac{\partial^2 z}{\partial x \partial y}$和$\dfrac{\partial^2 z}{\partial y \partial x}$在区域$D$内连续, 则在该区域内这两个二阶混合偏导数必然相等.

换言之, 二阶混合偏导数在连续的条件下与求偏导的次序无关.

7.2.3 偏导数的几何意义

设$M_0(x_0, y_0, f(x_0, y_0))$是曲面$z = f(x, y)$上的一点, 过点$M_0$作平面$y = y_0$截此曲面得一条曲线, 该曲线在平面$y = y_0$上的方程为$z = f(x, y_0)$.

二元函数$z = f(x, y)$在$M_0(x_0, y_0)$处的偏导数$f'_x(x_0, y_0)$就是一元函数$f(x, y_0)$在x_0处的导数$\dfrac{\mathrm{d}}{\mathrm{d}x}f(x, y_0)|_{x=x_0}$, 在几何上表示为该曲线$z = f(x, y_0)$在点$M_0$处的切线$M_0T_x$对$x$轴的斜率, 如图 7-4 所示. 同样偏导数$f'_y(x_0, y_0)$的几何意义是平面$x = x_0$截曲面所得的曲线$z = f(x_0, y)$在点$M_0$处的切线$M_0T_y$对$y$轴的斜率.

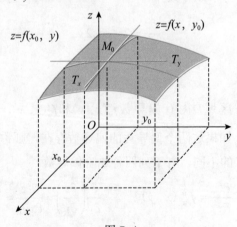

图 7-4

若一元函数在某点可导，则该函数在该点一定连续，但对于二元函数，即使函数的各偏导数在某点存在，也不能保证函数在该点连续，这是因为各偏导数存在只能保证P沿着平行于坐标轴的方向趋向于P_0时，函数$f(P)$趋向于$f(P_0)$.

例如函数

$$z = f(x, y) = \begin{cases} \dfrac{xy}{x^2 + y^2}, & x^2 + y^2 \neq 0 \\ 0, & x^2 + y^2 = 0 \end{cases}$$

在点$(0, 0)$对x的偏导数为

$$f'_x(0, 0) = \lim_{\Delta x \to 0} \frac{f(0 + \Delta x, 0) - f(0, 0)}{\Delta x} = \lim_{\Delta x \to 0} 0 = 0$$

同样，在点$(0, 0)$对y的偏导数为

$$f'_y(0, 0) = \lim_{\Delta y \to 0} \frac{f(0, 0 + \Delta y) - f(0, 0)}{\Delta y} = \lim_{\Delta y \to 0} 0 = 0$$

但在本章 7.1 节函数的连续性中已经知道，该函数在点$(0, 0)$处极限不存在，所以该函数在点$(0, 0)$处不连续，即点$(0, 0)$为该函数的一个间断点.

任务解决

解　对于生产函数为$Q = f(K, L)$，式中K为投入资本，L为投入劳动，Q为总产量，当投入资本K不变时，总产量Q随投入劳动L的变化而变化，偏导数$\dfrac{\partial Q}{\partial L} = Q_L$就是投入劳动$L$的边际产量；当投入劳动$L$不变时，总产量$Q$随投入资本$K$的变化而变化，偏导数$\dfrac{\partial Q}{\partial K} = Q_K$就是投入资本$K$的边际产量，对于某产品的生产函数为$f(K, L) = 40 K^{\frac{2}{3}} L^{\frac{1}{3}}$，有投入劳动$L$的边际产量$\dfrac{\partial Q}{\partial L} = \dfrac{40}{3} K^{\frac{2}{3}} L^{-\frac{2}{3}}$，有投入资本$K$的边际产量$\dfrac{\partial Q}{\partial K} = \dfrac{80}{3} K^{-\frac{1}{3}} L^{\frac{1}{3}}$. 当以上两个边际产量相等时，$\dfrac{40}{3} K^{\frac{2}{3}} L^{-\frac{2}{3}} = \dfrac{80}{3} K^{-\frac{1}{3}} L^{\frac{1}{3}}$，解得$K = 2L$，所以当$K = 2L$时，资本的边际产量等于劳动的边际产量.

能力训练 7.2

1. 判断题.

（1）设有函数$z = f(x, y)$，只要该函数的两个二阶混合偏导数$\dfrac{\partial^2 z}{\partial x \partial y}$，$\dfrac{\partial^2 z}{\partial y \partial x}$在其定义域$D$上连续，则该函数在区域$D$上的两个二阶混合偏导数一定相等.（　　）

参考答案

(2) $\dfrac{\partial y}{\partial x}$ 表示 ∂y 与 ∂x 的商. (   )

2. 求下列函数的一阶偏导数.

(1) $z = x^3 y - y^3 x$

(2) $z = (2x - 3y)^2$

(3) $z = \sin(xy) + \cos^2(xy)$

(4) $z = x^2 \ln(x^2 + y^2)$

(5) $z = \ln\tan\dfrac{x}{y}$

(6) $z = \dfrac{x^2 - y^2}{\sqrt{x^2 + y^2}}$

(7) $z = 2xy + \dfrac{x^2}{y}$

(8) $z = x^2 + e^{xy}$

3. 求下列函数的二阶偏导数.

(1) $z = x^5 + y^4 - 4x^2 y^2$

(2) $z = e^x \cos y$

4. 计算下列各题.

(1) $f(x, y) = x^2 + y - \sqrt{x^2 + y^2}$, 求 $f_x'(3, 4)$.

(2) $f(x, y) = x + \ln(e^{2x} + e^y)$, 求 $f_y'(0, 0)$.

(3) $z = x^4 + y^4 - 4x^2 y^5$, 求 $f_{xx}''(0, 1)$, $f_{yy}''(1, -1)$, $f_{xy}''(2, 2)$.

5. 曲线 $\begin{cases} z = \dfrac{x^2 + y^2}{4} \\ y = 4 \end{cases}$ 在点 $(2, 4, 5)$ 处的切线对于 x 轴的倾斜角是多少?

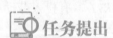

7.3 全微分

任务提出

一款仪器设备中的主轴是圆柱体零件, 该零件受压变形, 半径由20厘米增大到20.05厘米, 高度由100厘米减少到99厘米, 为了保证设备正常使用, 需要了解此圆柱体体积大约变化了多少.

解决问题知识要点: 全微分在近似计算中的应用.

学习目标

理解全微分的概念, 掌握全微分的计算, 能应用全微分进行近似计算.

7.3.1　全微分的概念

由偏导数定义知，二元函数对某个自变量的偏导数表示当该函数的另一个自变量固定时，因变量相对于该自变量的变化率．根据一元函数微分学中增量与微分的关系，可得

$$f(x+\Delta x,\ y)-f(x,\ y)\approx f_x'(x,\ y)\Delta x$$

$$f(x,\ y+\Delta y)-f(x,\ y)\approx f_y'(x,\ y)\Delta y$$

以上两个式子的左端分别叫作二元函数对x和对y的偏增量，右端分别叫作二元函数对x和对y的偏微分．在解决实际问题中，有时需要研究二元函数中各自变量都取得增量时因变量所获得的增量，即全增量问题．

引例　设有一个长为x、宽为y的矩形铁板，铁板面积$S=xy$，对铁板加热，根据热胀冷缩原理，矩形铁板的长x有增量Δx，宽y有增量Δy（图7–5），则矩形铁板面积S有相应的增量为

$$\Delta S=(x+\Delta x)(y+\Delta y)-xy=y\Delta x+x\Delta y+\Delta x\Delta y$$

可见，ΔS包含两个部分，第一部分$y\Delta x+x\Delta y$是关于Δx和Δy的一次式；第二部分$\Delta x\Delta y$是关于$\rho=\sqrt{(\Delta x)^2+(\Delta y)^2}$的高阶无穷小，即

$$0\leqslant\frac{|\Delta x\Delta y|}{\rho}=\frac{|\Delta x\Delta y|}{\sqrt{(\Delta x)^2+(\Delta y)^2}}\leqslant\frac{1}{2}\sqrt{(\Delta x)^2+(\Delta y)^2}\to0$$

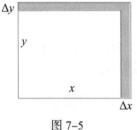

图7–5

于是有

$$\Delta S=y\Delta x+x\Delta y+o(\rho)$$

以二元函数为例，一般地设函数$z=f(x,\ y)$在点$P(x,\ y)$的某邻域内有定义，$Q(x+\Delta x,\ y+\Delta y)$为该邻域内任意一点，则称这两点的函数值之差$f(x+\Delta x,\ y+\Delta y)-f(x,\ y)$为函数在点$P$对应于自变量增量$\Delta x$和$\Delta y$的全增量，记为$\Delta z$，即

$$\Delta z=f(x+\Delta x,\ y+\Delta y)-f(x,\ y)$$

在一元函数中，如果函数$y=f(x)$的自变量在点x处有增量Δx，相应的函数增量$\Delta y=f(x+\Delta x)-f(x)$可以表述为$\Delta y=A\Delta x+o(\Delta x)$，其中$A$与$\Delta x$无关，仅与$x$有关．$o(\Delta x)$是当$\Delta x\to0$时$\Delta x$的高阶无穷小，则函数增量$\Delta y$就可以用自变量增量$\Delta x$的线性函数即微分$\mathrm{d}y=A\Delta x$来近似代替．通常对于二元函数计算全增量$\Delta z$比较复杂，是否能用自变量$\Delta x$和$\Delta y$的线性函数来近似代替函数的全增量$\Delta z$？为此，引入二元函数全微分的定义．

定义　如果函数$z=f(x,\ y)$在点$P(x,\ y)$的某邻域内有定义，且在点$P(x,\ y)$的全增量

$$\Delta z=f(x+\Delta x,\ y+\Delta y)-f(x,\ y)$$

可以表示为

$$\Delta z=A\Delta x+B\Delta y+o(\rho)$$

其中A，B不依赖于Δx，Δy而仅与x，y有关，当$\Delta x \to 0$，$\Delta y \to 0$时，$o(\rho)$是$\rho = \sqrt{(\Delta x)^2 + (\Delta y)^2}$的高阶无穷小，则称函数$z = f(x, y)$在点$P(x, y)$可微，$A\Delta x + B\Delta y$称为函数$z = f(x, y)$在点$P(x, y)$的全微分，记作$dz$，即

$$dz = A\Delta x + B\Delta y$$

如果函数在区域D内各点都可微，则称该函数在区域D内可微.

7.3.2 函数可微的条件

定理1（必要条件） 如果函数$z = f(x, y)$在点(x, y)处可微，则此函数在点(x, y)处连续，且函数的两个偏导数$\dfrac{\partial z}{\partial x}$，$\dfrac{\partial z}{\partial y}$都存在，同时函数在点$(x, y)$的全微分为

$$dz = \frac{\partial z}{\partial x} \Delta x + \frac{\partial z}{\partial y} \Delta y$$

一元函数的可微和可导是等价的，但对二元函数则不然，两个偏导数$\dfrac{\partial z}{\partial x}$和$\dfrac{\partial z}{\partial y}$存在，并不能保证函数$z = f(x, y)$在点$(x, y)$处可微，二元函数偏导数存在只是全微分存在的必要条件而非充分条件，但如果对偏导数增加更强的条件，则可以保证函数的可微性.

定理2（充分条件） 如果函数$z = f(x, y)$的偏导数$\dfrac{\partial z}{\partial x}$，$\dfrac{\partial z}{\partial y}$在点$P(x, y)$处存在且连续，则函数在该点可微.

例如，函数

$$f(x, y) = \begin{cases} \dfrac{xy}{x^2 + y^2}, & x^2 + y^2 \neq 0 \\ 0, & x^2 + y^2 = 0 \end{cases}$$

在点$(0, 0)$处的两个偏导数存在，有$f_x'(0, 0) = 0$，$f_y'(0, 0) = 0$，但在7.2节的推导中发现，函数$f(x, y)$在点$(0, 0)$处不连续，从而$f(x, y)$在点$(0, 0)$处不可微.

综上所述，二元函数的可微、偏导数存在、函数连续及偏导数连续之间的关系如下：

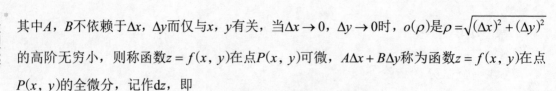

通常将自变量的增量Δx和Δy分别记作dx和dy，并分别称为自变量x和自变量y的微分，因此函数$z = f(x, y)$的全微分可写为$dz = \dfrac{\partial z}{\partial x} dx + \dfrac{\partial z}{\partial y} dy$.

通常将$\dfrac{\partial z}{\partial x} dx$和$\dfrac{\partial z}{\partial y} dy$分别称为二元函数对$x$和对$y$的偏微分，因此二元函数的全微分则等于它的两个偏微分之和，这称为二元函数全微分的叠加原理.

该叠加原理同样适用三元及三元以上的函数. 例如三元函数$u = f(x, y, z)$的全微分

等于它的三个偏微分之和，即

$$\mathrm{d}u = \frac{\partial u}{\partial x}\mathrm{d}x + \frac{\partial u}{\partial y}\mathrm{d}y + \frac{\partial u}{\partial z}\mathrm{d}z$$

7.3.3 全微分的计算

例 10 计算函数 $z = x^2 y + y^3$ 的全微分.

解 因为

$$\frac{\partial z}{\partial x} = 2xy, \quad \frac{\partial z}{\partial y} = x^2 + 3y^2$$

所以有

$$\mathrm{d}z = 2xy\mathrm{d}x + (x^2 + 3y^2)\mathrm{d}y$$

例 11 求函数 $z = \mathrm{e}^{xy}$ 在点 $(2, 3)$ 处的全微分.

解 因为

$$\frac{\partial z}{\partial x} = y\mathrm{e}^{xy}, \quad \frac{\partial z}{\partial y} = x\mathrm{e}^{xy} ; \frac{\partial z}{\partial x}\Big|_{\substack{x=2 \\ y=3}} = 3\mathrm{e}^6, \quad \frac{\partial z}{\partial y}\Big|_{\substack{x=2 \\ y=3}} = 2\mathrm{e}^6$$

所以有

$$\mathrm{d}z = 3\mathrm{e}^6\mathrm{d}x + 2\mathrm{e}^6\mathrm{d}y$$

例 12 求三元函数 $u = x^2 + \sin(xy) + \ln(yz)$ 的全微分.

解 因为

$$\frac{\partial u}{\partial x} = 2x + y\cos(xy)$$

$$\frac{\partial u}{\partial y} = x\cos(xy) + \frac{1}{yz}z = x\cos(xy) + \frac{1}{y}$$

$$\frac{\partial u}{\partial z} = \frac{1}{yz}y = \frac{1}{z}$$

所以

$$\mathrm{d}u = \left[2x + y\cos(xy)\right]\mathrm{d}x + \left[x\cos(xy) + \frac{1}{y}\right]\mathrm{d}y + \frac{1}{z}\mathrm{d}z$$

7.3.4 全微分在近似计算中的应用

由二元函数全微分的定义及全微分存在的充分条件可知，当二元函数 $z = f(x, y)$ 在点 $P(x, y)$ 的两个偏导数 $f'_x(x, y)$ 和 $f'_y(x, y)$ 在点 $P(x, y)$ 连续，并且 $|\Delta x|$ 和 $|\Delta y|$ 都较小时，常用函数的全微分近似代替全增量，即

$$\Delta z = f(x + \Delta x, y + \Delta y) - f(x, y) \approx f'_x(x, y)\Delta x + f'_y(x, y)\Delta y \tag{7-1}$$

或

$$f(x + \Delta x, y + \Delta y) \approx f(x, y) + f'_x(x, y)\Delta x + f'_y(x, y)\Delta y \tag{7-2}$$

利用以上两个式子，可以对二元函数的全增量或函数值进行近似计算.

例 13 计算 $1.04^{2.01}$ 的值.

解 设函数 $f(x, y) = x^y$，显然要计算的值就是函数 $f(x, y)$ 在 $x = 1.04$，$y = 2.01$ 处的函数值 $f(1.04, 2.01)$.

取 $x = 1$，$y = 2$，$\Delta x = 0.04$，$\Delta y = 0.01$. 由于

$$f'_x(x, y) = yx^{y-1}, \quad f'_y(x, y) = x^y \ln x$$

$$f(1, 2) = 1^2 = 1, \quad f'_x(1, 2) = 2 \times 1^{2-1} = 2, \quad f'_y(1, 2) = 1^2 \times \ln 1 = 0$$

应用公式（7-2）便有

$$1.04^{2.01} = (1 + 0.04)^{(2+0.01)} \approx f(1, 2) + f'_x(1, 2) \cdot 0.04 + f'_y(1, 2) \cdot 0.01$$

$$= 1 + 2 \times 0.04 + 0 \times 0.01 = 1.08$$

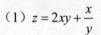 任务解决

解 设圆柱体的底面半径、高和体积分别为 r，h，V，则有 $V = \pi r^2 h$. 记 r，h，V 的增量依次为 Δr，Δh，ΔV，运用式（7-1），则有

$$\Delta V \approx V'_r \Delta r + V'_h \Delta h = 2\pi rh \Delta r + \pi r^2 \Delta h$$

把 $r = 20$，$h = 100$，$\Delta r = 0.05$，$\Delta h = -1$ 代入，得

$$\Delta V \approx 2\pi \times 20 \times 100 \times 0.05 + \pi (20)^2 \times (-1) = -200\pi \text{（立方厘米）}.$$

即此圆柱体在受压后体积约减少了 200π 立方厘米.

能力训练 7.3

参考答案

1. 判断题.
（1）若多元函数在一点处偏导数存在，则它在该点可微.（ ）
（2）若多元函数在一点处连续，则它在该点可微.（ ）

2. 求下列函数的全微分.

（1）$z = 2xy + \dfrac{x}{y}$

（2）$z = x^2 + e^{xy}$

（3）$z = x^2 + \dfrac{y}{\sqrt{x^2 + y^2}}$

（4）$z = \ln \cos(2xy)$

（5）$z = xy^2 - x^3 + 3y + 2$

（6）$z = y^x \ln y$

（7）$u = x^{yz}$

（8）$u = e^{xyz}$

3. 求函数 $z = \ln(1 + x^2 + 2y^2)$ 在点 $(1, 2)$ 处的全微分.

4. 求函数 $z = \dfrac{x}{y}$ 当 $x = 1$，$y = 2$，$\Delta x = 0.1$，$\Delta y = -0.2$ 时的全增量和全微分.

5. 求函数$z = e^{xy}$当$x = 1$，$y = 1$，$\Delta x = 0.25$，$\Delta y = 0.2$时的全微分.

6. 计算$\sqrt{(1.02)^4 + (1.98)^3}$的近似值.

7. 计算$(1.97)^{1.05}$的近似值$(\ln 2 = 0.693)$.

7.4 二元复合函数求导法则

任务提出

某企业生产两种液晶电视机型号 I、型号 II，月成本函数为$C(x, y) = 20x^2 + 10xy + 10y^2 + 300000$，成本$C$以元计，两种电视机的月产量分别为$x$台，$y$台. 已知企业对两种产品的定价分别为$p_1 = 5000$元 / 台，$p_2 = 8000$元 / 台，当前企业的月生产能力为型号 I 50台、型号 II 70 台，求该企业的月利润和边际利润，并对结论从经济层面进行解释.

解决问题知识要点：掌握二元复合函数偏导数的计算.

学习目标

熟练掌握二元复合函数偏导数的计算，掌握二元隐函数求导法则，了解高阶偏导数的求法.

知识学习

二元复合函数的复合关系是多样的，本节将讨论不同复合情形的偏导数的求解.

7.4.1 二元复合函数的一阶偏导数

1. 二元函数与二元函数复合的情形

设函数$z = f(u, v)$，$u = u(x, y)$，$v = v(x, y)$，则$z = f[u(x, y), v(x, y)]$是x，y的复合函数，且称函数$z = f[u(x, y), v(x, y)]$是由$z = f(u, v)$与$u = u(x, y)$，$v = v(x, y)$复合而得的二元复合函数.

二元复合函数的偏导数

为了更清楚地表示这些变量之间的复合关系，可用图 7-6 说明，其中线段表示所连的两个变量有函数关系. 图中z是关于u，v的函数，而u，v又是以x，y为自变量的函数，因此u，v为中间变量.

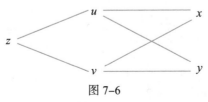

图 7-6

那么，如何确定复合函数z对自变量x，y的偏导数呢？从图7-6可以看到，讨论$\dfrac{\partial z}{\partial x}$时，$y$不变而$x$变化，中间变量$u$，$v$都随着变化，进而影响到$z$的变化．因此$z$关于$x$的变化就包括两部分：一部分是通过$u$中的$x$而来；另一部分则是通过$v$中的$x$而来．二元复合函数对自变量$x$，$y$的偏导数的求解，可以由以下定理给出．

定理1 如果函数$u = u(x, y)$，$v = v(x, y)$在点(x, y)处有连续的偏导数，函数$z = f(u, v)$在对应点(u, v)处有连续的偏导数，则复合函数$z = f[u(x, y), v(x, y)]$在点(x, y)的两个偏导数存在，且

$$\frac{\partial z}{\partial x} = \frac{\partial z}{\partial u}\frac{\partial u}{\partial x} + \frac{\partial z}{\partial v}\frac{\partial v}{\partial x} \tag{7-3}$$

$$\frac{\partial z}{\partial y} = \frac{\partial z}{\partial u}\frac{\partial u}{\partial y} + \frac{\partial z}{\partial v}\frac{\partial v}{\partial y} \tag{7-4}$$

二元复合函数的求导法则可以表述为：二元复合函数对某一自变量的偏导数，等于函数对各个中间变量的偏导数与该中间变量对此自变量的偏导数之积的和，这一法则也称为链式法则．

为了便于记忆和正确使用上述定理，可以画出变量复合关系图（图7-6），图中的每条线代表一个偏导数，如线段$z-u$表示为$\dfrac{\partial z}{\partial u}$．从图中可以看出，$x$，$y$是自变量，$u$，$v$是中间变量，复合函数$z$到达$x$的路径有两条：$z \to u \to x$和$z \to v \to x$，沿第一条路径有$\dfrac{\partial z}{\partial u}\dfrac{\partial u}{\partial x}$，沿第二条路径有$\dfrac{\partial z}{\partial v}\dfrac{\partial v}{\partial x}$，两项相加即得式（7-3）．同样可以根据图7-6中的路径得到式（7-4）．

例 14 设$z = \ln(u^2 + 2v)$，$u = e^{2x+y^2}$，$v = x^2 + 2y$，求$\dfrac{\partial z}{\partial x}$，$\dfrac{\partial z}{\partial y}$．

解 因为

$$\frac{\partial z}{\partial u} = \frac{2u}{u^2 + 2v} \qquad \frac{\partial z}{\partial v} = \frac{2}{u^2 + 2v}$$

$$\frac{\partial u}{\partial x} = 2e^{2x+y^2} \qquad \frac{\partial v}{\partial x} = 2x$$

$$\frac{\partial u}{\partial y} = 2ye^{2x+y^2} \qquad \frac{\partial v}{\partial y} = 2$$

所以

$$\frac{\partial z}{\partial x} = \frac{\partial z}{\partial u}\frac{\partial u}{\partial x} + \frac{\partial z}{\partial v}\frac{\partial v}{\partial x} = \frac{2u}{u^2 + 2v}2e^{2x+y^2} + \frac{2}{u^2 + 2v}2x$$

$$= \frac{2e^{2x+y^2}}{(e^{2x+y^2})^2 + 2(x^2 + 2y)}2e^{2x+y^2} + \frac{4x}{(e^{2x+y^2})^2 + 2(x^2 + 2y)}$$

$$= \frac{4(e^{2x+y^2})^2 + 4x}{(e^{2x+y^2})^2 + 2x^2 + 4y}$$

$$\frac{\partial z}{\partial y} = \frac{\partial z}{\partial u}\frac{\partial u}{\partial y} + \frac{\partial z}{\partial v}\frac{\partial v}{\partial y} = \frac{2u}{u^2+2v}2ye^{2x+y^2} + \frac{2}{u^2+2v}2$$

$$= \frac{2e^{2x+y^2}}{(e^{2x+y^2})^2+2(x^2+2y)}2ye^{2x+y^2} + \frac{4}{(e^{2x+y^2})^2+2(x^2+2y)}$$

$$= \frac{4y(e^{2x+y^2})^2+4}{(e^{2x+y^2})^2+2x^2+4y}$$

2. 一元函数与二元函数复合的情形

设函数$z = f(u, v)$，而u, v都是t的函数，即$u = u(t)$，$v = v(t)$，于是$z = f[u(t), v(t)]$是t的复合函数.

定理 2　如果函数$u = u(t)$及$v = v(t)$都在点t可导，函数$z = f(u, v)$在对应的点(u, v)具有连续偏导数，则复合函数$z = f[u(t), v(t)]$在t点可导，且有

$$\frac{\mathrm{d}z}{\mathrm{d}t} = \frac{\partial z}{\partial u}\frac{\mathrm{d}u}{\mathrm{d}t} + \frac{\partial z}{\partial v}\frac{\mathrm{d}v}{\mathrm{d}t} \tag{7-5}$$

例 15　已知$z = u^3v^2$，$u = a\sin(2t)$，$v = b\cos t$，求$\dfrac{\mathrm{d}z}{\mathrm{d}t}$.

解　将z, u, v和自变量t之间的复合关系用图 7–7 表示.

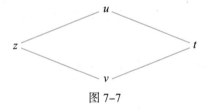

图 7–7

因为

$$\frac{\partial z}{\partial u} = 3u^2v^2 \qquad \frac{\partial z}{\partial v} = 2u^3v$$

$$\frac{\mathrm{d}u}{\mathrm{d}t} = 2a\cos(2t) \qquad \frac{\mathrm{d}v}{\mathrm{d}t} = -b\sin t$$

根据式（7–5）得

$$\frac{\mathrm{d}z}{\mathrm{d}t} = \frac{\partial z}{\partial u}\frac{\mathrm{d}u}{\mathrm{d}t} + \frac{\partial z}{\partial v}\frac{\mathrm{d}v}{\mathrm{d}t}$$

$$= 3u^2v^2 2a\cos(2t) + 2u^3v(-b\sin t)$$

$$= 3\left[a\sin(2t)\right]^2(b\cos t)^2 2a\cos(2t) + 2\left[a\sin(2t)\right]^3 b\cos t(-b\sin t)$$

$$= 6a^3b^2\left[\sin(2t)\right]^2\cos^2 t\cos(2t) - a^3b^2\sin^4(2t)$$

3. 其他情形

设函数$z = f(u, v)$，其中u是x, y的函数，v是y的函数，即$u = u(x, y)$，$v = v(y)$，有复合函数$z = f[u(x, y), v(y)]$.

定理3 如果函数$u = u(x, y)$在点(x, y)具有对x以及y的偏导数，函数$v = v(y)$在点y可导，函数$z = f(u, v)$在对应点(u, v)具有连续偏导数，则复合函数$z = f[u(x, y), v(y)]$在点(x, y)的两个偏导数都存在，且有

$$\frac{\partial z}{\partial x} = \frac{\partial z}{\partial u} \frac{\partial u}{\partial x} \tag{7-6}$$

$$\frac{\partial z}{\partial y} = \frac{\partial z}{\partial u} \frac{\partial u}{\partial y} + \frac{\partial z}{\partial v} \frac{\mathrm{d}v}{\mathrm{d}y} \tag{7-7}$$

上述情形实际上是情形1的一种特例，即情形1中，中间变量v与x无关，故$\dfrac{\partial v}{\partial x} = 0$；

在变量v对y求导时，由于$v = v(y)$是一元函数，故应将$\dfrac{\partial v}{\partial y}$写成$\dfrac{\mathrm{d}v}{\mathrm{d}y}$，便得到式（7-7）的结果.

7.4.2 二元复合函数的高阶偏导数（进阶模块）

以下用具体例子说明复合函数高阶偏导数的求解方法. 为了便于计算，将记号$\dfrac{\partial f}{\partial u}$，$\dfrac{\partial f}{\partial v}$

分别简记为f_u'，f_v'，同理，$\dfrac{\partial^2 f}{\partial u^2}$，$\dfrac{\partial^2 f}{\partial u \partial v}$，$\dfrac{\partial^2 f}{\partial v^2}$分别简记为$f_{uu}''$，$f_{uv}''$，$f_{vv}''$.

例16 设$z = f\left(x, \dfrac{x}{y}\right)$，其中$f$具有二阶连续偏导数，求$\dfrac{\partial^2 z}{\partial x \partial y}$.

解 令$u = \dfrac{x}{y}$，则函数z的复合关系如图7-8所示.

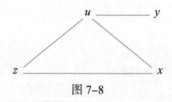

图7-8

$$\frac{\partial z}{\partial x} = \frac{\partial f}{\partial u} \frac{\partial u}{\partial x} + \frac{\partial f}{\partial x} = f_u' \frac{1}{y} + f_x'$$

求$\dfrac{\partial^2 z}{\partial x \partial y}$时，须注意$f_x'$，$f_u'$仍是$x$，$u$的函数，而$u$仍是$x$，$y$的函数，即$f_x'$，$f_u'$与函数$z$有相同的复合关系，于是得

$$\frac{\partial^2 z}{\partial x \partial y} = \frac{\partial}{\partial y}\left(f_u' \frac{1}{y} + f_x'\right) = \frac{\partial}{\partial y}\left(f_u' \frac{1}{y}\right) + \frac{\partial}{\partial y} f_x'$$

$$= f_{uu}'' \frac{\partial u}{\partial y} \frac{1}{y} + f_u' \frac{\partial}{\partial y}\left(\frac{1}{y}\right) + f_{xu}'' \frac{\partial u}{\partial y}$$

$$= -\frac{x}{y^3} f_{uu}'' - \frac{1}{y^2} f_u' - \frac{x}{y^2} f_{xu}''$$

7.4.3 隐函数的求导法则

本节将由二元复合函数的求导法则推导出一元隐函数的求导公式，进而推广到多元隐函数的情形.

1. 一元隐函数求导公式

设方程$F(x, y)=0$确定y是x的具有连续导数的函数$y=f(x)$，将$y=f(x)$代入方程得到关于x的恒等式

$$F[x, f(x)]=0 \tag{7-8}$$

将式（7-8）的左边看作是函数F关于x的复合函数，如果函数$F(x, y)$具有连续偏导数，上式两边对x求导，复合函数的复合关系图如7-9所示，根据以上复合函数求导法则，有

$$\frac{\partial F}{\partial x}+\frac{\partial F}{\partial y}\frac{\mathrm{d}y}{\mathrm{d}x}=0$$

若$\dfrac{\partial F}{\partial y}\neq 0$，得

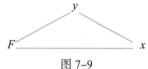

图 7-9

$$\frac{\mathrm{d}y}{\mathrm{d}x}=-\frac{\dfrac{\partial F}{\partial x}}{\dfrac{\partial F}{\partial y}}=-\frac{F'_x}{F'_y} \tag{7-9}$$

这就是由方程$F(x, y)=0$所确定的一元隐函数$y=f(x)$的求导方式.

> **例 17** 求由方程$\sin 2y+\mathrm{e}^x=x^2 y^3$所确定的函数$y$对$x$的导数.

解 令

$$F(x, y)=\sin 2y+\mathrm{e}^x-x^2 y^3$$

根据式（7-9）以及图 7-9 求出

$$\frac{\partial F}{\partial x}=\mathrm{e}^x-2xy^3, \quad \frac{\partial F}{\partial y}=2\cos 2y-3x^2 y^2$$

当$\dfrac{\partial F}{\partial y}\neq 0$时，有

$$\frac{\mathrm{d}y}{\mathrm{d}x}=-\frac{\dfrac{\partial F}{\partial x}}{\dfrac{\partial F}{\partial y}}=-\frac{\mathrm{e}^x-2xy^3}{2\cos 2y-3x^2 y^2}$$

2. 二元隐函数求导公式（进阶模块）

设方程$F(x, y, z)=0$确定z是x，y的具有连续偏导数的函数$z=f(x, y)$，将$z=f(x, y)$代入方程得到一个关于x，y的恒等式

$$F[x, y, f(x, y)]=0$$

如果函数$F(x, y, z)$具有连续偏导数，按图 7-10 的复合关

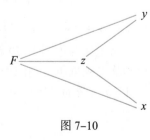

图 7-10

系，将上式等号两边分别对x和y求偏导数，有

$$\frac{\partial F}{\partial x}+\frac{\partial F}{\partial z}\frac{\partial z}{\partial x}=0, \quad \frac{\partial F}{\partial y}+\frac{\partial F}{\partial z}\frac{\partial z}{\partial y}=0$$

当$\frac{\partial F}{\partial z}\neq 0$时，得

$$\frac{\partial z}{\partial x}=-\frac{\dfrac{\partial F}{\partial x}}{\dfrac{\partial F}{\partial z}}=-\frac{F_x'}{F_z'}, \quad \frac{\partial z}{\partial y}=-\frac{\dfrac{\partial F}{\partial y}}{\dfrac{\partial F}{\partial z}}=-\frac{F_y'}{F_z'} \qquad (7\text{--}10)$$

这就是由方程$F(x, y, z)=0$所确定的二元隐函数$z=f(x, y)$的求导公式.

例 18 设方程$x\sin y+\dfrac{x^2}{z}=3zy^3$确定有隐函数$z=f(x, y)$，求$\dfrac{\partial z}{\partial x}$，$\dfrac{\partial z}{\partial y}$.

解　令$F(x, y, z)=x\sin y+\dfrac{x^2}{z}-3zy^3$，根据式（7--10）以及图7-10求出

$$\frac{\partial F}{\partial x}=\sin y+\frac{2x}{z}, \quad \frac{\partial F}{\partial y}=x\cos y-9zy^2, \quad \frac{\partial F}{\partial z}=-\frac{x^2}{z^2}-3y^3$$

当$\frac{\partial F}{\partial z}\neq 0$时，有

$$\frac{\partial z}{\partial x}=-\frac{\dfrac{\partial F}{\partial x}}{\dfrac{\partial F}{\partial z}}=\frac{\sin y+\dfrac{2x}{z}}{\dfrac{x^2}{z^2}+3y^3}=\frac{z^2\sin y+2xz}{x^2+3y^3z^2}$$

$$\frac{\partial z}{\partial y}=-\frac{\dfrac{\partial F}{\partial y}}{\dfrac{\partial F}{\partial z}}=\frac{x\cos y-9zy^2}{\dfrac{x^2}{z^2}+3y^3}=\frac{z^2x\cos y-9z^3y^2}{x^2+3y^3z^2}$$

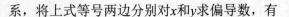 任务解决

解　该企业的月利润为$P(x, y)=R(x, y)-C(x, y)=5000x+8000y-(20x^2+10xy+10y^2+300000)$，有边际利润为$P_x'(x, y)=5000-40x-10y$，$P_y'(x, y)=8000-10x-20y$.

两种型号电视机分别生产50台、70台时，代入上式有$P(50, 70)=376000$（元），当$x=50$，$y=70$时，边际利润为$P_x'(50, 70)=2300$（元），$P_y'(50, 70)=6100$（元）.

这说明当型号Ⅱ 70台产量保持不变时，企业在生产型号Ⅰ 50台基础上再多生产一台同款电视机所得利润为2300元；同理，当型号Ⅰ 50台产量保持不变时，企业在生产型号Ⅱ 70台基础上再多生产一台同款电视机所得利润为6100元.

能力训练 7.4

参考答案

1. 判断题.

（1）设 $z=f(x,u)$，$u=u(x,y)$，则有 $\frac{\partial z}{\partial x}=\frac{\partial f}{\partial x}=\frac{\partial z}{\partial x}+\frac{\partial z}{\partial u}\cdot\frac{\partial u}{\partial x}$.（　　）

（2）设 $z=\sin u$，$u=3xy$，则有 $\frac{\partial z}{\partial x}=\frac{\partial z}{\partial y}$.（　　）

（3）函数 $f(x+y,x^2y)$ 是隐函数.（　　）

（4）方程 $x^2+y^2=1$ 所确定的隐函数 y 对 x 的导数 $\frac{\mathrm{d}y}{\mathrm{d}x}=-\frac{x}{y}$.（　　）

（5）设函数 $z=z(x,y)$ 由方程 $F[x,y,z(x,y)]=0$ 所确定，且函数 F 具有连续二阶偏导数，则 $\frac{\partial^2 z}{\partial x^2}=\frac{\partial}{\partial x}\left(-\frac{F_x}{F_z}\right)$.（　　）

2. 填空题.

（1）设 $z=x^2+2y$，$y=x^2$，则 $\frac{\mathrm{d}z}{\mathrm{d}x}=$ _____.

（2）设 $z=uv^2$，$u=\mathrm{e}^t$，$v=2t$，则 $\frac{\mathrm{d}z}{\mathrm{d}t}=$ _____.

3. 求下列函数的全导数或偏导数.

（1）设 $z=u^3\ln v$，而 $u=\frac{x}{y}$，$v=3x-2y$，求 $\frac{\partial z}{\partial x}$，$\frac{\partial z}{\partial y}$.

（2）设 $z=\mathrm{e}^{x-3y}$，而 $x=\sin t$，$y=t^3$，求 $\frac{\mathrm{d}z}{\mathrm{d}t}$.

（3）设 $z=\sin(x^2y)$，而 $y=\sqrt{x^2+1}$，求 $\frac{\mathrm{d}z}{\mathrm{d}x}$.

（4）设 $u=\frac{\mathrm{e}^{ax}(2y-z)}{a^2+1}$，而 $y=a\sin x$，$z=b\cos x$，求 $\frac{\mathrm{d}u}{\mathrm{d}x}$.

（5）设 $z=f(x^2-y^2,\mathrm{e}^{xy})$，$f$ 具有一阶连续偏导数，求 $\frac{\partial z}{\partial x}$，$\frac{\partial z}{\partial y}$.

（6）设 $z=f(x+y,x-y,xy)$，f 具有一阶连续偏导数，求 $\frac{\partial z}{\partial x}$，$\frac{\partial z}{\partial y}$.

（7）设 f 具有一阶连续偏导数，求 $u=f\left(\frac{x}{y},x^2y\right)$ 的一阶偏导数.

4. 验证函数 $z=\arctan\frac{x}{y}$，其中 $x=u+v$，$y=u-v$ 满足以下关系

$$\frac{\partial z}{\partial u}+\frac{\partial z}{\partial v}=\frac{u-v}{u^2+v^2}$$

5. 函数$z = xy + xF(u)$，而$u = \dfrac{y}{x}$，$F(u)$为可导函数，证明

$$x\frac{\partial z}{\partial x} + y\frac{\partial z}{\partial y} = z + xy$$

6. 设$z = f(x^2 + y, xy)$，其中f具有二阶连续偏导数，求$\dfrac{\partial^2 z}{\partial x^2}$，$\dfrac{\partial^2 z}{\partial y^2}$，$\dfrac{\partial^2 z}{\partial x \partial y}$.

7. 设$z = u^2 + v^2$，而$u = x^3 + 2y$，$v = x - y$，求$\dfrac{\partial z}{\partial x}$，$\dfrac{\partial z}{\partial y}$.

8. 设方程$\sin y + e^x = xy^3$确定了函数$y = y(x)$，求$\dfrac{dy}{dx}$.

9. 设方程$\ln\sqrt{x^2 + y^2} - \arctan\dfrac{y}{x} = 0$确定了函数$y = y(x)$，求$\dfrac{dy}{dx}$.

10. 若方程$3x - xy + 10z = 0$确定了函数$z = z(x, y)$，求$\dfrac{\partial z}{\partial x} + \dfrac{\partial z}{\partial y}$.

11. 设方程$2\sin(x + 2y - 3z) = x + 2y - 3z$确定了函数$z = z(x, y)$，证明$\dfrac{\partial z}{\partial x} + \dfrac{\partial z}{\partial y} = 1$.

12. 求由方程$x^3 + y^3 + z^3 = 2xyz - 1$所确定的隐函数$z = f(x, y)$的偏导数$\dfrac{\partial z}{\partial x}$和$\dfrac{\partial z}{\partial y}$.

7.5 偏导数的应用

任务提出

日常生活中，人们总会遇到这样的问题，如何分配有限的资金用来购买各种物品才能获得最满意的效果，经济学家用"效用函数"来解决这个问题，效用函数是表示消费者在消费时获得的效用与消费的商品组合之间数量关系的函数. 小张有 600 元用来购买商品 A 和商品 B，两种商品的单价分别为 20 元、30 元，假如小张购买商品 A x件、商品 B y件的效用函数为$U = (x, y) = 10x^{0.6}y^{0.4}$，那么两种商品各买多少件时，小张获得最满意的效果？

解决问题知识要点：会用拉格朗日乘数法求条件极值.

学习目标

理解二元函数极值的概念，会求二元函数的极值；了解条件极值的概念，会用拉格朗日乘数法求条件极值；能解决简单的最大值、最小值应用问题.

7.5.1 二元函数的极值

定义 设函数$z = f(x, y)$在点$P_0(x_0, y_0)$的某邻域内有定义，对于该邻域内异于$P_0(x_0, y_0)$的任意点$P(x, y)$，如果都有$f(x, y) < f(x_0, y_0)$，则称函数在点$P_0(x_0, y_0)$有极大值$f(x_0, y_0)$，点$P_0(x_0, y_0)$称为极大值点；反之，如果都有$f(x_0, y_0) < f(x, y)$，则称函数在点$P_0(x_0, y_0)$有极小值$f(x_0, y_0)$，点$P_0(x_0, y_0)$称为极小值点。极大值和极小值统称为极值，使函数取得极值的点称为极值点。

与一元函数极值类似，二元函数的极值也只是局部小范围的概念。几何上，$z = f(x, y)$在点$P_0(x_0, y_0)$取得极大值，表示二元函数$z = f(x, y)$曲面上，点$P_0(x_0, y_0)$对应的曲面点$M_0(x_0, y_0, z_0)$与点$P_0(x_0, y_0)$附近的其他各点对应的曲面点在图形上呈现出"山峰"的形态。如函数$z = -\sqrt{x^2 + y^2}$在点$(0, 0)$处有极大值。几何上，$z = -\sqrt{x^2 + y^2}$表示一个开口向下的半圆锥面，点$(0, 0, 0)$是它的顶点（图 7-11）。

同样地，如果$z = f(x, y)$在点$P_0(x_0, y_0)$取得极小值，则在图形上点$P_0(x_0, y_0)$与附近其他点对应的曲面呈现"山谷"的状态。如函数$z = 2x^2 + 3y^2$在点$(0, 0)$处有极小值。几何上，$z = 2x^2 + 3y^2$表示一个开口向上的椭圆抛物面，点$(0, 0, 0)$是它的顶点（图 7-12）。

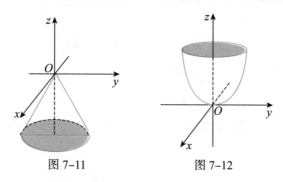

图 7-11   图 7-12

下面介绍二元函数极值存在的条件及求解极值的方法。

定理1（极值存在的必要条件） 设函数$z = f(x, y)$在点$P_0(x_0, y_0)$具有偏导数，且在点$P_0(x_0, y_0)$处有极值，则函数在点$P_0(x_0, y_0)$处的偏导数为零，即

$$f'_x(x_0, y_0) = 0, \quad f'_y(x_0, y_0) = 0$$

与一元函数类似，使函数$z = f(x, y)$的偏导数f'_x和f'_y同时为零的点称为函数$z = f(x, y)$的驻点。由定理 1 知，在偏导数存在的条件下，二元函数的极值点必是驻点。但反之，驻点不一定是极值点。

为此，对于一个二元函数在得到驻点后，需要通过以下定理对驻点进行极值点判定。

定理2（极值存在的充分条件） 设函数$z = f(x, y)$在点$P_0(x_0, y_0)$某邻域内有一阶和二阶连续偏导数，又$f'_x(x_0, y_0) = 0$，$f'_y(x_0, y_0) = 0$。令

$$f''_{xx}(x_0, y_0) = A, \quad f''_{xy}(x_0, y_0) = B, \quad f''_{yy}(x_0, y_0) = C$$

（1）当$B^2 - AC < 0$时，$f(x, y)$在点(x_0, y_0)有极值，且当$A < 0$时有极大值$f(x_0, y_0)$，当$A > 0$时有极小值$f(x_0, y_0)$.

（2）当$B^2 - AC > 0$时，$f(x, y)$在点(x_0, y_0)无极值.

（3）当$B^2 - AC = 0$时，$f(x, y)$在点(x_0, y_0)可能有极值，也可能无极值，无法判定.

依据定理1和定理2，如果函数$z = f(x, y)$有一阶、二阶连续偏导数，则求函数$z = f(x, y)$极值的步骤如下.

（1）解方程组$f'_x(x, y) = 0$，$f'_y(x, y) = 0$，求出$f(x, y)$的所有驻点.

（2）求函数$f(x, y)$二阶偏导数，对每一个驻点(x_0, y_0)求出各自的A，B，C值.

（3）根据$B^2 - AC$的符号判定(x_0, y_0)是否是极值点，再根据A符号确定是极大值点还是极小值点.

例19 求函数$f(x, y) = x^2 - y^3 - 6x + 12y - 5$的极值.

解 解方程组

二元函数极值的判别

$$\begin{cases} f'_x(x, y) = 2x - 6 = 0 \\ f'_y(x, y) = -3y^2 + 12 = 0 \end{cases}$$

求得函数驻点为$(3, 2)$和$(3, -2)$.

求二阶偏导数

$$f''_{xx} = 2, \quad f''_{xy} = 0, \quad f''_{yy} = -6y$$

在点$(3, 2)$处，$A = 2$，$B = 0$，$C = -12$，$B^2 - AC = 24 > 0$，故函数在点$(3, 2)$没有极值.

在点$(3, -2)$处，$A = 2$，$B = 0$，$C = 12$，$B^2 - AC = -24 < 0$，故函数在点$(3, -2)$有极值，又$A = 2 > 0$，所以函数取得极小值，将点$(3, -2)$代入函数$f(x, y)$中求得极小值为$f(3, -2) = -30$.

7.5.2 拉格朗日乘数法

上面讨论的极值问题，对于函数的自变量，除了限制在定义域内并无其他限制，这样的极值称为无条件极值. 但是在实际生活中，更多地会遇到有附加条件的极值问题，如需要在长方体的表面积固定为a^2的情况下，求长方体的最大体积，这类对自变量附加了其他条件的极值称为条件极值.

对于条件极值，通常采用以下两种方法求解：①将条件极值问题转化为无条件极值问题；②拉格朗日乘数法. 下面介绍拉格朗日乘数法.

设二元函数$f(x, y)$和$\varphi(x, y)$在区域D内有一阶连续偏导数，一般地，求$z = f(x, y)$在区域D内满足附加条件$\varphi(x, y) = 0$的条件极值，可以转化为求拉格朗日函数$L(x, y, \lambda) = f(x, y) + \lambda\varphi(x, y)$（其中待定常数$\lambda$称为拉格朗日乘数）的无条件极值.

用拉格朗日乘数法求函数$z=f(x,y)$在条件$\varphi(x,y)=0$下的极值的基本步骤如下.

（1）构造拉格朗日函数$L(x,y,\lambda)=f(x,y)+\lambda\varphi(x,y)$，其中$\lambda$为待定常数.

（2）就拉格朗日函数对x和y求一阶偏导数，并令偏导数同时为零，再与方程$\varphi(x,y)=0$组成方程组：

$$\begin{cases} f'_x(x,y)+\lambda\varphi'_x(x,y)=0 \\ f'_y(x,y)+\lambda\varphi'_y(x,y)=0 \\ \varphi(x,y)=0 \end{cases}$$

（3）解方程组，求出x，y，λ，其中x，y就是函数$f(x,y)$在附加条件$\varphi(x,y)=0$下的可能的极值点.

【注】拉格朗日乘数法只给出函数取得极值的必要条件，按此方法求出的点是否是极值点，还需加以讨论. 在解决实际问题中往往可以根据问题本身的性质来判定所求的点是否是极值点.

拉格朗日乘数法可推广到自变量多于两个而条件多于一个的情形.

例 20 求表面积为a^2而体积最大的长方体的体积.

解 设长方体的长、宽、高分别为x，y，z，问题中需满足的附加条件为

$$2(xy+xz+yz)=a^2$$

则

$$\varphi(x,y,z)=2xy+2xz+2yz-a^2$$

此问题即为在满足上式条件下求长方体的体积$V=xyz(x>0,y>0,z>0)$的最大值.

构造拉格朗日函数

$$L(x,y,z,\lambda)=f(x,y,z)+\lambda\varphi(x,y,z)$$
$$=xyz+\lambda(2xy+2xz+2yz-a^2)$$

对x、y、z、λ求偏导数，并令各偏导数同时为零，得方程组

$$\begin{cases} yz+2\lambda y+2\lambda z=0 \\ xz+2\lambda x+2\lambda z=0 \\ xy+2\lambda x+2\lambda y=0 \\ 2xy+2xz+2yz-a^2=0 \end{cases}$$

解此方程组，得

$$x=y=z=\frac{\sqrt{6}}{6}a$$

这是唯一可能的极值点，由实际问题本身性质可知，该长方体体积的最大值是存在的，最大值就在可能存在的极值处取得，即表面积为a^2的长方体中，以棱长为$\frac{\sqrt{6}}{6}a$的正方体的体积最大，最大体积为$V=\frac{\sqrt{6}}{36}a^3$.

二元函数微分学

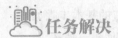 **任务解决**

解 据题意，所求问题转化为求函数$U=(x, y)=10x^{0.6}y^{0.4}$在条件$20x+30y=600$下的极值.

构造拉格朗日函数

$$L(x, y, \lambda)=U(x, y)+\lambda\varphi(x, y)$$
$$=10x^{0.6}y^{0.4}+\lambda(20x+30y-600)$$

对x、y、λ求偏导数，并令各偏导数同时为零，得方程组

$$\begin{cases} 6x^{-0.4}y^{0.4}+20\lambda=0 \\ 4x^{0.6}y^{-0.6}+30\lambda=0 \\ 20x+30y-600=0 \end{cases}$$

解此方程组，得$x=18$，$y=8$.

这是唯一可能的极值点，根据实际问题本身性质可知"效用"的最大值是存在的，这个最大值就在可能存在的极值处取得，即小张购买商品 A 18 件，商品 B 8 件时获得满意的效果.

能力训练 7.5

参考答案

1. 判断题.

（1）函数$z=x^3-y^3-6x^2+12y-5$的驻点有 3 个.（   ）

（2）设函数$z=f(x, y)$的驻点为(x_0, y_0)，记$A=f''_{xx}(x_0, y_0)$，$B=f''_{xy}(x_0, y_0)$，$C=f''_{yy}(x_0, y_0)$，当$B^2-AC>0$时，$f(x, y)$在点(x_0, y_0)没有极值.（   ）

2. 选择题.

（1）已知函数$f(x, y)$在点$(0, 0)$的某个邻域内连续，且

$$\lim_{(x, y)\to(0, 0)}\frac{f(x, y)-xy}{(x^2+y^2)^2}=1$$

则下述正确的是（   ）.

A. 点$(0, 0)$是$f(x, y)$的极大值点

B. 点$(0, 0)$不是$f(x, y)$的极值点

C. 点$(0, 0)$是$f(x, y)$的极小值点

D. 根据已知条件无法判断$(0, 0)$是否为函数$f(x, y)$的极值点

（2）设函数$z=f(x, y)$有驻点(x_0, y_0)，记$A=f''_{xx}(x_0, y_0)$，$B=f''_{xy}(x_0, y_0)$，$C=f''_{yy}(x_0, y_0)$，若$f(x, y)$的点(x_0, y_0)有极小值，则（   ）.

A.$B^2-AC>0, A>0$ B.$B^2-AC>0, A<0$

C.$B^2-AC<0, A>0$ D.$B^2-AC<0, A<0$

（3）函数$z = x^3 - 2x^2 + y^2$的驻点个数为（　　）.

A. 0个　　　　　　　　B. 1个　　　　　　　　C. 2个　　　　　　　　D. 3个

3. 判断函数$f(x, y) = 2x^2 - 2y^2 + 4x + 4y$是否存在极值，若存在，请求出函数的极值及极值点.

4. 求函数$f(x, y) = x^2 + y^2 - 2x - y$的极值点和对应的极值.

5. 求函数$f(x, y) = e^{2x}(x + y^2 + 2y)$的极值.

6. 求函数$z = xy$在条件$x + y = 1$下的极值.

7. 求函数$f(x, y, z) = xyz$在附加条件$x + y + z = 12 (x > 0, y > 0, z > 0)$的极值.

【数学实训七】

利用 MATLAB 求多元函数的偏导数

【实训目的】

掌握多元函数偏导数的方法.

【学习命令】

MATLAB 可以使用 diff 命令求多元函数的偏导数，diff 命令调用格式主要有以下几种.

（1）Diff（$f(x, y, z)$, x）：求函数$f(x, y, z)$对自变量x的偏导数.

（2）Diff（$f(x, y, z)$, y）：求函数$f(x, y, z)$对自变量y的偏导数.

（3）Diff（Diff（$f(x, y, z)$, x）, x）或 Diff（$f(x, y, z)$, x, 2）：求函数$f(x, y, z)$对自变量x的二阶偏导数.

（4）Diff（Diff（$f(x, y, z)$, x）, y）：求函数$f(x, y, z)$对自变量x, y的二阶混合偏导数.

【实训内容】

例 21　求函数$z = x^2 \sin 2y$的二阶偏导数.

操作　在命令窗口输入：

```
>>syms x y              % 创建符号变量x和y
>>z=x^2*sin(2*y);       % 定义函数z

>>zx=diff(z, x)         % 对x求一阶偏导数 ∂z/∂x
```

按回车键，输出：

```
zx=

2*x*sin(2*y)            % 输出结果为 ∂z/∂x = 2x sin 2y
```

在命令窗口输入：

```
>>zy=diff(z, y)         % 对y求一阶偏导数 ∂z/∂y
```

按回车键，输出：

zy=

2*x^2*cos（2*y）   % 输出结果为 $\dfrac{\partial z}{\partial y}=2x^2\cos 2y$

在命令窗口输入：

>>zxx=diff（z, x, 2）   % 对 x 求二阶偏导数 $\dfrac{\partial^2 z}{\partial x^2}$

按回车键，输出：

zxx=

2*sin（2*y）   % 输出结果为 $\dfrac{\partial^2 z}{\partial x^2}=2\sin 2y$

在命令窗口输入：

>>zyy=diff（z, y, 2）   % 对 y 求二阶偏导数 $\dfrac{\partial^2 z}{\partial y^2}$

按回车键，输出：

zyy=

-4*x^2*sin（2*y）   % 输出结果为 $\dfrac{\partial^2 z}{\partial y^2}=-4x^2\sin 2y$

在命令窗口输入：

>>zxy=diff（diff（z, x）, y）   % 对 x、y 求二阶混合偏导数 $\dfrac{\partial^2 z}{\partial x\partial y}$

按回车键，输出：

zxy=

4*x*cos（2*y）   % 输出结果为 $\dfrac{\partial^2 z}{\partial x\partial y}=4x\cos 2y$

【实训作业】

使用 MATLAB 求下列函数的二阶偏导数.

（1）$z=x^5+y^4-4x^2y^2$ （2）$z=\mathrm{e}^x\cos(y)$

【知识延展】

数学与语言学

现代数学的发展和计算机的问世，极大地扩充了数学在人文社会科学领域应用的范围，促进了人文社会科学数学化的进程. 反过来，人文社会科学的发展，也向数学人文科学提出了一系列的新的研究课题，推动着数学的发展.

比如数学与语言学相结合产生了数理语言学，这门边缘学科产生于 20 世纪 50 年代，数理语言学是运用数学模型和数学程序对语言现象加以定量化、形式化描述，以揭示语言的结构和规律. 数理语言学的发展又形成三个分支: 计量语言学、代数语言学、模糊语言学. 其中计量语言学主要进行语言统计和概率研究, 包括词汇统计学、文体统计学以及对语言结构本身的统计研究.

文体统计学是指对某部作品或者某位作家所使用的语言形式进行统计研究, 通过某些语言形式在数量上的比例来说明和确定作品或作家的文体特征. 1980 年, 在英国有人利用数学和计算机证明了在英国图书馆收藏的一部剧本系莎士比亚所作. 此外, 苏联数学家柯尔莫哥洛夫从数学的角度对诗歌的节奏组织法进行研究, 创立了特殊的学科——艺术计量学. 而学者陈炳藻用统计学对《红楼梦》的作者进行研究, 等等.

语言是构成文学作品的基本因素, 一位作家通过从事语言的创造, 形成了自己独特的风格, 每位作家运用语言的特点是不同的, 这就提供了区别作家的标志, 而这种语言结构是可以数量化的. 因此可以对作家文风建立起一种数学模型, 先借助计算机的计算得到作家的相关矩阵, 然后利用相关分析的方法对作家的文风作出比较研究, 这就是数学在语言学中的应用.

第8章 二重积分

事类相推，各有攸归，故枝条虽分而同本干知，发其一端而已. 又所析理以辞，解体用图，庶亦约而能周，通而不黩，览之者思过半矣.

——刘徽

【课前导学】

通过定积分的学习，我们知道面积可以表示为"无限分割的线段的和"，同样，"立体的体积也可以是面积的堆积"，这个卓越的想法最早是由阿基米德提出的. 例如求萝卜的体积，可以将它切成等厚度的薄片，对其进行无限分割，这样萝卜片的厚度就趋近于0. 因此萝卜的体积可以看成是"厚度为0的圆柱体积（即面积）的和"这一思想正是本章所学习的二重积分的原理，因此可以说重积分是定积分的推广和发展，其基本思想仍然是分割、近似代替、求和、取极限. 借助重积分研究空间物体问题，不仅能获得简便的解决方法，还能促进科学思维的培养. 本章主要介绍二重积分的概念，并详细介绍二重积分的计算方法，以及重积分在几何、物理中的应用.

【知识脉络】

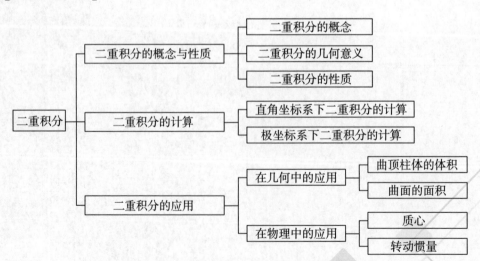

任务提出

北京国家大剧院是人们欣赏精湛艺术表演的场所，剧院内设有适合各种不同演出规模的大小演出厅，当我们在大剧院里观看演出时，有没有想过大剧院的容积有多大，容积又是如何计算出来的？

解决问题知识要点：二重积分的定义、二重积分的几何意义和二重积分的计算.

学习目标

理解二重积分的概念与性质，了解二重积分的几何意义；了解二重积分与定积分之间的联系，会用性质比较两个二重积分的大小，估计二重积分的取值范围.

知识学习

8.1.1　二重积分的概念

二重积分的定义

引例 1　求曲顶柱体的体积. 设某一立体的底是 xOy 平面内的闭区域 D，侧面是以 D 的边界曲线为准线而母线平行于 z 轴的柱面，顶部是定义在 D 上的二元函数 $z=f(x,y)$ 所表示的连续曲面（$f(x,y)\geqslant 0$）（图 8-1），此类立体称为曲顶柱体，现求此曲顶柱体的体积.

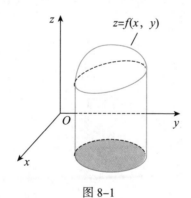

图 8-1

分析　若函数 $f(x,y)$ 在闭区域 D 上为常值，则上述曲顶柱体是一个平顶柱体，其体积可以用公式求出：

$$体积 = 底面积 \times 高$$

对于曲顶柱体，当点 (x,y) 在闭区域 D 上变动时，高 $f(x,y)$ 也随着变动，此时立体体积不能用上述公式计算，需采用与计算曲边梯形面积类似的方法——微元法来解决（如图 8-2 所示），具体步骤如下.

（1）分割. 用一组网格线把闭区域 D 分割成 n 个小闭区域 $\sigma_1,\sigma_2,\cdots,\sigma_n$，它们的面积

第8章　二重积分

依次记为

$$\Delta\sigma_1, \Delta\sigma_2, \cdots, \Delta\sigma_n$$

相应地，此曲顶柱体被分割成n个小曲顶柱体．记第i个小曲顶柱体的体积为ΔV_i，则整个曲顶柱体的体积为

$$V = \Delta V_1 + \Delta V_2 + \cdots + \Delta V_n = \sum_{i=1}^{n} \Delta V_i$$

（2）近似代替．当分割很密时，各小区域σ_i中$f(x, y)$的变化微小，在第i个小区域σ_i内任取一点(ξ_i, η_i)，则第i个小曲顶柱体的体积ΔV_i近似等于以$f(\xi_i, \eta_i)$为高、底面积为$\Delta\sigma_i$的平顶柱体的体积，即

$$\Delta V_i \approx f(\xi_i, \eta_i)\Delta\sigma_i, \ i = 1, 2, \cdots, n$$

（3）求和．每个小曲顶柱体均做类似的近似替代，将上述n个小平顶柱体的体积相加则得到整个曲顶柱体体积的近似值，即

$$V = \sum_{i=1}^{n} \Delta V_i \approx \sum_{i=1}^{n} f(\xi_i, \eta_i)\Delta\sigma_i$$

（4）取极限．当区域D被无限细分，且每个小区域趋于（或缩成）一个点时，此近似值趋近于曲顶柱体的体积．即

$$V = \lim_{\lambda \to 0} \sum_{i=1}^{n} f(\xi_i, \eta_i)\Delta\sigma_i$$

其中λ表示n个小闭区域σ_i的直径中最大的直径（有界闭区域的直径是指区域中任意两点间的距离的最大值）．

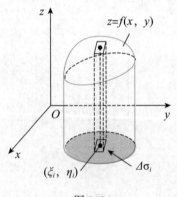

图 8-2

引例2　平面薄片的质量．设平面薄片占xOy面上的闭区域D，它在点(x, y)的面密度函数为$\rho(x, y)$，其中$\rho(x, y) > 0$，且在D上的连续．现计算此平面薄片的质量M．

分析　若平面薄片的面密度是均匀的，即面密度是一个常值，则平面薄片的质量可以用公式求出：

$$质量 = 面密度 \times 面积$$

若面密度是变量，则不能用以上公式计算薄片的质量，可用类似于计算曲顶柱体体积的方法（微元法）求解．

（1）分割．如图 8-3 所示用一组网格线把闭区域 D 分割成 n 个小闭区域 $\sigma_1, \sigma_2, \cdots, \sigma_n$，它们的面积分别记为

$$\Delta\sigma_1, \Delta\sigma_2, \cdots, \Delta\sigma_n$$

（2）近似代替．在每个小闭区域 $\sigma_i(i=1, 2\cdots, n)$ 上任取一个点 (ξ_i, η_i)．当小闭区域 σ_i 的直径很小时，面密度变化微小，可以把小块薄片看成密度 $\rho(\xi_i, \eta_i)$ 均匀的薄片，于是小薄片 σ_i 质量的近似值为

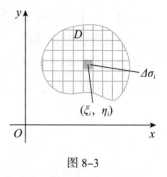

图 8-3

$$\Delta M_i \approx \rho(\xi_i, \eta_i)\Delta\sigma_i$$

（3）求和．对上述 n 块小薄片做类似的近似替代，然后每块小薄片的质量相加便得到整块薄片质量的近似值，即

$$M \approx \sum_{i=1}^{n} \rho(\xi_i, \eta_i)\Delta\sigma_i$$

（4）取极限．当各小区域直径中的最大值 λ 趋于 0 时（即网格分割越来越密时），如果小块薄片质量的和式的极限存在，则此极限值就是薄片的质量，即

$$M = \lim_{\lambda \to 0}\sum_{i=1}^{n} \rho(\xi_i, \eta_i)\Delta\sigma_i$$

以上两个问题的实际意义不同，但处理问题的思想和方法是相同的，都归结为求一个和式的极限，由这两个具体问题加以抽象归纳，便得到二重积分的定义．

定义　设函数 $z = f(x, y)$ 为有界闭区域 D 上的有界函数，将闭区域 D 任意分割成无公共点的 n 个小闭区域 $\sigma_i(i=1, 2, \cdots, n)$，它们的面积分别记作 $\Delta\sigma_i(i=1, 2, \cdots, n)$，在每个闭区域 σ_i 上任取一点 $P_i(\xi_i, \eta_i)$，相应地得到一个函数值 $f(\xi_i, \eta_i)$，并作和式 $\sum_{i=1}^{n} f(\xi_i, \eta_i)\Delta\sigma_i$，如果各个小区域直径中的最大值 λ 趋于 0 时，和式的极限存在，则称此极限值为函数 $f(x, y)$ 在闭区域 D 上的二重积分，记作 $\iint\limits_{D} f(x, y)\mathrm{d}\sigma$，即

$$\iint\limits_{D} f(x, y)\mathrm{d}\sigma = \lim_{\lambda \to 0}\sum_{i=1}^{n} f(\xi_i, \eta_i)\Delta\sigma_i$$

其中 λ 表示这 n 个小闭区域 σ_i 的直径中最大的直径，x, y 称为积分变量，$f(x, y)$ 称为被积函数，$f(x, y)\mathrm{d}\sigma$ 称为被积表达式，$\mathrm{d}\sigma$ 称为面积元素，D 称为积分区域，$\sum_{i=1}^{n} f(\xi_i, \eta_i)\Delta\sigma_i$ 称为积分和．

【注】对二重积分定义的理解应注意以下几点．

（1）如果函数 $f(x, y)$ 在有界闭区域 D 上连续，则函数 $f(x, y)$ 在 D 上可积．

（2）二重积分是一个极限值，它取决于被积函数以及积分区域，而与积分变量符号无关，如

$$\iint\limits_{D} f(x, y)\mathrm{d}x\mathrm{d}y = \iint\limits_{D} f(u, v)\mathrm{d}u\mathrm{d}v$$

二重积分

（3）二重积分的值与闭区域D的分法及点(ξ_i, η_i)的取法无关.

对区域的分割通常可以用平行于两坐标轴的网格线来进行，按此分割除了包含边界点的小部分区域外，其余的小区域都是矩形闭区域. 设某小闭区域D_i的边长为Δx_i和Δy_i，于是有$\Delta \sigma_i = \Delta x_i \Delta y_i$，因此在直角坐标系中，常把面积元素$d\sigma$记作$dxdy$，二重积分则可记作

$$\iint\limits_D f(x, y)dxdy$$

（4）二重积分的几何意义：

若函数$f(x, y) \geq 0$，二重积分表示以闭区域D为底，以曲面$z = f(x, y)$为顶的曲顶柱体的体积. 当函数$f(x, y) \leq 0$时，曲顶柱体在平面xOy下方，此时二重积分表示曲顶柱体体积的负值；如果函数$f(x, y)$有正、有负，二重积分等于平面xOy上方曲顶柱体体积与平面xOy下方曲顶柱体体积代数和.

例1 设D为圆域$x^2 + y^2 \leq R$，利用几何意义求二重积分$\iint\limits_D \sqrt{R^2 - x^2 - y^2}dxdy$.

解 函数$z = \sqrt{R^2 - x^2 - y^2}$的图形是以$R$为半径的上半球面，由二重积分的几何意义知，此二重积分等于上半球的体积（图8-4），所以

$$\iint\limits_D \sqrt{R^2 - x^2 - y^2}dxdy = \frac{2}{3}\pi R^3$$

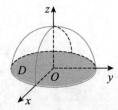

图8-4

8.1.2 二重积分的性质

二重积分具有与定积分类似的性质，假设以下性质中被积函数在所在区域上可积，则有：

性质1 设C为常数，则$\iint\limits_D Cf(x, y)d\sigma = C\iint\limits_D f(x, y)d\sigma$.

性质2 $\iint\limits_D [f(x, y) \pm g(x, y)]d\sigma = \iint\limits_D f(x, y)d\sigma \pm \iint\limits_D g(x, y)d\sigma$.

性质3 设在有界闭区域D上$f(x, y) \equiv 1$，S为区域D的面积，则$\iint\limits_D 1d\sigma = S$.

根据二重积分的几何意义，$\iint\limits_D 1d\sigma$表示以平面$z = 1$为顶、有界闭区域D为底的平顶柱体的体积，在数值上恰好等于柱体的底面面积. 通常$\iint\limits_D 1d\sigma$可简写成$\iint\limits_D d\sigma$.

例2 设闭区域$D = \{(x, y) | 1 \leq x^2 + y^2 \leq 4\}$，求$\iint\limits_D 3d\sigma$.

解 D是半径分别为1和2的两个同心圆所围成的圆环闭区域（图8-5），其面积为

$$S = \pi \times 2^2 - \pi \times 1^2 = 3\pi$$

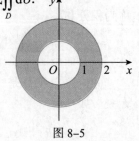

图8-5

于是有

$$\iint\limits_{D} 3\mathrm{d}\sigma = 3\iint\limits_{D}\mathrm{d}\sigma = 3S = 9\pi$$

性质 4（积分区域的可加性） 设有界闭区域D可分为两个闭区域D_1和D_2，则

$$\iint\limits_{D} f(x,\,y)\mathrm{d}\sigma = \iint\limits_{D_1} f(x,\,y)\mathrm{d}\sigma + \iint\limits_{D_2} f(x,\,y)\mathrm{d}\sigma$$

性质 5 若有界闭区域D上，$f(x,\,y) \leqslant g(x,\,y)$，则有

$$\iint\limits_{D} f(x,\,y)\mathrm{d}\sigma \leqslant \iint\limits_{D} g(x,\,y)\mathrm{d}\sigma$$

例 3 利用二重积分性质，比较$\iint\limits_{D}\sqrt{x+y}\,\mathrm{d}\sigma$与$\iint\limits_{D}(x+y)^2\mathrm{d}\sigma$的大小，其中积分区域$D$是由$x=1$，$y=1$及$x+y=1$围成的区域.

解 显然，在闭区域D（图 8-6）上，有$x+y \geqslant 1$，故$\sqrt{x+y} \leqslant (x+y)^2$，于是

$$\iint\limits_{D}\sqrt{x+y}\,\mathrm{d}\sigma \leqslant \iint\limits_{D}(x+y)^2\mathrm{d}\sigma$$

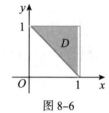

图 8-6

性质 6（二重积分估值定理） 设M和m分别为函数$f(x,\,y)$在有界闭区域D上的最大、最小值，S是闭区域D的面积，则

$$mS \leqslant \iint\limits_{D} f(x,\,y)\mathrm{d}\sigma \leqslant MS$$

例 4 估计$\iint\limits_{D}\sqrt{x+y}\,\mathrm{d}\sigma$的值，其中闭区域$D = \{(x,\,y)\,|\,0 \leqslant x \leqslant 2,\ 0 \leqslant y \leqslant 2\}$.

解 被积函数$f(x,\,y) = \sqrt{x+y}$在积分区域D（图 8-7）上的最大值和最小值为

$$M = f_{\max}(x,\,y) = f(2,\,2) = 2$$
$$m = f_{\min}(x,\,y) = f(0,\,0) = 0$$

积分区域的面积为$S = 2 \times 2 = 4$. 由性质 6，有

$$0 = mS \leqslant \iint\limits_{D}\sqrt{x+y}\,\mathrm{d}\sigma \leqslant MS = 8$$

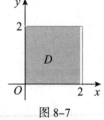

图 8-7

性质 7（二重积分中值定理） 设函数$f(x,\,y)$在有界闭区域D上连续，S为闭区域D的面积，则在D内至少存在一点$(\xi,\,\eta)$，使得

$$\iint\limits_{D} f(x,\,y)\mathrm{d}\sigma = f(\xi,\,\eta)S$$

此性质的几何意义是，如果$f(x,\,y)$在闭区域D上连续且大于零，则该曲顶柱体体积会等于一个以D为底、以$f(\xi,\,\eta)$为高的平顶柱体体积.

性质 8（对称性） 设有界闭区域D关于x轴对称，$f(x,\,y)$在D上连续.

（1）若$f(x,\,y)$在D上是关于变量y的偶函数，即对任意的点$(x,\,y) \in D$，$f(x,\,-y) =$

$f(x, y)$，则

$$\iint\limits_{D} f(x, y)\mathrm{d}x\mathrm{d}y = 2\iint\limits_{D^-} f(x, y)\mathrm{d}x\mathrm{d}y = 2\iint\limits_{D^+} f(x, y)\mathrm{d}x\mathrm{d}y$$

其中D^-表示y轴负半轴区域，D^+表示y轴正半轴区域．

（2）若$f(x, y)$在D上是关于变量y的奇函数，即对任意的点$(x, y) \in D$，$f(x, -y) = -f(x, y)$，则

$$\iint\limits_{D} f(x, y)\mathrm{d}x\mathrm{d}y = 0$$

【注】若积分区域D关于y轴对称，被积函数关于变量x为奇函数或偶函数，同样也有上述结论．

例 5 估计$\iint\limits_{D}(x + x^3 y^2)\mathrm{d}x\mathrm{d}y$值，其中闭区域$D = \left\{(x, y) \mid x^2 + y^2 \leq 4, y > 0\right\}$．

解 因为D是圆心在$(0, 0)$，半径为 2，位于y轴正半轴的半圆域，D关于y轴对称，被积函数$f(x, y) = x + x^3 y^2$关于变量x为奇函数，所以

$$\iint\limits_{D}(x + x^3 y^2)\mathrm{d}x\mathrm{d}y = 0$$

任务解决

解 观察国家大剧院的顶部外型，显然它近似于部分球面，如果以剧院中心部位作坐标原点，大剧院的顶部可以看成是一个上半球面$z = \sqrt{R^2 - x^2 - y^2}$（$R$为剧院顶部到剧院中心的距离），再观察剧院底部和侧面的特点，发现整个剧院可以看成是一个曲顶柱体，于是剧院的体积就近似看成是一个曲顶柱体的体积．所以大剧院的容积可以用二重积分表示$V = \iint\limits_{D}\sqrt{R^2 - x^2 - y^2}\mathrm{d}x\mathrm{d}y$，（$D: x^2 + y^2 \leq R^2$）并求出．

能力训练 8.1

1. 由二重积分的几何意义求下列二重积分的值．

（1）设$D: 0 \leq y \leq \sqrt{4 - x^2}$，$0 \leq x \leq 2$，计算二重积分$\iint\limits_{D}\sqrt{4 - x^2 - y^2}\mathrm{d}\sigma$．

参考答案

（2）设D是由直线$x = 0$，$y = 0$，$x + y = 2$围成的区域，计算二重积分$\iint\limits_{D}3\mathrm{d}\sigma$．

2. 判断$\iint\limits_{|x|+|y| \leq 1}\ln(x^2 + y^2)\mathrm{d}\sigma$的符号．

3. 利用二重积分的性质，比较下列二重积分的大小．

（1）$\iint\limits_{D}\sqrt{1 + x^2 + y^2}\mathrm{d}\sigma$与$\iint\limits_{D}\sqrt{1 + x^4 + y^4}\mathrm{d}\sigma$，其中$D = \left\{(x, y) \mid x^2 + y^2 \leq 1\right\}$．

（2）$\iint\limits_{D}\ln(x+y)\mathrm{d}\sigma$ 与 $\iint\limits_{D}\left[\ln(x+y)\right]^{2}\mathrm{d}\sigma$，其中 D 是由直线 $x=0$，$y=0$ 及 $x+y=1$ 围成的区域.

4. 估计 $\iint\limits_{D}\sqrt[4]{xy(x+y)}\,\mathrm{d}\sigma$ 的值，其中 $D=\{(x,y)\,|\,0\leqslant x\leqslant 2,\,0\leqslant y\leqslant 2\}$.

8.2　二重积分的计算

📖 任务提出

当前人口问题正成为人们关注的话题，假设某城市 2023 年距离市中心 r 千米区域内的人口密度函数为 $P(r)=12\mathrm{e}^{-0.2r}$，单位为万人／平方千米. 请测算距离市中心 2 千米区域内的人口数.

解决问题知识要点：二重积分的计算、极坐标下二重积分的计算.

📺 学习目标

掌握将二重积分化为二次积分时如何确定积分次序和积分限，掌握如何变换二次积分的积分次序；熟练掌握直角坐标系和极坐标系下二重积分的计算方法.

💡 知识学习

8.2.1　预备知识

理解 X–型区域和 Y–型区域.

X–型区域的一般形式为

$$D=\{(x,y)\,|\,a\leqslant x\leqslant b,\,\varphi_{1}(x)\leqslant y\leqslant\varphi_{2}(x)\}$$

其中，函数 $\varphi_{1}(x)$ 与 $\varphi_{2}(x)$ 在区间 $[a,b]$ 上连续，穿过闭区域 D 内部且平行于 y 轴的直线与 D 的边界最多只有两个交点（图 8-8）.

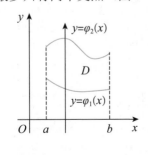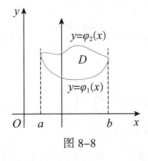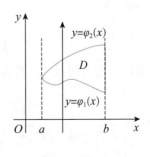

图 8-8

Y–型区域的一般形式为

$$D = \{(x, y) \mid c \leqslant y \leqslant d, \psi_1(y) \leqslant x \leqslant \psi_2(y)\}$$

其中，函数$\psi_1(y)$与$\psi_2(y)$在区间$[c, d]$上连续，穿过闭区域D内部且平行于x轴的直线与D的边界最多只有两个交点（图8–9）

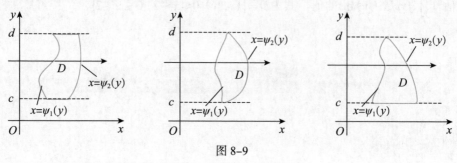

图8–9

8.2.2 直角坐标系下二重积分的计算

假设有积分区域D是X–型区域：$D = \{(x, y) \mid a \leqslant x \leqslant b, \varphi_1(x) \leqslant y \leqslant \varphi_2(x)\}$，其中函数$\varphi_1(x)$与$\varphi_2(x)$在区间$[a, b]$上连续，函数$f(x, y)$在闭区域$D$上连续且$f(x, y) \geqslant 0$，在几何上，二重积分$\iint_D f(x, y)\mathrm{d}\sigma$的值是以积分区域$D$为底，以曲面$z = f(x, y)$为顶的曲顶柱体的体积.

用平行截面法计算此曲顶柱体体积.

（1）先计算截面的面积. 如图8–10所示，在区间$[a, b]$上任取一点x_0，作平行于yOz的平面$x = x_0$，此平面截曲顶柱体所得的截面是以区间$[\varphi_1(x_0), \varphi_2(x_0)]$为底，以$z = f(x_0, y)$为曲边的曲边梯形，其面积为

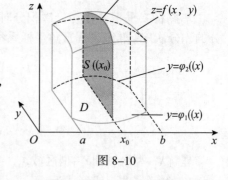

图8–10

$$S(x_0) = \int_{\varphi_1(x_0)}^{\varphi_2(x_0)} f(x_0, y)\mathrm{d}y$$

一般地，过区间$[a, b]$上任取一点x且平行于yOz的平面截此曲顶柱体所得截面的面积为

$$S(x) = \int_{\varphi_1(x)}^{\varphi_2(x)} f(x, y)\mathrm{d}y$$

（2）由已知截面面积的立体的体积公式（参见本书第5章5.6节内容），得该曲顶柱体的体积为

$$V = \int_a^b S(x)\mathrm{d}x = \int_a^b \left[\int_{\varphi_1(x)}^{\varphi_2(x)} f(x, y)\mathrm{d}y \right] \mathrm{d}x$$

根据二重积分的几何意义，可得

$$\iint_D f(x, y)\mathrm{d}\sigma = \int_a^b \left[\int_{\varphi_1(x)}^{\varphi_2(x)} f(x, y)\mathrm{d}y \right] \mathrm{d}x$$

上式的右边称为先对y再对x的二次积分.

这个公式表明，直角坐标系下的二重积分可以转化为先对y后对x的二次积分（也称

累次积分）来计算. 类似地，对积分区域D是Y-型区域的二重积分则可以转化为先对x后对y的二次积分. 总结如下.

【小结】

（1）积分区域D是X-型区域（图8-8）：

1）将x当成常数，$f(x, y)$看作y的函数，计算从$\varphi_1(x)$到$\varphi_2(x)$对y的定积分；

2）把1）所得结果（应为x的函数）在区间$[a, b]$上计算对x的定积分.

此时，二重积分计算公式可以写成

$$\iint\limits_{D} f(x, y)\mathrm{d}\sigma = \int_a^b \mathrm{d}x \int_{\varphi_1(x)}^{\varphi_2(x)} f(x, y)\mathrm{d}y$$

（2）积分区域D是Y-型区域（图8-9）：

1）将y当作常数，$f(x, y)$看作x的函数，计算从$\psi_1(y)$到$\psi_2(y)$对x的定积分；

2）把1）所得结果（应为y的函数）在区间$[c, d]$上计算对y的定积分.

此时，二重积分计算公式可写成

$$\iint\limits_{D} f(x, y)\mathrm{d}\sigma = \int_c^d \left[\int_{\psi_1(y)}^{\psi_2(y)} f(x, y)\mathrm{d}x \right] \mathrm{d}y = \int_c^d \mathrm{d}y \int_{\psi_1(y)}^{\psi_2(y)} f(x, y)\mathrm{d}x$$

（3）积分区域D既不是X-型区域，也不是Y-型区域：可以先将区域分割成若干X-型区域（或Y-型区域），之后在每个区域上进行相关计算，再由二重积分的积分区域可加性，即可计算出二重积分.

例6 在直角坐标系中，将二重积分$\iint\limits_{D} f(x, y)\mathrm{d}\sigma$化为累次积分，其中$D$为：

（1）由直线$x = 2$，$y = x$和$y = 1$所围成的闭区域；

（2）由直线$y = x$，$y = -x$和$x = 1$所围成的闭区域；

（3）由直线$y = x$，$x = 2$和曲线$y = \dfrac{1}{x}$所围成的闭区域.

解 （1）画出积分闭区域D的图形（图8-11和图8-12）.

方法一 把闭区域D看成X-型区域（图8-11），可以实施先对y后对x积分，此时D可以表示为$1 \leqslant y \leqslant x, 1 \leqslant x \leqslant 2$. 因此

$$\iint\limits_{D} f(x, y)\mathrm{d}\sigma = \int_1^2 \mathrm{d}x \int_1^x f(x, y)\mathrm{d}y$$

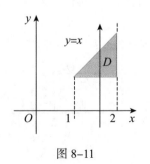

图8-11

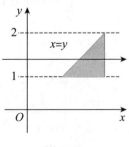

图8-12

方法二 把闭区域D看成Y-型区域（图 8-12），可以实施先对x后对y积分，此时D可以表示为$y \leq x \leq 2, 1 \leq y \leq 2$. 因此

$$\iint\limits_{D} f(x, y)\mathrm{d}\sigma = \int_1^2 \mathrm{d}y \int_y^2 f(x, y)\mathrm{d}x$$

（2）画出积分闭区域D的图形（图 8-13 和图 8-14）.

方法一 把闭区域D看成X-型区域（图 8-13），可以实施先对y后对x积分，此时D可以表示为$-x \leq y \leq x, 0 \leq x \leq 1$. 因此

$$\iint\limits_{D} f(x, y)\mathrm{d}\sigma = \int_0^1 \mathrm{d}x \int_{-x}^x f(x, y)\mathrm{d}y$$

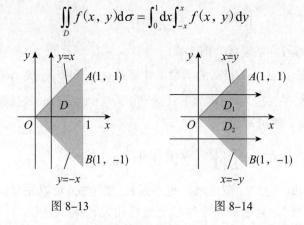

图 8-13   图 8-14

方法二 把闭区域D看成Y-型区域（图 8-14），可以实施先对x后对y积分，计算时需要把D分成D_1和D_2两个区域，D_1和D_2分别表示为

$$D_1: y \leq x \leq 1, 0 \leq y \leq 1; \quad D_2: -y \leq x \leq 1, -1 \leq y \leq 0$$

由积分区域可加性可得

$$\iint\limits_{D} f(x, y)\mathrm{d}\sigma = \iint\limits_{D_1} f(x, y)\mathrm{d}\sigma + \iint\limits_{D_2} f(x, y)\mathrm{d}\sigma$$

$$= \int_0^1 \mathrm{d}y \int_y^1 f(x, y)\mathrm{d}x + \int_{-1}^0 \mathrm{d}y \int_{-y}^1 f(x, y)\mathrm{d}x$$

（3）画出积分闭区域D的图形（图 8-15 和图 8-16）.

方法一 把闭区域D看成X-型区域（图 8-15），可以实施先对y后对x积分，此时D可以表示为$\dfrac{1}{x} \leq y \leq x, 1 \leq x \leq 2$. 因此

$$\iint\limits_{D} f(x, y)\mathrm{d}\sigma = \int_1^2 \mathrm{d}x \int_{\frac{1}{x}}^x f(x, y)\mathrm{d}y$$

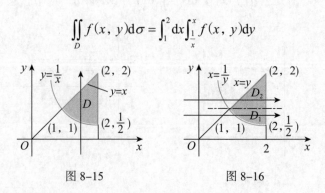

图 8-15   图 8-16

方法二　把闭区域D看成Y–型区域（图8–16），可以实施先对x后对y积分，计算时需要把D分成D_1和D_2两个区域，D_1和D_2分别表示为

$$D_1: \frac{1}{y} \leqslant x \leqslant 2, \frac{1}{2} \leqslant y \leqslant 1, \quad D_2: y \leqslant x \leqslant 2, 1 \leqslant y \leqslant 2$$

因此

$$\iint\limits_{D} f(x, y)\mathrm{d}\sigma = \int_{\frac{1}{2}}^{1}\mathrm{d}y\int_{\frac{1}{y}}^{2} f(x, y)\mathrm{d}x + \int_{1}^{2}\mathrm{d}y\int_{y}^{2} f(x, y)\mathrm{d}x$$

【注】由以上各例可知，X–型区域的积分次序是"先对y后对x求积分"；Y–型区域的积分次序是"先对x后对y求积分"，具体求解时，选择易于计算的区域类型即可.

例7　计算二重积分$\iint\limits_{D}(x^2 + y)\mathrm{d}\sigma$，其中$D$是由抛物线$y = x^2$和$x = y^2$所围成的平面闭区域.

解　方法一

（1）画出积分闭区域D的图形（图8–17）.

（2）解方程组$\begin{cases} y = x^2, \\ x = y^2, \end{cases}$可得曲线交点为$(0, 0)$和$(1, 1)$，

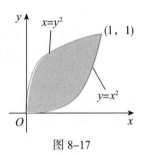

图8–17

若先对y再对x求积分，则D可以表示为

$$x^2 \leqslant y \leqslant \sqrt{x}, 0 \leqslant x \leqslant 1$$

（3）求积分

$$\iint\limits_{D}(x^2 + y)\mathrm{d}\sigma = \int_{0}^{1}\mathrm{d}x\int_{x^2}^{\sqrt{x}}(x^2 + y)\mathrm{d}y$$

$$= \int_{0}^{1}\left(x^2 y + \frac{1}{2}y^2\right)\Bigg|_{y=x^2}^{y=\sqrt{x}}\mathrm{d}x = \int_{0}^{1}\left(x^{\frac{5}{2}} + \frac{1}{2}x - \frac{3}{2}x^4\right)\mathrm{d}x$$

$$= \left(\frac{2}{7}x^{\frac{7}{2}} + \frac{1}{4}x^2 - \frac{3}{10}x^5\right)\Bigg|_{0}^{1} = \frac{33}{140}$$

方法二　若先对x再对y求积分，则D可以表示为

$$y^2 \leqslant x \leqslant \sqrt{y}, 0 \leqslant y \leqslant 1$$

于是有

$$\iint\limits_{D}(x^2 + y)\mathrm{d}\sigma = \int_{0}^{1}\mathrm{d}y\int_{y^2}^{\sqrt{y}}(x^2 + y)\mathrm{d}x$$

$$= \int_{0}^{1}\left(\frac{1}{3}x^3 + yx\right)\Bigg|_{x=y^2}^{x=\sqrt{y}}\mathrm{d}y = \int_{0}^{1}\left(\frac{4}{3}y^{\frac{3}{2}} - \frac{1}{3}y^6 - y^3\right)\mathrm{d}y$$

$$= \left(\frac{8}{15}y^{\frac{5}{2}} - \frac{1}{21}y^7 - \frac{1}{4}y^4\right)\Bigg|_{0}^{1} = \frac{33}{140}$$

第8章

二重积分

213

例 8 计算二重积分 $\iint\limits_{D}e^{-x^2}d\sigma$，其中 D 是由直线 $y=0$，$y=x$ 和 $x=2$ 所围成的平面闭区域.

解 （1）画出积分闭区域 D 的图形（图 8-18）.

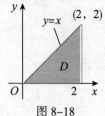

图 8-18

（2）解方程组 $\begin{cases} y=0 \\ x=2 \\ y=x \end{cases}$，得交点为 $(0,0)$ 和 $(2,2)$，先对 y 再对 x 求积分，则 D 可以表示为

$$0 \leqslant y \leqslant x, \; 0 \leqslant x \leqslant 2$$

有

$$\iint\limits_{D}e^{-x^2}d\sigma = \int_0^2 dx \int_0^x e^{-x^2}dy = \int_0^2 \left[e^{-x^2}y \right]_{y=0}^{y=x} dx$$

$$= \int_0^2 e^{-x^2}x\,dx = -\frac{1}{2}\int_0^2 e^{-x^2}d(-x^2) = -\frac{1}{2}e^{-x^2}\Big|_0^2 = \frac{1}{2}(1-e^{-4})$$

此例如果先对 x 再对 y 积分，D 可以表示为

$$y \leqslant x \leqslant 2, \; 0 \leqslant y \leqslant 2$$

有

$$\iint\limits_{D}e^{-x^2}d\sigma = \int_0^2 dy \int_y^2 e^{-x^2}dx$$

此时 e^{-x^2} 是无法积分的（它的原函数不能用初等函数表示），因此积分次序的选择，不仅要看积分区域 D 的特征，还要考虑被积函数的特点，原则上既要使计算能够进行，又要使计算尽可能简便.

例 9 计算二重积分 $\iint\limits_{D}xy\,dx\,dy$，其中 D 是由直线 $y=x-2$ 及抛物线 $y^2=x$ 围成的平面闭区域.

解 方法一

（1）画出积分闭区域 D 的图形（图 8-19）.

（2）解方程组 $\begin{cases} y=x-2 \\ y^2=x \end{cases}$，得交点为 $(1,-1)$ 和 $(4,2)$，

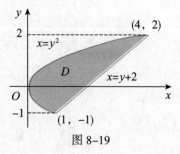

图 8-19

先对 x 再对 y 求积分，则 D 可以表示为

$$y^2 \leqslant x \leqslant y+2, \; -1 \leqslant y \leqslant 2$$

于是有

$$\iint\limits_{D}xy\,dx\,dy = \int_{-1}^2 dy \int_{y^2}^{y+2} xy\,dx = \int_{-1}^2 \left[\frac{1}{2}yx^2 \right]_{x=y^2}^{x=y+2} dy$$

$$= \frac{1}{2}\int_{-1}^2 (y^3+4y^2+4y-y^5)dy = \frac{1}{2}\left(\frac{y^4}{4} + \frac{4y^3}{3} + 2y^2 - \frac{y^6}{6} \right)\Big|_{-1}^2 = \frac{45}{8}$$

方法二 先对 y 再对 x 求积分，则 D 可以分为 D_1 和 D_2 两个区域（图 8-20）：

$$D_1: -\sqrt{x} \leqslant y \leqslant \sqrt{x},\ 0 \leqslant x \leqslant 1$$

$$D_2: x-2 \leqslant y \leqslant \sqrt{x},\ 1 \leqslant x \leqslant 4$$

于是有

$$\iint\limits_{D} xy\mathrm{d}x\mathrm{d}y = \int_0^1 \mathrm{d}x \int_{-\sqrt{x}}^{\sqrt{x}} xy\mathrm{d}y + \int_1^4 \mathrm{d}x \int_{x-2}^{\sqrt{x}} xy\mathrm{d}y$$

$$= \int_0^1 \left[\frac{1}{2}xy^2 \right]\Big|_{y=-\sqrt{x}}^{y=\sqrt{x}} \mathrm{d}x + \int_1^4 \left[\frac{1}{2}xy^2 \right]\Big|_{y=x-2}^{y=\sqrt{x}} \mathrm{d}x$$

$$= 0 + \frac{1}{2}\int_1^4 \left[x^2 - x(x-2)^2 \right]\mathrm{d}x = \frac{1}{2}\int_1^4 (5x^2 - x^3 - 4x)\mathrm{d}x$$

$$= \frac{1}{2}\left(\frac{5}{3}x^3 - \frac{1}{4}x^4 - 2x^2 \right)\Big|_1^4 = \frac{45}{8}$$

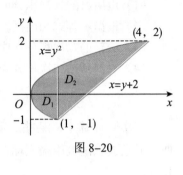

图 8-20

例 10 对下列二次积分交换次序.

（1）$\int_{-2}^1 \mathrm{d}y \int_{y^2}^4 f(x,\ y)\mathrm{d}x$

（2）$\int_0^1 \mathrm{d}x \int_0^{x^2} f(x,\ y)\mathrm{d}y + \int_1^3 \mathrm{d}x \int_0^{\frac{1}{2}(3-x)} f(x,\ y)\mathrm{d}y$

二重积分交换积分次序

解 （1）此积分次序是先对x再对y的二次积分，由二次积分的上、下限可推出二重
积分的积分区域：

$$D = \left\{ (x,\ y) \mid y^2 \leqslant x \leqslant 4,\ -2 \leqslant y \leqslant 1 \right\}$$

由此，画出区域D的图形（图 8-21），显然$x=1$将D分成D_1和D_2两个闭区域，用新次序表
示这两个区域：

$$D_1 = \left\{ (x,\ y) \mid -\sqrt{x} \leqslant y \leqslant \sqrt{x},\ 0 \leqslant x \leqslant 1 \right\}$$

$$D_2 = \left\{ (x,\ y) \mid -\sqrt{x} \leqslant y \leqslant 1,\ 1 \leqslant x \leqslant 4 \right\}$$

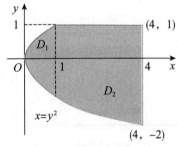

于是

$$\int_{-2}^1 \mathrm{d}y \int_{y^2}^4 f(x,\ y)\mathrm{d}x = \int_0^1 \mathrm{d}x \int_{-\sqrt{x}}^{\sqrt{x}} f(x,\ y)\mathrm{d}y + \int_1^4 \mathrm{d}x \int_{-\sqrt{x}}^1 f(x,\ y)\mathrm{d}y$$

（2）此积分次序是先对y再对x的二次积

图 8-21

分的上、下限可推出二重积分的积分区域D分为D_1和D_2两个积分区域：

$$D_1 = \left\{ (x,\ y) \mid 0 \leqslant y \leqslant x^2,\ 0 \leqslant x \leqslant 1 \right\}$$

$$D_2 = \left\{ (x,\ y) \mid 0 \leqslant y \leqslant \frac{1}{2}(3-x),\ 1 \leqslant x \leqslant 3 \right\}$$

画出区域D的图形（图 8-22），此时积分区域D也可以表示为

$$D = \left\{ (x,\ y) \mid \sqrt{y} \leqslant x \leqslant 3-2y,\ 0 \leqslant y \leqslant 1 \right\}$$

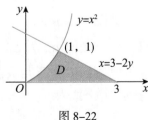

图 8-22

$$\int_0^1 dx \int_0^{x^2} f(x, y)dy + \int_1^3 dx \int_0^{\frac{1}{2}(3-x)} f(x, y)dy = \int_0^1 dy \int_{\sqrt{y}}^{3-2y} f(x, y)dx$$

【注】变换积分次序的步骤:

(1) 由所给的二次积分的上、下限列出表示积分区域D的不等式;

(2) 根据不等式画出区域D的图形;

(3) 按新的二次积分次序,重新列出表示区域D的不等式;

(4) 写出新的二次积分表达式.

极坐标系下二重积分的计算

8.2.3 极坐标系下二重积分的计算

在实际计算中,某些二重积分的积分区域D的边界曲线用极坐标方程来表示更为方便,而且被积函数用极坐标变量r,θ表示较为简单,此时可以考虑采用极坐标来计算二重积分.

假定从极点O出发且穿过闭区域D的射线与D边界相交不多于两点,函数$f(x, y)$在D上连续,用以极点为中心的一族同心圆(r为常数)及从极点出发的一族射线(θ为常数),把D划分成n个小闭区域(图 8-23).

设其中一个小闭区域σ是由半径分别为r和$r + \Delta r$的两个同心圆,极角分别为θ和$\theta + \Delta\theta$的射线围成,小闭区域σ的面积记为$\Delta\sigma$,则由扇形面积公式可得

$$\Delta\sigma = \frac{1}{2}(r + \Delta r)^2 \Delta\theta - \frac{1}{2}r^2 \Delta\theta = \frac{1}{2}\left[2r\Delta r + (\Delta r)^2\right]\Delta\theta$$

$$= \frac{r + (r + \Delta r)}{2}\Delta r\Delta\theta \approx r\Delta r\Delta\theta$$

根据微元法可得极坐标系下的面积元素为$d\sigma \approx rdrd\theta$,此外,我们知道直角坐标系与极坐标的转换关系为$x = r\cos\theta$,$y = r\sin\theta$,从而得到直角坐标系下与极坐标系下二重积分的转换公式

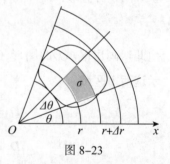

图 8-23

$$\iint_D f(x, y)dxdy = \iint_D f(r\cos\theta, r\sin\theta)rdrd\theta$$

极坐标系下二重积分的计算,同样是化为二次积分(累次积分),根据极坐标系中曲线的表示方式,通常采用先对r后对θ的积分.

在确定积分上、下限时,需观察属于以下哪种情形.

(1) 极点位于积分区域D外.

设积分区域D为

$$\alpha \leqslant \theta \leqslant \beta, \quad \varphi_1(\theta) \leqslant r \leqslant \varphi_2(\theta)$$

如图 8-24 所示,其中$\varphi_1(\theta)$,$\varphi_2(\theta)$在区间$[\alpha, \beta]$上连续.先在区间$[\alpha, \beta]$上任取一点θ,相应地,极半径r从$\varphi_1(\theta)$变到$\varphi_2(\theta)$,于是极坐标系下的二重积分化为二次积分的计算公式为:

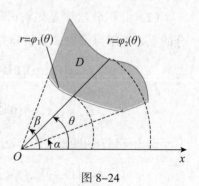

图 8-24

$$\iint_D f(r\cos\theta,\ r\sin\theta)r\mathrm{d}r\mathrm{d}\theta = \int_\alpha^\beta \mathrm{d}\theta \int_{\varphi_1(\theta)}^{\varphi_2(\theta)} f(r\cos\theta,\ r\sin\theta)r\mathrm{d}r$$

（2）极点位于积分区域 D 内.

若极点位于积分区域 D 内如图 8-25 所示，则它可看作图 8-24 中当 $\alpha=0$，$\beta=2\pi$ 时的特例，此时积分区域可用不等式

$$0 \leqslant \theta \leqslant 2\pi,\ 0 \leqslant r \leqslant \varphi(\theta)$$

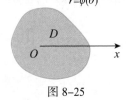

图 8-25

表示，从而积分公式为

$$\iint_D f(r\cos\theta,\ r\sin\theta)r\mathrm{d}r\mathrm{d}\theta = \int_0^{2\pi} \mathrm{d}\theta \int_0^{\varphi(\theta)} f(r\cos\theta,\ r\sin\theta)r\mathrm{d}r$$

（3）极点位于积分区域 D 的边界上.

若极点位于积分区域 D 的边界上，如图 8-26 所示，则它可看成图 8-24 中当 $\varphi_1(\theta)=0$，$\varphi_2(\theta)=\varphi(\theta)$ 的特例，此时闭区域 D 可用不等式

$$\alpha \leqslant \theta \leqslant \beta,\ 0 \leqslant r \leqslant \varphi(\theta)$$

表示，从而积分公式为

$$\iint_D f(r\cos\theta,\ r\sin\theta)r\mathrm{d}r\mathrm{d}\theta$$
$$= \int_\alpha^\beta \mathrm{d}\theta \int_0^{\varphi(\theta)} f(r\cos\theta,\ r\sin\theta)r\mathrm{d}r$$

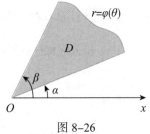

图 8-26

例 11　计算 $\displaystyle\iint_D \arctan\frac{y}{x}\mathrm{d}x\mathrm{d}y$，其中 D 是由圆 $x^2+y^2=1$，$x^2+y^2=4$ 及直线 $y=x$，$y=0$ 在第一象限所围成的平面闭区域.

解　积分区域 D 如图 8-27 所示，极点 O 在积分区域之外，极坐标下的积分区域可表示为

$$0 \leqslant \theta \leqslant \frac{\pi}{4},\ 1 \leqslant r \leqslant 2$$

由转换关系 $x=r\cos\theta$，$y=r\sin\theta$，可得

$$\frac{y}{x}=\tan\theta \Rightarrow \arctan\left(\frac{y}{x}\right)=\arctan(\tan\theta)=\theta$$

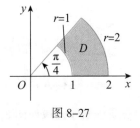

图 8-27

因此

$$\iint_D \arctan\frac{y}{x}\mathrm{d}x\mathrm{d}y = \int_0^{\frac{\pi}{4}} \mathrm{d}\theta \int_1^2 \theta r\mathrm{d}r$$

$$= \int_0^{\frac{\pi}{4}} \left(\frac{1}{2}\theta r^2\right)\bigg|_1^2 \mathrm{d}\theta = \frac{3}{2}\int_0^{\frac{\pi}{4}} \theta \mathrm{d}\theta = \frac{3}{4}\theta^2\bigg|_0^{\frac{\pi}{4}} = \frac{3\pi^2}{64}$$

例 12　计算 $\displaystyle\iint_D (1-x^2-y^2)\mathrm{d}x\mathrm{d}y$，其中 D 是由圆 $x^2+y^2=1(x>0)$ 及直线 $y=x$，$y=0$ 所围成的平面闭区域.

二重积分

解 积分区域D如图 8-28 所示，极点在积分区域边界上，极坐标下的积分区域可表示为

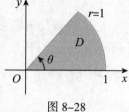

$$0 \leqslant \theta \leqslant \frac{\pi}{4}, \ 0 \leqslant r \leqslant 1$$

由转换关系$x = r\cos\theta, \ y = r\sin\theta,$ 可得

$$\iint\limits_{D} (1 - x^2 - y^2)\mathrm{d}x\mathrm{d}y = \int_0^{\frac{\pi}{4}} \mathrm{d}\theta \int_0^1 (1 - r^2) r \mathrm{d}r$$

$$= \int_0^{\frac{\pi}{4}} \left(\frac{1}{2}r^2 - \frac{1}{4}r^4 \right)\Bigg|_0^1 \mathrm{d}\theta = \frac{1}{4}\int_0^{\frac{\pi}{4}}\mathrm{d}\theta = \frac{1}{4}\theta\Bigg|_0^{\frac{\pi}{4}} = \frac{\pi}{16}$$

图 8-28

【注】一般地，当积分区域D为圆域、扇形域或者被积函数为$f(x^2 + y^2)$形式时，宜采用极坐标计算.

例 13 计算$\displaystyle\iint\limits_{D} \mathrm{e}^{-x^2-y^2}\mathrm{d}x\mathrm{d}y$，其中$D$是由不等式$x^2 + y^2 \leqslant 4$所确定的平面闭区域.

解 积分区域D如图 8-29 所示，极点在积分区域之内，极坐标下的积分区域可表示为

$$0 \leqslant \theta \leqslant 2\pi, \ 0 \leqslant r \leqslant 2$$

于是有

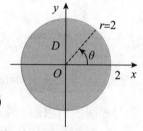

$$\iint\limits_{D} \mathrm{e}^{-x^2-y^2}\mathrm{d}x\mathrm{d}y = \int_0^{2\pi}\mathrm{d}\theta\int_0^2 \mathrm{e}^{-r^2}r\mathrm{d}r = -\frac{1}{2}\int_0^{2\pi}\left[\mathrm{e}^{-r^2}\right]\Big|_0^2\mathrm{d}\theta$$

$$= -\frac{1}{2}\int_0^{2\pi}(\mathrm{e}^{-4}-1)\mathrm{d}\theta = -\frac{1}{2}(\mathrm{e}^{-4}-1)\theta\Big|_0^{2\pi} = \pi(1 - \mathrm{e}^{-4})$$

图 8-29

【注】由于e^{-x^2}的原函数不是初等函数，故本例无法使用直角坐标系下的积分方法进行计算.

任务解决

解 根据人口统计模型知，此问题就是求二重积分$\displaystyle\iint\limits_{D}12\mathrm{e}^{-0.2r}\mathrm{d}\sigma.$

依题意积分区域如图 8-30 所示（坐标原点为市中心）.

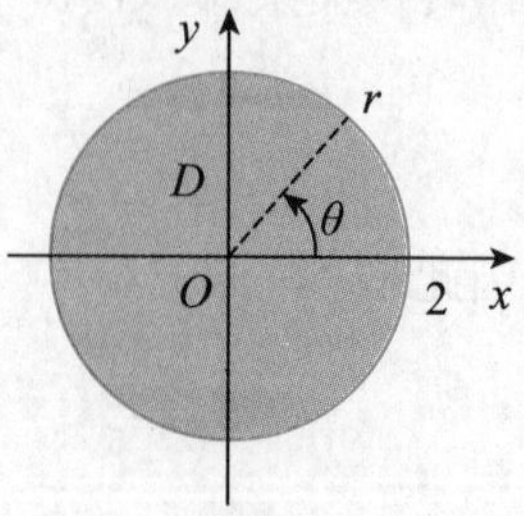

$$\iint\limits_{D}12\mathrm{e}^{-0.2r}\mathrm{d}\sigma = \iint\limits_{D}12\mathrm{e}^{-0.2r}\mathrm{d}\sigma = 12\iint\limits_{D}\mathrm{e}^{-0.2r}r\mathrm{d}r\mathrm{d}\theta$$

$$= 12\int_0^{2\pi}\mathrm{d}\theta\int_0^2\mathrm{e}^{-0.2r}r\mathrm{d}r = 12\int_0^{2\pi}\left[\int_0^2 -5r\mathrm{d}(\mathrm{e}^{-0.2r})\right]\mathrm{d}\theta$$

$$= 12\int_0^{2\pi}\left[-5r\mathrm{e}^{-0.2r}\Big|_0^2 + 5\int_0^2\mathrm{e}^{-0.2r}\mathrm{d}r\right]\mathrm{d}\theta = 12\int_0^{2\pi}\left[-10\mathrm{e}^{-0.4} + 5(-5\mathrm{e}^{-0.2r})\Big|_0^2\right]\mathrm{d}\theta$$

$$= 12\int_0^{2\pi}(25 - 35\mathrm{e}^{-0.4})\mathrm{d}\theta = 12 \cdot (25 - 35\mathrm{e}^{-0.4}) \cdot 2\pi \approx 116.02 \text{（万）}$$

图 8-30

1. 交换下列累次积分的积分次序.

（1）$\int_0^1 dx \int_x^1 f(x, y)dy$ （2）$\int_0^1 dy \int_y^{\sqrt{y}} f(x, y)dx$

（3）$\int_{-2}^1 dy \int_{y^2}^4 f(x, y)dx$ （4）$\int_1^e dx \int_0^{\ln x} f(x, y)dy$

（5）$\int_0^2 dx \int_x^{2x} f(x, y)dy$ （6）$\int_0^1 dx \int_0^x f(x, y)dy + \int_1^2 dx \int_0^{2-x} f(x, y)dy$

2. 利用直角坐标计算下列二重积分.

（1）计算 $\iint\limits_D \dfrac{y}{x} dxdy$，其中 D 是由直线 $y = 2x$，$y = x$ 和 $x = 2$，$x = 4$ 所围成的区域.

（2）计算 $\iint\limits_D (x^2 + y) dxdy$，其中 D 是由直线 $y = 1$，$y = x$ 和 $x = 2$ 所围成的区域.

（3）计算 $\iint\limits_D \cos x^2 dxdy$，其中 D 是由直线 $x = 1$，$y = x$ 和 $x = 0$ 所围成的区域.

（4）计算 $\iint\limits_D \dfrac{\sin y}{y} dxdy$，其中 D 是由直线 $y = x$ 和抛物线 $x = y^2$ 所围成的区域.

（5）计算 $\iint\limits_D x^2 y dxdy$，其中 D 是由抛物线 $y = x^2$ 和直线 $y = 2x$ 所围成的区域.

（6）计算 $\iint\limits_D \dfrac{x^2}{1 + y^2} dxdy$，其中 D 是由不等式 $0 \leqslant x \leqslant 1$ 和 $0 \leqslant y \leqslant 1$ 确定的区域.

3. 将 $\iint\limits_D x^2 y dxdy$ 化为极坐标形式的累次积分，其中 D 为

（1）$x^2 + y^2 \leqslant 2ax$ 构成的区域 $(a > 0)$；

（2）$x^2 + y^2 = 4x$，$x^2 + y^2 = 8x$，$x = y$ 和 $y = 2x$ 所围成的图形；

（3）$x^2 + y^2 \leqslant ax$ 和 $x^2 + y^2 \leqslant ay (a > 0)$ 的公共部分.

4. 计算 $\iint\limits_D (x^2 + y^2) dxdy$，其中 D 是由 $x^2 + y^2 \leqslant 4x$ 所确定的区域.

5. 计算 $\iint\limits_D \ln(x^2 + y^2) dxdy$，其中 D 是由 $1 \leqslant x^2 + y^2 \leqslant 4$ 所围成的区域.

6. 计算 $\iint\limits_D \sqrt{x^2 + y^2} d\sigma$，其中 D 是由 $x^2 + y^2 = 2$ 和 $x^2 + y^2 = x$ 所围成的区域.

7. 计算 $\iint\limits_D \sin\sqrt{x^2 + y^2} dxdy$，其中 D 是由不等式 $\pi^2 \leqslant x^2 + y^2 \leqslant 4\pi^2$ 所确定的区域.

8. 利用极坐标计算下列二重积分.

（1）$\int_0^2 dx \int_0^{\sqrt{4-x^2}} \dfrac{1}{\sqrt{x^2 + y^2}} dy$ （2）$\int_0^2 dx \int_0^{\sqrt{2x-x^2}} \sqrt{x^2 + y^2} dy$

任务提出

2018 年 11 月 1 日 23 时 57 分，我国在西昌卫星发射中心成功发射第 41 颗北斗导航卫星，这是北斗三号系统首颗地球静止轨道卫星．地球静止轨道卫星离地面平均 35786 千米（约 36000 千米），卫星轨道为位于地球赤道上方的正圆形轨道，若通信卫星运行的角速度与地球自转的角速度相同，如果要覆盖全球，将需要多少颗这类卫星（地球半径 $R = 6400$ 千米）？

解决问题知识要点：利用二重积分求曲面面积．

学习目标

掌握曲顶柱体体积的求法，会求曲面面积，会求曲面围成的空间立体的体积；了解二重积分在几何和物理中的应用．

知识学习

8.3.1 二重积分在几何中的应用

1. 曲顶柱体的体积

设 $z = f(x, y)$ 在区域 D 上连续，且 $f(x, y) \geq 0$，则以曲面 $z = f(x, y)$ 为曲顶，以 D 为底的曲顶柱体的体积为

$$V = \iint\limits_{D} f(x, y)\mathrm{d}\sigma$$

例 14 计算由平面 $x + y + z = 1$ 及三个坐标面所围成的立体的体积．

解 画出该立体的图形（图 8–31），立体可看成以

$$D = \left\{(x, y) \,\middle|\, 0 \leq y \leq 1 - x,\ 0 \leq x \leq 1\right\}$$

为底，平面 $z = 1 - x - y$ 为顶的立体．于是，其体积为

$$V = \iint\limits_{D}(1 - x - y)\mathrm{d}\sigma = \int_0^1 \mathrm{d}x \int_0^{1-x}(1 - x - y)\mathrm{d}y$$

$$= \int_0^1 \left(\frac{1}{2} - x + \frac{x^2}{2}\right)\mathrm{d}x = \frac{1}{6}$$

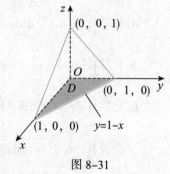

图 8–31

例 15 求由两个柱面 $x^2 + y^2 = 4$ 及 $x^2 + z^2 = 4$ 所围的立体在第一卦限的体积．

解 画出该立体的图形（图 8–32），它可看成以

$$D = \left\{(x, y) \,\middle|\, 0 \leq y \leq \sqrt{4 - x^2},\ 0 \leq x \leq 2\right\}$$

为底（图 8–33）、以柱面 $z=\sqrt{4-x^2}$ 为顶的曲顶柱体. 于是其体积为

$$V=\iint\limits_{D}\sqrt{4-x^2}\,\mathrm{d}\sigma=\int_0^2\mathrm{d}x\int_0^{\sqrt{4-x^2}}\sqrt{4-x^2}\,\mathrm{d}y=\int_0^2(4-x^2)\mathrm{d}x=\left[4x-\frac{1}{3}x^3\right]_0^2=\frac{16}{3}$$

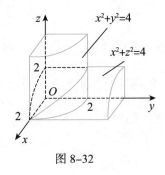
图 8–32

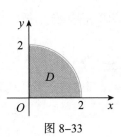
图 8–33

2. 曲面的面积

若空间曲面 S 的方程为 $z=f(x,\,y)$ 在闭区域 D_{xOy} 上有连续的一阶偏导数 $f'_x(x,\,y)$, $f'_y(x,\,y)$, 则该曲面的面积为

$$S=\iint\limits_{D}\sqrt{1+\left[f'_x(x,\,y)\right]^2+\left[f'_y(x,\,y)\right]^2}\,\mathrm{d}\sigma=\iint\limits_{D}\sqrt{1+\left(\frac{\partial z}{\partial x}\right)^2+\left(\frac{\partial z}{\partial y}\right)^2}\,\mathrm{d}\sigma$$

例 16 求圆锥面 $z=\sqrt{x^2+y^2}$ 被圆柱面 $x^2+y^2=2y$ 所截得部分的面积.

解 画出所求曲面的图形（图 8–34），圆锥面被圆柱面所截的部分在 xOy 上的投影区域为

$$D=\left\{(x,\,y)\,|\,x^2+y^2\leqslant 2y\right\}$$

其面积为 π，又因为圆锥面的方程为 $z=\sqrt{x^2+y^2}$，故

$$\frac{\partial z}{\partial x}=\frac{x}{\sqrt{x^2+y^2}},\ \frac{\partial z}{\partial y}=\frac{y}{\sqrt{x^2+y^2}}$$

因为

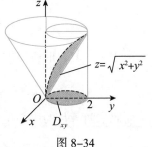
图 8–34

$$\sqrt{1+\left(\frac{\partial z}{\partial x}\right)^2+\left(\frac{\partial z}{\partial y}\right)^2}=\sqrt{1+\frac{x^2}{x^2+y^2}+\frac{y^2}{x^2+y^2}}=\sqrt{2}$$

所以所求的曲面面积为

$$S=\iint\limits_{D}\sqrt{1+\left(\frac{\partial z}{\partial x}\right)^2+\left(\frac{\partial z}{\partial y}\right)^2}\,\mathrm{d}\sigma=\iint\limits_{D}\sqrt{2}\,\mathrm{d}x\mathrm{d}y=\sqrt{2}\pi$$

8.3.2 二重积分在物理中的应用

1. 质心（质量中心的简称）

设平面有 n 个质点，它们分别位于 $(x_k,\,y_k)(k=1,\,2,\,\cdots,\,n)$ 处，其质量分别为 m_k，根据

力学知识，该质点系的总质量为 $M = \sum_{k=1}^{n} m_k$, 而

$$M_y = \sum_{k=1}^{n} x_k m_k, \quad M_x = \sum_{k=1}^{n} y_k m_k$$

分别为质点系对 y 轴和 x 轴的静矩.

该质点系对 y, x 轴的静矩分别把质点组的质量集中在一点 $(\bar{x}, \bar{y})$, 则该质点系对 y, x 的静矩分别为 $\sum_{k=1}^{n} \bar{x} m_k$, $\sum_{k=1}^{n} \bar{y} m_k$, 如果质点组对各坐标轴的静矩等于质点组的质量集中在该点后对相同的轴的静矩, 那么该点就称为该质点组的质心. 于是质点系的质心坐标为

$$\bar{x} = \frac{M_y}{M} = \frac{\sum_{k=1}^{n} x_k m_k}{\sum_{k=1}^{n} m_k}, \quad \bar{y} = \frac{M_x}{M} = \frac{\sum_{k=1}^{n} y_k m_k}{\sum_{k=1}^{n} m_k}$$

设平面薄片在 xOy 坐标面上占有闭区域 D, 它在点 (x, y) 处的面密度为 $\rho(x, y)$, 假定 $\rho(x, y)$ 在 D 上连续, 下面用微元法求平面薄片的质心坐标.

在闭区域 D 上任取一个直径很小的闭区域 ΔD (用 $d\sigma$ 表示其面积), 由于 ΔD 很小, 故薄片在 ΔD 上的面密度可近似认为恒等于点 (x, y) 处的密度, 薄片在 ΔD 部分的质量近似等于 $\rho(x, y)d\sigma$, ΔD 也近似地看作质量集中在点 (x, y) 处的一个质点, 它关于 y 轴和 x 轴的静矩元素分别为

$$\mathrm{d}M_y = x\rho(x, y)\mathrm{d}\sigma, \quad \mathrm{d}M_x = y\rho(x, y)\mathrm{d}\sigma$$

于是, 平面薄片关于 y 轴和 x 轴的静矩分别为

$$M_y = \iint\limits_{D} x\rho(x, y)\mathrm{d}\sigma, \quad M_x = \iint\limits_{D} y\rho(x, y)\mathrm{d}\sigma$$

又由于平面薄片的质量为

$$M = \iint\limits_{D} \rho(x, y)\mathrm{d}\sigma$$

从而此平面薄片的质心坐标为

$$\bar{x} = \frac{M_y}{M} = \frac{\iint\limits_{D} x\rho(x, y)\mathrm{d}\sigma}{\iint\limits_{D} \rho(x, y)\mathrm{d}\sigma}, \quad \bar{y} = \frac{M_x}{M} = \frac{\iint\limits_{D} y\rho(x, y)\mathrm{d}\sigma}{\iint\limits_{D} \rho(x, y)\mathrm{d}\sigma}$$

特别地, 当平面薄片的密度均匀 ($\rho(x, y)$ 为常数) 时, 其质心称为形心, 显然, 形心坐标为

$$\bar{x} = \frac{M_y}{M} = \frac{\iint\limits_{D} x\mathrm{d}\sigma}{A}, \quad \bar{y} = \frac{M_x}{M} = \frac{\iint\limits_{D} y\mathrm{d}\sigma}{A}$$

其中 $A = \iint\limits_{D} \mathrm{d}\sigma$ 为闭区域 D 的面积.

例 17　设密度均匀的半圆形薄片占有xOy面上的闭区域$D: x^2 + y^2 = 1, (y > 0)$，求此薄片的质心.

解　画出平面区域D（图 8–35），因薄片密度均匀且区域D关于y轴对称，故质心必在y轴上，此时$\bar{x} = 0$，从而

$$\iint\limits_{D} y\mathrm{d}\sigma = \int_{-1}^{1}\mathrm{d}x\int_{0}^{\sqrt{1-x^2}} y\mathrm{d}y = \int_{-1}^{1}\frac{1}{2}y^2\Big|_{y=0}^{y=\sqrt{1-x^2}}\mathrm{d}x$$

$$= \frac{1}{2}\int_{-1}^{1}(1-x^2)\,\mathrm{d}x = \frac{1}{2}\left(x - \frac{1}{3}x^3\right)\Big|_{-1}^{1} = \frac{2}{3}$$

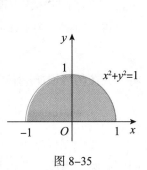

图 8–35

由半圆的面积$A = \dfrac{\pi}{2}$有x轴的静矩为

$$\bar{y} = \frac{\iint\limits_{D} y\mathrm{d}\sigma}{A} = \frac{\dfrac{2}{3}}{\dfrac{\pi}{2}} = \frac{4}{3\pi}$$

所以，质心是$\left(0, \dfrac{4}{3\pi}\right)$.

例 18　求位于两圆$r = 2\sin\theta$和$r = 4\sin\theta$之间的平面薄片的质心.

解　画出平面区域D（图 8–36），因薄片密度均匀且区域D关于y轴对称，故质心必在y轴上，此时$\bar{x} = 0$，从而

$$\iint\limits_{D} y\mathrm{d}\sigma = \iint\limits_{D} r^2\sin\theta \mathrm{d}r\mathrm{d}\theta = \int_{0}^{\pi}\sin\theta \mathrm{d}\theta\int_{2\sin\theta}^{4\sin\theta} r^2\mathrm{d}r$$

$$= \int_{0}^{\pi}\frac{1}{3}r^3\sin\theta\Big|_{r=2\sin\theta}^{r=4\sin\theta}\mathrm{d}\theta = \frac{56}{3}\int_{0}^{\pi}\sin^4\theta \mathrm{d}\theta = 7\pi$$

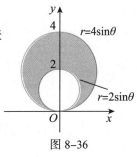

图 8–36

由于区域D的面积为$\pi \cdot 2^2 - \pi \cdot 1^2 = 3\pi$，故

$$\bar{y} = \frac{1}{A}\iint\limits_{D} y\mathrm{d}\sigma = \frac{7}{3}$$

因此质心为$\left(0, \dfrac{7}{3}\right)$.

2. 转动惯量

二重积分转动惯量是一个重要的机械装置参数，已被广泛应用于各种转动机构和微电子装置中，在根据复杂动力传输装置及汽车动力转动惯量计算中，二重积分转动惯量发挥着重要的作用，是现代机械装置和机械传动机构的关键.

转动惯量是指质点A对于轴l的转动惯量为$J = mr^2$，其中m是A的质量，r是A与l的距离.

设平面薄片在xOy坐标面上有n个质点，它们分别位于$(x_k, y_k)(k = 1, 2, \cdots, n)$处，其

质量分别为m_k，根据力学知识，该质点系对x轴和y轴的转动惯量分别为

$$I_x = \sum_{k=1}^{n} y_k^2 m_k,\ I_y = \sum_{k=1}^{n} x_k^2 m_k$$

设平面薄片在xOy坐标面上占有闭区域D，它在点(x, y)处的面密度为$\rho(x, y)$，假定$\rho(x, y)$在D上连续．下面用微元法求平面薄片的转动惯量．

该平面薄片关于x轴和y轴的静矩元素分别为

$$\mathrm{d}I_x = y^2\rho(x, y)\mathrm{d}\sigma,\ \mathrm{d}I_y = x^2\rho(x, y)\mathrm{d}\sigma$$

将上式在闭区域D进行积分，便得到平面薄片关于x轴和y轴的转动惯量分别为

$$I_x = \iint\limits_{D} y^2\rho(x, y)\mathrm{d}\sigma,\ I_y = \iint\limits_{D} x^2\rho(x, y)\mathrm{d}\sigma$$

例 19 设有密度均匀（密度ρ为常数）的圆环形薄片，其所占闭区域由半径为 1 和 2 的同心圆所围成，求此薄片对其直径的转动惯量．

解 建立坐标系如图 8-35 所示，则所占闭区域可表示为

$$D = \left\{(x, y)\,\middle|\,1 \leqslant x^2 + y^2 \leqslant 4\right\}$$

故所求的转动惯量为

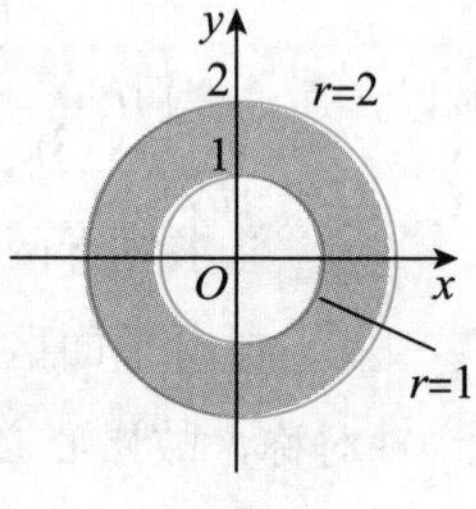

$$I_x = \iint\limits_{D} y^2\rho\mathrm{d}\sigma = \rho\iint\limits_{D} r^2\sin^2\theta \cdot r\mathrm{d}r\mathrm{d}\theta$$

$$= \rho\int_0^{2\pi}\sin^2\theta\mathrm{d}\theta\int_1^2 r^3\mathrm{d}r = \rho\int_0^{2\pi}\frac{1}{4}r^4\Big|_1^2\sin^2\theta\mathrm{d}\theta$$

$$= \frac{15\rho}{4}\int_0^{2\pi}\sin^2\theta\mathrm{d}\theta = \frac{15\pi\rho}{4}$$

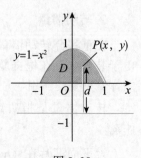

图 8-37

【注】本例也可以这样求解：由对称性可知$I_y = I_x$，于是有

$$I_x = \frac{1}{2}(I_x + I_y) = \frac{1}{2}\iint\limits_{D}(x^2 + y^2)\rho\mathrm{d}\sigma = \frac{1}{2}\rho\iint\limits_{D} r^2 \cdot r\mathrm{d}r\mathrm{d}\theta$$

$$= \frac{1}{2}\rho\int_0^{2\pi}\mathrm{d}\theta\int_1^2 r^3\mathrm{d}r = \frac{15}{8}\rho\int_0^{2\pi}\mathrm{d}\theta = \frac{15\pi\rho}{4}$$

例 20 设有密度均匀（密度ρ为常数）的薄片所占闭区域D由曲线$y = 1 - x^2$与直线$y = 0$所围成，求此薄片对直线$L : y = -1$的转动惯量．

解 建立坐标系如图 8-38 所示，在区域D内任取一点$P(x, y)$，则点P到直线$L : y = -1$的距离为$y + 1$，从而

$$\mathrm{d}I = (y + 1)^2\rho\mathrm{d}\sigma$$

于是，整个平面薄片对直线L的转动惯量为

$$I = \iint\limits_{D}(y + 1)^2\rho\mathrm{d}\sigma = \int_{-1}^{1}\rho\mathrm{d}x\int_0^{1-x^2}(y + 1)^2\mathrm{d}y$$

图 8-38

$$= \rho \int_{-1}^{1} \left[\frac{1}{3}(y+1)^3 \right]\Big|_{y=0}^{y=1-x^2} dx = \frac{1}{3}\rho \int_{-1}^{1} \left[(2-x^2)^3 - 1 \right] dx$$

$$= -\frac{1}{3}\rho \int_{-1}^{1} (x^6 - 6x^4 + 12x^2 - 7) dx$$

$$= -\frac{2}{3}\rho \left(\frac{1}{7}x^7 - \frac{6}{5}x^5 + 4x^3 - 7x \right)\Big|_0^1 = \frac{284}{105}\rho$$

📖 任务解决

解 取地心到卫星中心的连线为z轴建立坐标系，如图 8-39 所示，于是一颗卫星的覆盖面积S为上半球$x^2 + y^2 + z^2 = R(z \geq 0)$被圆锥角$\beta$所确定的部分曲面的面积，即

$$S = \iint_{D_{xy}} \sqrt{1 + \left(\frac{\partial z}{\partial x}\right)^2 + \left(\frac{\partial z}{\partial y}\right)^2} \, dxdy = \iint_{D_{xy}} \frac{R}{\sqrt{R^2 - x^2 - y^2}} \, dxdy$$

其中$D_{xOy} = x^2 + y^2 \leq R^2\sin^2\beta$，利用极坐标变换，得

$$S = \int_0^{2\pi} d\theta \int_0^{R\sin\beta} \frac{R}{\sqrt{R^2 - r^2}} \, rdr = \frac{1}{2}\int_0^{2\pi} d\theta \int_0^{R\sin\beta} \frac{-R}{\sqrt{R^2 - r^2}} \, d(R^2 - r^2)$$

$$= -\int_0^{2\pi} \left(R\sqrt{R^2 - r^2} \right)\Big|_0^{R\sin\beta} d\theta = -R^2 \int_0^{2\pi} (\cos\beta - 1) d\theta = 2\pi R^2 (1 - \cos\beta)$$

由于$\cos\beta = \dfrac{R}{R+h}$，上式为

$$S = 2\pi R^2 \left(1 - \frac{R}{R+h} \right) = 2\pi R^2 \frac{h}{R+h} = 4\pi R^2 \frac{h}{2(R+h)}$$

注意到$4\pi R^2$为地球的表面积，所以上式中$\dfrac{h}{2(R+h)}$恰好是卫星覆盖面积与地球表面积的比例系数，将$h = 3600$千米，$R = 6400$千米代入，得

$$\frac{h}{2(R+h)} = \frac{3.6 \times 10^7}{2 \times (6.4 + 36) \times 10^6} \approx 0.425$$

由此可以看到，一颗通信卫星覆盖了地球 1/3 以上的面积，因此需要使用三颗角度相间为$\dfrac{2\pi}{3}$的通信卫星就可以覆盖地球.

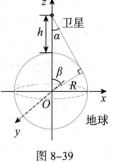

图 8-39

能力训练 8.3

参考答案

1. 求由旋转抛物面$z = 6 - x^2 - y^2$与xOy坐标平面所围成的立体的体积.

2. 求由抛物面$z = x^2 + y^2$与$z = h$所围立体的体积.

3. 求由$y = x$，$y = 2x$，$x = 1$所围成的平面图形的面积.

4. 求由抛物线$y = x^2$和直线$y = 2x$所围成的平面图形的面积.

5. 设边长为$2a$的正方形薄板，其密度为$\rho(x, y) = \dfrac{1}{2a^2}(x^2 + y^2)$，计算这块正方形薄板的质量.

6. 设平面薄片所占的闭区域D由抛物线$y = x^2$与直线$y = x$所围成，它在点(x, y)处的面密度为$\rho(x, y) = x^2 y$，求此薄片的质心.

7. 求由两个圆$r = a\cos\theta$及$r = b\cos\theta(0 < a < b)$所围成的平面图形的形心.

8. 求半径为 2 的均匀半圆薄片（密度为常数ρ）对其直径的转动惯量.

9. 设密度均匀（面密度为常数 1）的直角三角形薄板，两直角边长分别为a, b，求此薄板对其任一直角边的转动惯量.

【数学实训八】
利用 MATLAB 求多重积分

【实训目的】

学会用 MATLAB 计算多重积分.

【学习命令】

MATLAB 通过嵌套使用 int 语句进行多重积分的计算，下面以实例来说明.

【实训内容】

例 21　计算不定积分$\iiint xy^2 z^5 \mathrm{d}x\mathrm{d}y\mathrm{d}z$.

操作　在命令窗口输入：

```
>> syms x y z
>> f=x*y∧2*z∧5；
>>s=int（int（int（f，x），y），z）
```

按回车键，显示结果为

```
s =
（x∧2*y∧3*z∧6）/36
```

例 22　计算不定积分$\int_1^2 \int_2^4 x^2 y \mathrm{d}x\mathrm{d}y$.

操作　在命令窗口输入：

```
>> syms x y
>> f=x∧2*y；
```

```
>>s= int(int(f, x, 2, 4), y, 1, 2)
```
按回车键，显示结果为
```
s =
28
```

【实训作业】

使用 MATLAB 计算 $\iint\limits_{D} e^{-x^2-y^2}dxdy$，其中D是由不等式 $x^2 + y^2 \leqslant 4$ 所确定的平面区域.

【知识延展】

数学与计算机的不解之缘

自 1946 年世界上第一台电子计算机在美国问世以来，计算机在各个领域得到了广泛的应用，仅在数值计算方面就显示了巨大的威力，如微积分运算、微分方程和线性代数的求解等都可由计算机来完成，那么数学与计算机有什么关系呢？大量实践发现，一方面数学为计算机科学提供了必要的基础理论和基本工具，另一方面计算机用来解决或提出大量的数学问题，又促进了数学的研究与发展.

计算机开始出现的一段时间里，它唯一的功能只是替代人工进行复杂的计算，但随着科学的发展，计算机科学逐渐从数学中走出来而发展成独立的学科. 计算机在数学方面的应用主要体现在：①科学计算，计算机的高速度、并行化、分布式可以进行复杂系统中科学计算；②科学计算可视化，使科学现象能在计算机上以二维或三维图像直观显示，便于分析处理和研究；③协助和替代数学家进行猜想和证明；④导致纯数学的实际应用.

计算机的运算和处理都是基于数学原理的. 计算机中的算法、数据结构、编程语言等都是基于数学理论的. 例如，计算机中的排序算法、图像处理算法、加密算法等都是基于数学理论的；计算机中的数据结构，如树、图、堆等，也是基于数学理论的；编程语言中的逻辑运算、位运算、浮点运算等都是基于数学原理的. 因此，计算机的运算和处理离不开数学的支持.

计算机和数学是密不可分的. 它们之间不仅相互依存，更是相互促进. 因此，我们应该重视计算机和数学的学习和研究，以推动它们的发展和应用.

第9章 无穷级数

正如有限中包含着无穷级数,而无限中呈现极限一样;无限之灵魂居于细微之处,而最紧密地趋近极限却并无止境.区分无穷大之中的细节令人喜悦!小中见大,多么伟大的神力.

——雅克布·伯努利

【课前导学】

级数是研究函数最重要的工具,它不仅提供了产生新函数的重要方法,同时又是对已知函数的"表示"和"逼近"的有效手段,在近似计算中起着举足轻重的作用.魏晋时期数学家刘徽创立的"割圆术",其要点是用圆内接正多边形去逐步逼近圆,从而求得圆的面积,其实"割圆术"已经建立起了级数的思想方法.级数作为研究无限个离散量之和的数学模型,用级数表示函数广泛地应用于自然科学、工程技术,并在工程技术、自动控制系统的分析与处理中起到重要作用.本章将介绍无穷级数的基本概念,讨论级数的敛散性,并着重讨论如何将函数展开成幂级数.

【知识脉络】

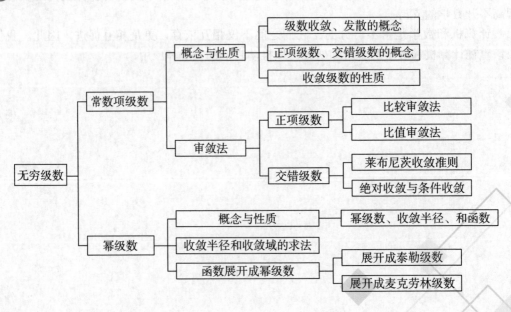

9.1 常数项级数的概念与性质

任务提出

人一旦生病就要吃药，但你是否知道药物用量不能仅凭经验，也需要科学的计算．为了治疗的需要，医生希望某一药物在病人体内的药物水平长期保持在 200 毫克，同时还知道每天人体排放20%的药物，请问医生如何给病人下达每天的用药量医嘱？

解决问题知识要点：无穷级数概念、几何级数的计算．

学习目标

理解无穷级数收敛、发散及其和的概念；熟练掌握无穷级数的基本性质；掌握几何级数和 P 级数的敛散性．

知识学习

9.1.1 常数项级数的概念

引例 1 小球运动的时间．

分析 图 9–1 中小球从 1 米高处自由落下，每次跳起的高度减少一半，那么小球运动的总时间会是多长？

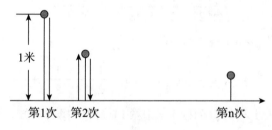

1米 第1次 第2次 第n次

图 9–1

由自由落体运动方程 $s = \dfrac{1}{2}gt^2$，知 $t = \sqrt{\dfrac{2s}{g}}$．设 t_k 表示第 k 次小球落地的时间，则小球运动的总时间为 $T = t_1 + 2t_2 + 2t_3 + \cdots + 2t_k + \cdots$．

引例 2 用圆内接正多边形面积逼近圆面积．

分析 做法如下：

（1）作圆内接正六边形，算出此六边形的面积 a_1，它是圆面积 A 的粗糙的近似值．如图 9–2 所示．

（2）为了较好地计算 A 值，在六边形的每个边上分别作一个顶点在圆周上的等腰三角形，这六个等腰三角形的面积之和为 a_2．

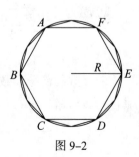

图 9–2

此时圆内接正十二边形的面积为a_1+a_2，这是圆面积A的一个较好的近似值.

（3）同理，在这正十二边形的每个边上分别作一个顶点在圆周上的等腰三角形，得出十二个等腰三角形，其面积之和为a_3. 此时圆内接正二十四边形的面积为$a_1+a_2+a_3$，这是圆面积A的一个更好的近似值.

如此继续下去，圆内接正3×2^n边形的面积就逐步逼近圆的面积：

$$A=a_1+a_2+a_3+\cdots+a_n$$

显然，n越大，近似程度则越好，当$n\to\infty$时，上式和的极限就是这个圆的面积A，即

$$A=\lim_{n\to\infty}(a_1+a_2+a_3+\cdots+a_n)$$

也就是说圆的面积A可以由无穷多个数累加而得，即

$$A=a_1+a_2+a_3+\cdots+a_n+\cdots$$

这种无穷多个数依次相加的式子在物理、化学等许多学科中经常遇到，数学把无穷多个数或函数相加的情形称之为无穷级数.

定义 1 设给定一个无穷数列$\{a_n\}:a_1,a_2,\cdots,a_n,\cdots$，则该数列各项和

$$\sum_{n=1}^{\infty}a_n=a_1+a_2+a_3+\cdots+a_n+\cdots$$

称为无穷级数，简称级数，其中第n项a_n称为此级数的一般项或通项. 级数的各项a_n可以是常数也可以是函数，当级数的各项a_n为常数时称为常数项级数.

例如

$$\sum_{n=1}^{\infty}\frac{1}{2^n}=\frac{1}{2}+\frac{1}{4}+\frac{1}{8}+\cdots+\frac{1}{2^n}+\cdots$$

是一个常数项级数. 用s_n表示前n项和，即

$$s_1=\frac{1}{2},\ s_2=\frac{1}{2}+\frac{1}{4},\ \cdots,\ s_n=\frac{1}{2}+\frac{1}{4}+\frac{1}{8}\cdots+\frac{1}{2^n}$$

这样就得到一个关于和的数列$\{s_n\}$，由数列极限的概念可知，数列$\{s_n\}$在$n\to\infty$时的极限可以看成级数的和$\sum_{n=1}^{\infty}\frac{1}{2^n}$.

此例说明为解决无穷项相加问题，按照有限与无限之间的辩证转化关系，可以通过数列的极限解决级数求和的问题. 下面进一步定义级数的有关概念.

定义 2 级数$\sum_{n=1}^{\infty}a_n$的前n项和称为级数的第n个部分和，记为s_n，即

$$s_n=a_1+a_2+a_3+\cdots+a_n$$

若级数的部分和数列$\{s_n\}$的极限存在，即$\lim_{n\to\infty}s_n=s$，则称此项级数收敛于s，此时s就是该级数的和，即

$$s=\sum_{n=1}^{\infty}a_n=a_1+a_2+a_3+\cdots+a_n+\cdots$$

若部分和数列的极限不存在，则称此项级数发散（此时级数和不存在）.

当级数$\sum\limits_{n=1}^{\infty}a_n$收敛时，由于它的和是部分和$s_n$的极限，因此部分和$s_n$可以看作是该级数之和$s$的近似值，它们之间的差值

$$r_n = s - s_n = a_{n+1} + a_{n+2} + \cdots$$

称为级数$\sum\limits_{n=1}^{\infty}a_n$的余项.

在掌握级数收敛的定义后，可以用定义来判断一些重要级数的敛散性.

例 1 判断等比级数$\dfrac{1}{2} + \dfrac{1}{2^2} + \dfrac{1}{2^3} + \cdots + \dfrac{1}{2^n} + \cdots$的敛散性.

解 根据等比数列前n项和公式可得级数的部分和数为

$$s_n = \frac{\dfrac{1}{2}\left[1 - \left(\dfrac{1}{2}\right)^n\right]}{1 - \dfrac{1}{2}} = 1 - \left(\dfrac{1}{2}\right)^n$$

从而级数的部分和s_n的极限

$$\lim_{n \to \infty} s_n = \lim_{n \to \infty}\left[1 - \left(\frac{1}{2}\right)^n\right] = 1$$

所以该级数收敛，且级数和等于1.

例 2 判断等差级数$1 + 2 + 3 + \cdots + n + \cdots$的敛散性.

解 因为级数的部分和为

$$s_n = \frac{n(1+n)}{2}$$

从而级数的部分和s_n的极限

$$\lim_{n \to \infty} s_n = \lim_{n \to \infty} \frac{n(1+n)}{2} = \infty$$

所以该级数发散，级数和不存在.

例 3 判断级数$\sum\limits_{n=1}^{\infty} \dfrac{1}{n(n+1)}$的敛散性.

解 因为

$$s_n = \frac{1}{1 \cdot 2} + \frac{1}{2 \cdot 3} + \cdots + \frac{1}{n(n+1)}$$

$$= \left(\frac{1}{1} - \frac{1}{2}\right) + \left(\frac{1}{2} - \frac{1}{3}\right) + \cdots + \left(\frac{1}{n} - \frac{1}{n+1}\right) = 1 - \frac{1}{n+1}$$

从而

$$\lim_{n \to \infty} s_n = \lim_{n \to \infty}\left(1 - \frac{1}{n+1}\right) = 1$$

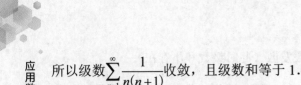

所以级数 $\sum\limits_{n=1}^{\infty}\dfrac{1}{n(n+1)}$ 收敛，且级数和等于 1.

例 4 判断等比级数（几何级数）

$$\sum_{n=0}^{\infty}aq^n = a+aq+aq^2+\cdots+aq^n+\cdots$$

的敛散性，其中 $a \neq 0$，q 称为级数的公比.

解 （1）首先考虑公比 q 的绝对值 $|q| \neq 1$，此时部分和为

$$s_n = a+aq+aq^2+\cdots+aq^{n-1} = \dfrac{a(1-q^n)}{1-q}$$

若 $|q| < 1$，则

$$\lim_{n \to \infty} s_n = \dfrac{a}{1-q}$$

故此时级数 $\sum\limits_{n=0}^{\infty}aq^n$ 收敛，且 $\sum\limits_{n=0}^{\infty}aq^n = \dfrac{a}{1-q}$.

若 $|q| > 1$，由于 $\lim\limits_{n \to \infty} s_n = \infty$，故级数 $\sum\limits_{n=0}^{\infty}aq^n$ 发散.

（2）再考虑 $|q| = 1$ 的情况.

当 $q = 1$ 时

$$s_n = a+a+\cdots+a = na \to \infty (n \to \infty)$$

故由定义可知级数 $\sum\limits_{n=0}^{\infty}aq^n$ 发散.

当 $q = -1$ 时

$$s_n = a-a+a-a+\cdots-a+a = \begin{cases} a, & n \text{为奇数} \\ 0, & n \text{为偶数} \end{cases}$$

可以看出 s_n 极限不存在，由定义可知 $\sum\limits_{n=0}^{\infty}aq^n$ 发散.

综上所述，几何级数 $\sum\limits_{n=0}^{\infty}aq^n \begin{cases} \text{当} |q| < 1 \text{时，收敛} \\ \text{当} |q| \geq 1 \text{时，发散} \end{cases}$.

从以上几个例子可以看出，用定义判断级数的敛散性需要先求出 s_n，而这一步往往需要技巧，对于一般的级数，求出部分和并不容易，因此需要另外找到一些较为方便而有效的判断方法. 在此，首先介绍关于收敛级数的一些性质.

9.1.2 常数项级数的性质

性质 1 如果级数 $\sum\limits_{n=1}^{\infty}a_n$ 和 $\sum\limits_{n=1}^{\infty}b_n$ 分别收敛于 s，σ，则级数 $\sum\limits_{n=1}^{\infty}(a_n \pm b_n)$ 收敛于 $s \pm \sigma$.

性质2 　如果级数 $\sum\limits_{n=1}^{\infty} a_n$ 收敛于 s，c 是任意常数，则级数 $\sum\limits_{n=1}^{\infty} ca_n = c\sum\limits_{n=1}^{\infty} a_n$ 收敛于 $c \cdot s$．

例5 　判断 $\sum\limits_{n=1}^{\infty}\left[\dfrac{3}{n(n+1)} + \left(\dfrac{1}{2}\right)^n\right]$ 的敛散性．

解 　因 $\sum\limits_{n=1}^{\infty}\dfrac{3}{n(n+1)} = 3\sum\limits_{n=1}^{\infty}\dfrac{1}{n(n+1)}$，由例3知级数 $\sum\limits_{n=1}^{\infty}\dfrac{1}{n(n+1)}$ 收敛于1，所以 $\sum\limits_{n=1}^{\infty}\dfrac{3}{n(n+1)}$ 收

敛于3，又由例4可知 $\sum\limits_{n=1}^{\infty}\left(\dfrac{1}{2}\right)^n$ 收敛于1，根据性质1可知级数 $\sum\limits_{n=1}^{\infty}\left[\dfrac{3}{n(n+1)} + \left(\dfrac{1}{2}\right)^n\right]$ 收敛．

性质3 　如果级数 $\sum\limits_{n=1}^{\infty} a_n$ 是收敛级数，则去掉有限项或增加有限项而得到的新级数

$\sum\limits_{n=1}^{\infty} \widehat{a_n}$ 仍是收敛级数．

性质4（收敛的必要条件） 　如果级数 $\sum\limits_{n=1}^{\infty} a_n$ 是收敛级数，则 $\lim\limits_{n \to \infty} a_n = 0$．

由于 $\lim\limits_{n \to \infty} a_n = 0$ 是级数 $\sum\limits_{n=1}^{\infty} a_n$ 收敛的必要条件，这就意味着，如果 $\sum\limits_{n=1}^{\infty} a_n$ 的通项 a_n 的极限不趋于0，则该级数是发散的，于是得到如下推论．

推论 　对于级数 $\sum\limits_{n=1}^{\infty} a_n$，如果 $\lim\limits_{n \to \infty} a_n \neq 0$，则级数 $\sum\limits_{n=1}^{\infty} a_n$ 发散．

例如，级数 $\sum\limits_{n=1}^{\infty}(\sqrt{n^2 + n} - n)$，当 $n \to \infty$ 时

$$a_n = (\sqrt{n^2 + n} - n) = \frac{n}{\sqrt{n^2 + n} + n} = \frac{1}{\sqrt{1 + \dfrac{1}{n}} + 1} \to \frac{1}{2}$$

即 $\lim\limits_{n \to \infty} a_n \neq 0$，由级数收敛的必要条件，可知级数 $\sum\limits_{n=1}^{\infty}(\sqrt{n^2 + n} - n)$ 发散．

【注】性质4不是收敛的充分条件，事实上不少发散级数的通项是趋于0的．
例如，调和级数

$$\sum\limits_{n=1}^{\infty}\frac{1}{n} = 1 + \frac{1}{2} + \frac{1}{3} + \cdots + \frac{1}{n} + \cdots$$

虽然 $\lim\limits_{n \to \infty} a_n = \lim\limits_{n \to \infty}\dfrac{1}{n} = 0$，但是调和级数 $\sum\limits_{n=1}^{\infty}\dfrac{1}{n}$ 发散．证明如下．

假设 $\sum\limits_{n=1}^{\infty}\dfrac{1}{n}$ 收敛于 s 且 s_n，s_{2n} 都是级数的部分和，显然 $\lim\limits_{n \to \infty} s_n = s$，$\lim\limits_{n \to \infty} s_{2n} = s$．于是有

$\lim\limits_{n \to \infty}(s_{2n} - s_n) = 0$，但是

$$s_{2n} - s_n = \frac{1}{n+1} + \frac{1}{n+2} + \frac{1}{n+3} + \cdots + \frac{1}{2n} > \frac{1}{2n} + \frac{1}{2n} + \frac{1}{2n} + \cdots + \frac{1}{2n} = \frac{1}{2}$$

显然 $\lim\limits_{n\to\infty}(s_{2n}-s_n) \neq 0$，这与假设的结果矛盾，所以假设不成立，因此级数 $\sum\limits_{n=1}^{\infty}\dfrac{1}{n}$ 是发散的．

【注】调和级数、等比级数（几何级数）是两个标准级数，它们的结论常用于判断其他级数的敛散性．

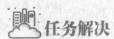 **任务解决**

解 据研究，人们发现药物疗法中存留体内的药物水平是与几何级数有关的，几何级数的求和公式为 $S = \dfrac{a}{1-q}$，本问题中 $S = 200$ 毫克，$q = 0.75$，容易求出 $a = (1-0.75) \times 200 = 50$（毫克），所以医生确定该病人每天的用药量为50毫克．

能力训练 9.1

参考答案

1. 写出下列级数的通项．

（1）$1 + \dfrac{1}{3} + \dfrac{1}{5} + \dfrac{1}{7} + \cdots$

（2）$\dfrac{2}{1\cdot 2} + \dfrac{3}{2\cdot 3} + \dfrac{4}{3\cdot 4} + \dfrac{5}{4\cdot 5} + \cdots$

（3）$2 + 6 + 12 + 20 + \cdots$

（4）$\dfrac{1}{2} + \dfrac{3}{4} + \dfrac{5}{8} + \dfrac{7}{16} + \cdots$

2. 根据级数发散与收敛的定义，判别下列各级数的敛散性．

（1）$\sum\limits_{n=1}^{\infty} \ln\left(1 + \dfrac{1}{n}\right)$

（2）$\sum\limits_{n=1}^{\infty} \dfrac{2}{(2n-1)(2n+1)}$

（3）$\sum\limits_{n=1}^{\infty}(\sqrt{n+1} - \sqrt{n})$

3. 利用级数的基本性质判别下列级数的敛散性．

（1）$\sum\limits_{n=1}^{\infty} n \cdot \sin\dfrac{1}{n}$

（2）$\sum\limits_{n=1}^{\infty}\left(\dfrac{1}{3^n} + \dfrac{3^{n+1}}{4^n}\right)$

9.2 级数收敛判别法

任务提出

每当经济低迷，国民经济发展遭遇困境，政府在宏观调控时，总会实施积极的财政政策和稳健的货币政策，而银行降息和扩大政府固定资产投资往往是常用的两项措施．

这些措施的采用源于乘数效应．乘数效应是宏观经济学的重要概念之一，意思即为增加一笔投资会带来大于或数倍于这笔投资的国内生产总值的增加．假如某地方政府在经济上投入 1 亿元人民币以刺激消费，如果每个经营者和每个居民将收入的 25% 存入银行，其余的 75% 用于消费，你能否说明此种情形下消费额是如何变化的？

解决问题知识要点：几何级数和的计算，前 n 项和的概念．

学习目标

熟练掌握正项级数审敛性判别法；掌握交错级数的审敛性判别法；理解无穷级数绝对收敛、条件收敛的概念及关系．

知识学习

通常利用定义和准则判断级数的收敛性是很困难的，本节将介绍几种简便而有效的判别方法．

9.2.1 正项级数及其审敛法

定义 1 若数项级数

$$\sum_{n=1}^{\infty} a_n = a_1 + a_2 + a_3 + \cdots + a_n + \cdots$$

中的每一项都是非负的，则称此级数为正项级数．

讨论正项级数的方便在于，正项级数的部分和是非负的，而且是单调递增的，显然这种级数的收敛或发散取决于部分和数列有没有上限．

例 6 判断 $\sum_{n=1}^{\infty} \dfrac{1}{\sqrt{n}}$ 的敛散性．

解 因为

$$s_n = \frac{1}{1} + \frac{1}{\sqrt{2}} + \cdots + \frac{1}{\sqrt{n}} > n \cdot \frac{1}{\sqrt{n}} = \sqrt{n}$$

当 $n \to \infty$ 时，$\sqrt{n}$ 趋于无穷大，所以 s_n 趋于无穷大，故由定义可知，级数 $\sum_{n=1}^{\infty} \dfrac{1}{\sqrt{n}}$ 发散．

此例正项级数的前 n 项和 s_n 没有上限，所以级数是发散的，对于正项级数有以下结论．

定理 1（比较审敛法） 设 $\sum_{n=1}^{\infty} a_n$ 和 $\sum_{n=1}^{\infty} b_n$ 是两个正项级数，满足 $a_n \leqslant b_n$，$n = 1, 2, \cdots$，则有：

（1）若级数 $\sum_{n=1}^{\infty} b_n$ 收敛，则级数 $\sum_{n=1}^{\infty} a_n$ 收敛；

（2）若级数 $\sum_{n=1}^{\infty} a_n$ 发散，则级数 $\sum_{n=1}^{\infty} b_n$ 发散．

比较审敛法可以形象地记为：两个正项级数比较，若"大"的收敛，则"小"的收敛；若"小"的发散，则"大"的发散.

有了这个定理，则可以通过一个已知敛散性的级数来判断另一个级数的敛散性，因此这个定理常称为是正项级数的"比较审敛法".

例7 讨论p级数

$$\sum_{n=1}^{\infty}\frac{1}{n^p}=1+\frac{1}{2^p}+\frac{1}{3^p}+\cdots+\frac{1}{n^p}+\cdots$$

的敛散性，其中常数$p>0$.

解 当$p\leqslant1$时，$\frac{1}{n^p}\geqslant\frac{1}{n}$，而调和级数$\sum_{n=1}^{\infty}\frac{1}{n}$发散，由比较审敛法可知，当$p\leqslant1$时，该级数发散.

当$p>1$时，按顺序将该级数的1项、2项、4项、8项……用括号括起来，即

$$1+\left(\frac{1}{2^p}+\frac{1}{3^p}\right)+\left(\frac{1}{4^p}+\frac{1}{5^p}+\frac{1}{6^p}+\frac{1}{7^p}\right)+\left(\frac{1}{8^p}+\cdots+\frac{1}{15^p}\right)+\cdots$$

它的各项显然小于下列级数的各项

$$1+\left(\frac{1}{2^p}+\frac{1}{2^p}\right)+\left(\frac{1}{4^p}+\frac{1}{4^p}+\frac{1}{4^p}+\frac{1}{4^p}\right)+\left(\frac{1}{8^p}+\cdots+\frac{1}{8^p}\right)+\cdots$$

即

$$1+\frac{1}{2^{p-1}}+\frac{1}{4^{p-1}}+\frac{1}{8^{p-1}}+\cdots$$

该级数是以$\left(\frac{1}{2}\right)^{p-1}$为公比的等比级数（几何级数），因为公比$\left(\frac{1}{2}\right)^{p-1}<1$，所以该级数收敛，从而根据正项级数比较审敛法可知，p级数$\sum_{n=1}^{\infty}\frac{1}{n^p}$在$p>1$时收敛.

综上所述，p级数$\sum_{n=1}^{\infty}\frac{1}{n^p}\begin{cases}当p>1时，收敛\\当p\leqslant1时，发散\end{cases}$

例8 判断级数$\sum_{n=1}^{\infty}\frac{1}{n^n}$的敛散性.

解 此正项级数通项满足

$$\frac{1}{n^n}\leqslant\frac{1}{n^2}, n=1, 2, 3, \cdots$$

由于p级数$\sum_{n=1}^{\infty}\frac{1}{n^2}$收敛，由比较审敛法可知，级数$\sum_{n=1}^{\infty}\frac{1}{n^n}$收敛.

例9 判断级数$\sum_{n=1}^{\infty}\frac{1}{\sqrt{n(n+1)}}$的敛散性.

解 此正项级数通项满足

$$\frac{1}{\sqrt{n(n+1)}} \geqslant \frac{1}{\sqrt{(n+1)^2}} = \frac{1}{n+1}$$

由于级数$\sum\limits_{n=1}^{\infty}\dfrac{1}{n+1}$发散，由比较审敛法可知级数$\sum\limits_{n=1}^{\infty}\dfrac{1}{\sqrt{n(n+1)}}$发散.

定理 2（比较审敛法的极限形式）　设给定正项级数$\sum\limits_{n=1}^{\infty}a_n$和$\sum\limits_{n=1}^{\infty}b_n$，则有

（1）若$\lim\limits_{n\to\infty}\dfrac{a_n}{b_n}=l(0<l<+\infty)$，则两个级数有相同的敛散性；

（2）若$\lim\limits_{n\to\infty}\dfrac{a_n}{b_n}=0$，级数$\sum\limits_{n=1}^{\infty}b_n$收敛，则级数$\sum\limits_{n=1}^{\infty}a_n$收敛；

（3）若$\lim\limits_{n\to\infty}\dfrac{a_n}{b_n}=+\infty$，级数$\sum\limits_{n=1}^{\infty}b_n$发散，则级数$\sum\limits_{n=1}^{\infty}a_n$发散.

例 10　判断级数$\sum\limits_{n=1}^{\infty}\sin\dfrac{1}{n}$的敛散性.

解　因为

$$\lim_{n\to\infty}\frac{\sin\dfrac{1}{n}}{\dfrac{1}{n}}=1$$

由比较审敛法的极限形式知，级数$\sum\limits_{n=1}^{\infty}\sin\dfrac{1}{n}$与$\sum\limits_{n=1}^{\infty}\dfrac{1}{n}$同敛散性，而调和级数$\sum\limits_{n=1}^{\infty}\dfrac{1}{n}$发散，所以级数$\sum\limits_{n=1}^{\infty}\sin\dfrac{1}{n}$发散.

例 11　判断级数$\sum\limits_{n=1}^{\infty}\ln\left(1+\dfrac{1}{n^2}\right)$的敛散性.

解　因为

$$\lim_{n\to\infty}\frac{\ln\left(1+\dfrac{1}{n^2}\right)}{\dfrac{1}{n^2}}=\lim_{n\to\infty}\ln\left(1+\frac{1}{n^2}\right)^{n^2}=\lim_{n\to\infty}\ln e=1$$

由比较审敛法的极限形式知，级数$\sum\limits_{n=1}^{\infty}\ln\left(1+\dfrac{1}{n^2}\right)$与$\sum\limits_{n=1}^{\infty}\dfrac{1}{n^2}$同敛散，而$p$级数$\sum\limits_{n=1}^{\infty}\dfrac{1}{n^2}$收敛，所以级数$\sum\limits_{n=1}^{\infty}\ln\left(1+\dfrac{1}{n^2}\right)$收敛.

由上面例子可知，在利用比较审敛法时，首先要推测所讨论的级数的可能敛散性，其次需找到一个参照级数（比较对象），而此参照级数的敛散性是已知的. 由于参照级数并不易找到，那么是否能通过级数本身来判断级数的敛散性呢？下面的比值审敛法回答

了这个问题.

定理 3（比值审敛法） 设给定正项级数 $\sum\limits_{n=1}^{\infty} a_n$，如果 $\lim\limits_{n \to \infty} \dfrac{a_{n+1}}{a_n} = \rho$，则有

（1）当 $\rho < 1$ 时，则级数收敛；

（2）当 $\rho > 1$ 或 $\rho = \infty$ 时，则级数发散；

（3）当 $\rho = 1$ 时，无法判定.

例 12 判断级数 $\sum\limits_{n=1}^{\infty} \dfrac{1}{n!}$ 的敛散性.

解 该级数通项后项与前项的比值的极限为

$$\lim_{n \to \infty} \frac{\dfrac{1}{(n+1)!}}{\dfrac{1}{n!}} = \lim_{n \to \infty} \frac{1}{n+1} = 0 < 1$$

由比值审敛法可知，级数 $\sum\limits_{n=1}^{\infty} \dfrac{1}{n!}$ 收敛.

例 13 判断级数 $\sum\limits_{n=1}^{\infty} \dfrac{n!}{2^n}$ 的敛散性.

解 该级数通项后项与前项的比值的极限为

$$\lim_{n \to \infty} \frac{\dfrac{(n+1)!}{2^{n+1}}}{\dfrac{n!}{2^n}} = \lim_{n \to \infty} \frac{n+1}{2} = \infty$$

由比值审敛法可知，级数 $\sum\limits_{n=1}^{\infty} \dfrac{n!}{2^n}$ 发散.

例 14 判断级数 $\sum\limits_{n=1}^{\infty} \dfrac{n!}{n^n}$ 的敛散性.

解 该级数通项后项与前项的比值的极限为

$$\lim_{n \to \infty} \frac{\dfrac{(n+1)!}{(n+1)^{n+1}}}{\dfrac{n!}{n^n}} = \lim_{n \to \infty} \frac{n^n}{(n+1)^n} = \lim_{n \to \infty} \frac{1}{\dfrac{(n+1)^n}{n^n}} = \lim_{n \to \infty} \frac{1}{\left(1 + \dfrac{1}{n}\right)^n} = \frac{1}{e} < 1$$

由比值审敛法可知，级数 $\sum\limits_{n=1}^{\infty} \dfrac{n!}{n^n}$ 收敛.

由以上各例可知，当 a_n 中含有 $n!$、n 次幂、n 的连乘积或者指数中出现 n 的情形常用比值审敛法.

例 15 判断级数 $\sum\limits_{n=1}^{\infty} \dfrac{1}{(2n+1)2n}$ 的敛散性.

解 该级数通项后项与前项的比值的极限为

$$\lim_{n \to \infty} \frac{\dfrac{1}{(2n+3)(2n+2)}}{\dfrac{1}{(2n+1)2n}} = \lim_{n \to \infty} \frac{(2n+1)2n}{(2n+3)(2n+2)} = 1$$

此时，比值审敛法失效，改用比较审敛法.

由于

$$\frac{1}{(2n+1)2n} < \frac{1}{4n^2}$$

而p级数$\displaystyle\sum_{n=1}^{\infty} \frac{1}{4n^2}$收敛，所以级数$\displaystyle\sum_{n=1}^{\infty} \frac{1}{(2n+1)2n}$收敛.

9.2.2 交错级数及其审敛法

1. 交错级数的敛散性

定义 2 若级数的各项符号正负相间，即

$$\sum_{n=1}^{\infty} (-1)^{n-1} a_n = a_1 - a_2 + a_3 - a_4 + \cdots + (-1)^{n-1} a_n + \cdots$$

其中$a_n > 0 \ (n = 1, 2, \cdots)$，则称此类级数为交错级数.

对于交错级数的敛散性法则有以下结论.

定理 4（莱布尼茨收敛准则） 对于交错级数$\displaystyle\sum_{n=1}^{\infty} (-1)^{n-1} a_n (a_n > 0, n = 1, 2, \cdots)$，若满足

①a_n是单调递减的，即$a_n \geqslant a_{n+1} \ (n = 1, 2, \cdots)$；②$\displaystyle\lim_{n \to +\infty} a_n = 0$，则交错级数$\displaystyle\sum_{n=1}^{\infty} (-1)^{n-1} a_n$收敛，

且其和$s \leqslant a_1$.

【注】这一收敛准则仅适用于交错级数，对正项级数结论不正确，切勿乱用.

例 16 证明级数$\displaystyle\sum_{n=2}^{\infty} (-1)^n \frac{1}{\ln n}$收敛.

证 此级数为交错级数，且满足

（1）$a_n = \dfrac{1}{\ln n} > \dfrac{1}{\ln(n+1)} = a_{n+1} \ (n = 2, 3, \cdots)$；

（2）$\displaystyle\lim_{n \to +\infty} a_n = \lim_{n \to +\infty} \frac{1}{\ln n} = 0$.

由莱布尼茨收敛准则可知，级数$\displaystyle\sum_{n=2}^{\infty} (-1)^n \frac{1}{\ln n}$收敛.

【注】比较a_n与a_{n+1}的大小可以借助判断函数单调性的方法来完成.

例 17 证明级数$\displaystyle\sum_{n=1}^{\infty} (-1)^{n-1} \frac{1}{2n-1}$收敛.

证　考虑函数 $f(x) = \dfrac{1}{2x-1}$，因为

$$f'(x) = \frac{-2}{(2x-1)^2} < 0$$

所以当 $x > 1$ 时，函数 $f(x)$ 单调递减，则有 $f(n) = \dfrac{1}{2n-1}$ 单调递减，即 $a_n > a_{n+1}$，且

$$\lim_{n \to +\infty} a_n = \lim_{n \to +\infty} \frac{1}{2n-1} = 0$$

由莱布尼茨收敛准则知，级数 $\displaystyle\sum_{n=1}^{\infty} (-1)^{n-1} \frac{1}{2n-1}$ 收敛.

2. 绝对收敛与条件收敛

设有级数 $\displaystyle\sum_{n=1}^{\infty} a_n = a_1 + a_2 + \cdots + a_n + \cdots$，其中 $a_n(n=1,2,3,\cdots)$ 为任意常数，该级数叫作任意项级数. 可见交错级数是任意项级数的特殊形式.

对于任意项级数，给每一项加上绝对值符号便构成一个正项级数

$$\sum_{n=1}^{\infty} |a_n| = |a_1| + |a_2| + \cdots + |a_n| + \cdots$$

任意项级数 $\displaystyle\sum_{n=1}^{\infty} a_n$ 与正项级数 $\displaystyle\sum_{n=1}^{\infty} |a_n|$ 的敛散性的关系如下.

定理5　若正项级数 $\displaystyle\sum_{n=1}^{\infty} |a_n|$ 收敛，则任意项级数 $\displaystyle\sum_{n=1}^{\infty} a_n$ 必收敛.

例如，级数 $\displaystyle\sum_{n=1}^{\infty} \frac{\sin n}{n^2}$ 不是正项级数，但显然

$$\left| \frac{\sin n}{n^2} \right| \leq \frac{1}{n^2}$$

而 p 级数 $\displaystyle\sum_{n=1}^{\infty} \frac{1}{n^2}$ 收敛，由比较判别法知 $\displaystyle\sum_{n=1}^{\infty} \left| \frac{\sin n}{n^2} \right|$ 收敛，再由定理5可知 $\displaystyle\sum_{n=1}^{\infty} \frac{\sin n}{n^2}$ 收敛.

定理5提供了判断任意项级数收敛的一个方法，但请注意对于任意项级数 $\displaystyle\sum_{n=1}^{\infty} a_n$ 如果 $\displaystyle\sum_{n=1}^{\infty} |a_n|$ 发散，原任意项级数还是有可能收敛的.

由以上可知，当任意项级数 $\displaystyle\sum_{n=1}^{\infty} a_n$ 收敛时，正项级数 $\displaystyle\sum_{n=1}^{\infty} |a_n|$ 有可能收敛也有可能发散，于是任意项级数 $\displaystyle\sum_{n=1}^{\infty} a_n$ 收敛有两种情况，具体定义如下.

定义3　若由任意项级数 $\displaystyle\sum_{n=1}^{\infty} a_n$ 各项的绝对值所组成的级数

$$\sum_{n=1}^{\infty} |a_n| = |a_1| + |a_2| + \cdots + |a_n| + \cdots$$

收敛，则称原级数 $\sum_{n=1}^{\infty} a_n$ 绝对收敛.

定义 4　若任意项级数 $\sum_{n=1}^{\infty} a_n$ 收敛，而级数 $\sum_{n=1}^{\infty} |a_n|$ 发散，则称级数 $\sum_{n=1}^{\infty} a_n$ 为条件收敛.

根据定义 3 和定义 4 可知，判断交错级数 $\sum_{n=1}^{\infty} (-1)^{n-1} a_n$ 是绝对收敛还是条件收敛的方法如下：

（1）当 $\sum_{n=1}^{\infty} |a_n|$ 收敛时， $\sum_{n=1}^{\infty} (-1)^{n-1} a_n$ 绝对收敛；

（2）当 $\sum_{n=1}^{\infty} |a_n|$ 发散时，再由莱布尼茨收敛准则判别 $\sum_{n=1}^{\infty} (-1)^{n-1} a_n$ 的敛散性，若收敛，则称级数 $\sum_{n=1}^{\infty} (-1)^{n-1} a_n$ 为条件收敛.

例 18　判断下列级数是否收敛，若收敛，判断是绝对收敛还是条件收敛.

（1）$\sum_{n=1}^{\infty} (-1)^{n-1} \dfrac{(n+1)!}{n^{n+1}}$ 　　　　　　　　（2）$\sum_{n=1}^{\infty} (-1)^{n-1} \dfrac{1}{n}$

（3）$\sum_{n=1}^{\infty} (-1)^{n-1} \dfrac{1}{2n-1}$

解　（1）因 $\left| (-1)^{n-1} \dfrac{(n+1)!}{n^{n+1}} \right| = \dfrac{(n+1)!}{n^{n+1}}$，则

$$\lim_{n \to +\infty} \frac{a_{n+1}}{a_n} = \lim_{n \to +\infty} \frac{\dfrac{(n+2)!}{(n+1)^{n+2}}}{\dfrac{(n+1)!}{n^{n+1}}} = \lim_{n \to +\infty} \frac{(n+2)}{(n+1)} \left(\frac{n}{n+1} \right)^{n+1} = 1 \cdot e^{-1} < 1$$

由比值判别法知，级数 $\sum_{n=1}^{\infty} (-1)^{n-1} \dfrac{(n+1)!}{n^{n+1}}$ 绝对收敛.

（2）此级数为交错级数，而正项级数 $\sum_{n=1}^{\infty} \left| (-1)^{n-1} \dfrac{1}{n} \right| = \sum_{n=1}^{\infty} \dfrac{1}{n}$ 发散（调和级数），所以级数非绝对收敛.

下面判别原级数的敛散性，因为

$$a_n = \frac{1}{n} > \frac{1}{n+1} = a_{n+1} \ (n=1, 2, \cdots)$$

且

$$\lim_{n \to +\infty} a_n = \lim_{n \to +\infty} \frac{1}{n} = 0$$

第9章

无穷级数

由莱布尼茨收敛准则知，级数 $\sum\limits_{n=1}^{\infty}(-1)^{n-1}\dfrac{1}{n}$ 收敛，综合以上，得原级数为条件收敛.

【注】此级数也称为莱布尼茨级数，是一个标准级数，应记住.

（3）此级数为交错级数，且

$$\left|(-1)^{n-1}\frac{1}{2n-1}\right|=\frac{1}{2n-1}>\frac{1}{2n}$$

而级数 $\sum\limits_{n=1}^{\infty}\dfrac{1}{2n}=\dfrac{1}{2}\sum\limits_{n=1}^{\infty}\dfrac{1}{n}$ 发散（调和级数），所以级数非绝对收敛.

下面判别原级数的敛散性，因为

$$a_{n+1}-a_n=\frac{1}{2n+1}-\frac{1}{2n-1}=\frac{-2}{(2n+1)(2n-1)}<0$$

所以当 $n>1$ 时，$a_n>a_{n+1}$，且

$$\lim_{n\to+\infty}a_n=\lim_{n\to+\infty}\frac{1}{2n-1}=0$$

由莱布尼茨收敛准则知，级数 $\sum\limits_{n=1}^{\infty}(-1)^{n-1}\dfrac{1}{2n-1}$ 收敛，综合以上得原级数为条件收敛.

前面介绍的几个判别级数敛散性的方法，都有一定的适用范围，只能根据级数的特点来选择合适的判别方法，因此，级数敛散性的判别有极强的技巧性，要求读者熟悉各种审敛法，同时记住常用的几个标准级数作为参照级数.

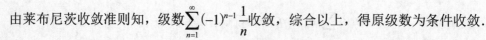 **任务解决**

解 某地方政府在经济上投入 1 亿元人民币以刺激消费，每个经营者和每个居民将收入的 25% 存入银行，其余的 75% 被消费掉. 从最初的 1 亿元开始，消费 0.75 亿元，而这笔消费又成为别的企业或个人的收入，他们又将其中的 75% 消费掉，即消费了 $0.75\times 0.75=(0.75)^2$，依此下去，由 1 亿元投资引起的消费额构成一个等比数列：

$$0.75,(0.75)^2,(0.75)^3,\cdots$$

从而，由 1 亿元投资引起的消费总增长为

$$0.75+(0.75)^2+(0.75)^3+\cdots$$

这是一个几何级数，首项 $a=0.75$，公比 $q=0.75$，则级数和为

$$s=\frac{a}{1-q}=\frac{0.75}{1-0.75}=3（亿元）$$

如果每人只存 10%，则首项 $a=0.9$，公比 $q=0.9$，此时消费总增长为

$$s=\frac{a}{1-q}=\frac{0.9}{1-0.9}=9（亿元）$$

需要注意的是乘数效应只是理论分析，事实上往往还受到诸如人们预期收入的升降，

投资机制健全与否，供给结构合理与否等众多因素的影响，因此实际应用中，往往会产生一些偏差.

能力训练 9.2

参考答案

1. 用比较审敛法判断下列正项级数的敛散性.

（1）$\sum\limits_{n=1}^{\infty} \dfrac{3}{2n^2+5n+3}$ （提示：$\dfrac{3}{2n^2+5n+3}<\dfrac{3}{2n^2}$）

（2）$\sum\limits_{n=1}^{\infty} \dfrac{1}{n^2-1}$ （提示：$\dfrac{1}{n^2-1}>\dfrac{1}{n}$）

（3）$\sum\limits_{n=1}^{\infty} \dfrac{1}{3^n-2^n}$ （提示：$\dfrac{1}{3^n-2^n}>\dfrac{1}{n}$）

（4）$\sum\limits_{n=1}^{\infty} \dfrac{1}{n\sqrt[n]{n}}$ （提示：p 级数）

（5）$\sum\limits_{n=1}^{\infty} \dfrac{n+1}{n^2+1}$ （提示：$\dfrac{n+1}{n^2+1}>\dfrac{n+1}{n^2+n}$）

（6）$\sum\limits_{n=1}^{\infty} \sin\dfrac{\pi}{2^n}$ （提示：$\sin\dfrac{\pi}{2^n}<\dfrac{\pi}{2^n}$）

（7）$\sum\limits_{n=1}^{\infty}\left(1-\cos\dfrac{2\alpha}{n}\right)$ （提示：$\sin\dfrac{\alpha}{n}<\dfrac{\alpha}{n}$）

（8）$\sum\limits_{n=1}^{\infty} \dfrac{n}{3n^3+1}$ （提示：$\dfrac{n}{3n^3+1}<\dfrac{n}{3n^3}$）

2. 用比值审敛法判断下列正项级数的敛散性.

（1）$\sum\limits_{n=1}^{\infty} nx^{n-1}(x>0)$

（2）$\dfrac{3}{1\cdot2}+\dfrac{3^2}{2\cdot2^2}+\dfrac{3^3}{3\cdot2^3}+\cdots+\dfrac{3^n}{n\cdot2^n}+\cdots$

（3）$\sum\limits_{n=1}^{\infty} \dfrac{2^n\cdot n!}{n^n}$

（4）$\sum\limits_{n=1}^{\infty} \sin\dfrac{\pi}{2^n}$

（5）$\sum\limits_{n=1}^{\infty} \dfrac{4^n}{n3^n}$

（6）$\sum\limits_{n=1}^{\infty} \dfrac{1}{(2n+1)!}$

3. 判断级数 $\sum\limits_{n=1}^{\infty} \dfrac{n\cos^2\left(\dfrac{n\pi}{3}\right)}{2^n}$ 的敛散性 （提示：$\dfrac{n\cos^2\left(\dfrac{n\pi}{3}\right)}{2^n}<\dfrac{n}{2^n}$）.

4. 判断下列级数的收敛性.

（1）$\sum\limits_{n=1}^{\infty} (-1)^n\dfrac{\ln n}{n}$

（2）$\sum\limits_{n=1}^{\infty} (-1)^n\dfrac{1}{\sqrt{n(n+1)}}$

（3）$\sum\limits_{n=1}^{\infty} (-1)^n\dfrac{1}{2^n}$

（4）$\sum\limits_{n=1}^{\infty} (-1)^n\dfrac{\sin(2n-1)}{n^2}$

第9章

无穷
级数

(5) $\displaystyle\sum_{n=1}^{\infty}(-1)^n\frac{1}{n-\ln n}$ (6) $\displaystyle\sum_{n=1}^{\infty}(-1)^n\frac{n}{2n+1}$

5. 判断下列级数的收敛性,如果收敛,说明是条件收敛还是绝对收敛.

(1) $\displaystyle\sum_{n=1}^{\infty}(-1)^n\frac{1}{\sqrt{n}}$ (2) $\displaystyle\sum_{n=1}^{\infty}(-1)^n\frac{1}{\sqrt{n(n+1)}}$

(3) $\displaystyle\sum_{n=1}^{\infty}(-1)^n\frac{\sin n\alpha}{\sqrt{n^{3+1}}}$ (4) $\displaystyle\sum_{n=1}^{\infty}(-1)^n\frac{n^2}{4^n}$

9.3 幂级数

任务提出

古希腊数学家芝诺以诡辩著称,他有一个著名的悖论:希腊英雄阿基里斯与乌龟赛跑,无论如何他都追不上乌龟. 把这个悖论用通俗的方式来叙述,即一个人离家门 10 米,但他永远走不到家门口. 显然,这是谁都不会相信的诡辩,不过要彻底驳倒芝诺,却要用到 2000 多年后的极限理论. 其实,用级数知识也能证明这个人在有限的时间里能够回到家.

解决问题知识要点:无穷级数的概念、几何级数和的计算.

学习目标

了解函数项级数的收敛域、和函数的概念;掌握幂级数收敛域及某些和函数的求法.

知识学习

函数关系的表现形式是多样的,如列表法、图像法、解析法、描述法等,此外函数还可用积分来表示,本节将介绍函数关系的又一表现形式——幂级数. 幂级数是一类形式简单的函数项级数,应用非常广泛,借助幂级数的性质、展开式等可以把复杂的问题简单化,为函数性质的讨论及应用提供了方便.

9.3.1 幂级数的概念

本章前部分介绍的是数项级数,即此类级数的每一项都是常数,如果一个级数的每一项都是定义在某个区间上的函数,如

$$f_1(x)+f_2(x)+\cdots+f_n(x)+\cdots$$

则此类级数称为函数项级数,记为 $\displaystyle\sum_{n=1}^{\infty}f_n(x)$.

显然,当任意取 $x=x_0$ 代入函数项级数 $\displaystyle\sum_{n=1}^{\infty}f_n(x)$ 的每一项时,便得到一个常数项级数

$$\sum_{n=1}^{\infty} f_n(x_0) = f_1(x_0) + f_2(x_0) + \cdots + f_n(x_0) + \cdots$$

如果这个常数项级数 $\sum_{n=1}^{\infty} f_n(x_0)$ 收敛，则称 x_0 为级数的一个收敛点，否则称 x_0 为此级数的一个发散点，函数项级数的所有收敛点构成的集合称为此级数的收敛域.

一般而言，函数项级数的形式非常复杂，要确定它的收敛域并不容易，这里主要介绍一类形式简单而应用广泛的函数项级数——幂级数.

定义1　当函数项级数中的各项都是幂函数时，即

$$\sum_{n=0}^{\infty} a_n x^n = a_0 + a_1 x + a_2 x^2 + \cdots + a_n x^n + \cdots$$

此级数称为幂级数，其中 a_0, a_1, a_2, $\cdots$, a_n, $\cdots$ 都是常数，称为幂级数的系数，$a_n x^n$ 称为幂级数的通项.

对于给定的幂级数，它在实数范围内的任意一个点有可能收敛，也可能发散，那么幂级数的收敛域的结构是怎样的呢？

例如，幂级数

$$\sum_{n=0}^{\infty} x^n = 1 + x + x^2 + \cdots + x^n + \cdots$$

可以看作是一个公比为 x 的几何级数，根据几何级数的性质可知，当 $|x|<1$ 时，该级数收敛于 $\dfrac{1}{1-x}$，当 $|x| \geqslant 1$ 时，该级数发散，因此这个幂级数的收敛域是一个区间 $(-1, 1)$.

由此可看出，幂级数的收敛域是一个区间，而幂级数是定义在它的收敛域内的一个函数，为此，接下来学习的重点就是幂级数收敛域的求法以及幂级数在其收敛域内的性质.

9.3.2　幂级数收敛域的求法

定义2　对于幂级数 $\sum_{n=0}^{\infty} a_n x^n$，如果存在一个确定的正数 R，使得当 $|x| < R$ 时绝对收敛，$|x| > R$ 时发散，则称 R 为级数的收敛半径，$(-R, R)$ 为级数的收敛区间.

特别地，若级数仅在点 $x = 0$ 处收敛，则收敛半径为 $R = 0$. 若级数对一切 x 都收敛，则收敛半径为 $R = +\infty$，收敛区间为 $(-\infty, \infty)$.

由定义可知，收敛半径是求收敛域的关键，下面定理将介绍对于满足某些条件的幂级数的收敛半径的求解.

定理　对于幂级数 $\sum_{n=0}^{\infty} a_n x^n (a_n \neq 0)$，如果 $\lim\limits_{n \to +\infty} \left| \dfrac{a_{n+1}}{a_n} \right| = \rho$，则

（1）当 $0 < \rho < +\infty$ 时，收敛半径为 $R = \dfrac{1}{\rho}$；

（2）当 $\rho = 0$ 时，收敛半径为 $+\infty$；

幂级数收敛半径及收敛域

（3）当$\rho = +\infty$时，收敛半径为$R = 0$.

由以上定理知，求出幂级数的收敛半径R后，幂级数的收敛区间则为$(-R, R)$，收敛域指的是所有收敛点的集合，请注意，此时区间端点$x = -R$和$x = R$是否是收敛点还需要另外单独讨论.

例 19 求幂级数$\sum\limits_{n=0}^{\infty}\dfrac{n}{2^n}x^n$的收敛域.

解 因为

$$\rho = \lim_{n \to +\infty}\left|\dfrac{a_{n+1}}{a_n}\right| = \lim_{n \to +\infty}\dfrac{\dfrac{n+1}{2^{n+1}}}{\dfrac{n}{2^n}} = \lim_{n \to +\infty}\dfrac{n+1}{2n} = \dfrac{1}{2}$$

故级数的收敛半径$R = 2$，级数在区间$(-2, 2)$内收敛.

当$x = \pm 2$时，幂级数成为数项级数$\sum\limits_{n=0}^{\infty}(\pm 1)^n n$，此时通项均不趋于零，由收敛的必要条件可知，级数$\sum\limits_{n=0}^{\infty}\dfrac{n}{2^n}x^n$在$x = \pm 2$时发散.

综上，幂级数$\sum\limits_{n=0}^{\infty}\dfrac{n}{2^n}x^n$的收敛域是$(-2, 2)$.

例 20 求幂级数$\sum\limits_{n=0}^{\infty}(-1)^n\dfrac{x^n}{n}$的收敛半径和收敛域.

解 因为

$$\rho = \lim_{n \to +\infty}\left|\dfrac{a_{n+1}}{a_n}\right| = \lim_{n \to +\infty}\dfrac{\dfrac{1}{n+1}}{\dfrac{1}{n}} = \lim_{n \to +\infty}\dfrac{n}{n+1} = 1$$

故级数的收敛半径$R = 1$，级数$\sum\limits_{n=0}^{\infty}(-1)^n\dfrac{x^n}{n}$在区间$(-1, 1)$内收敛.

当$x = 1$时，幂级数成为交错级数$\sum\limits_{n=0}^{\infty}(-1)^n\dfrac{1}{n}$，因为$\left\{\dfrac{1}{n}\right\}$单调递减，且$\lim\limits_{n \to \infty}\dfrac{1}{n} = 0$，由莱布尼茨收敛准则知，级数$\sum\limits_{n=0}^{\infty}(-1)^n\dfrac{1}{n}$收敛.

当$x = -1$时，幂级数成为调和级数$\sum\limits_{n=0}^{\infty}\dfrac{1}{n}$是发散的.

综上，级数$\sum\limits_{n=0}^{\infty}(-1)^{n-1}\dfrac{x^n}{n}$的收敛域是$(-1, 1]$.

例 21 求幂级数$\sum\limits_{n=0}^{\infty}n!x^n$的收敛域.

解　因为
$$\rho = \lim_{n \to +\infty} \left| \frac{a_{n+1}}{a_n} \right| = \lim_{n \to +\infty} \frac{(n+1)!}{n!} = \lim_{n \to +\infty} (n+1) = +\infty$$

故级数的收敛半径 $R = 0$，幂级数 $\sum_{n=0}^{\infty} n! x^n$ 仅在 $x = 0$ 处收敛.

例 22　求幂级数 $\sum_{n=1}^{\infty} \frac{(2n)!}{(n!)^2} x^{2n}$ 的收敛半径.

解　此级数缺少奇次幂项，定理 1 失效，可用比值审敛法求收敛半径
$$\rho = \lim_{n \to +\infty} \left| \frac{\dfrac{(2n+2)!}{((n+1)!)^2} x^{2n+2}}{\dfrac{(2n)!}{(n!)^2} x^{2n}} \right| = \lim_{n \to +\infty} \left| \frac{(2n+1)(2n+2)}{(n+1)^2} x^2 \right| = 4|x|^2$$

当 $4|x|^2 < 1$，即 $|x| < \frac{1}{2}$ 时，级数收敛；当 $4|x|^2 > 1$，即 $|x| > \frac{1}{2}$ 时，级数发散，所以级数收敛半径为 $R = \frac{1}{2}$.

此外，幂级数还有另一种更广泛的形式：
$$\sum_{n=0}^{\infty} a_n (x - x_0)^n = a_0 + a_1(x - x_0) + a_2(x - x_0)^2 + \cdots + a_n(x - x_0)^n + \cdots$$

显然，幂级数 $\sum_{n=0}^{\infty} a_n x^n$ 是 $\sum_{n=0}^{\infty} a_n (x - x_0)^n$ 在 $x_0 = 0$ 时的情形，于是有以下推论.

推论　如果 $\sum_{n=0}^{\infty} a_n x^n$ 收敛域为 $(-R, +R)$，则级数 $\sum_{n=0}^{\infty} a_n (x - x_0)^n$ 有收敛域为 $(x_0 - R, x_0 + R)$.

例 23　求幂级数 $\sum_{n=1}^{\infty} \frac{1}{\sqrt{n}} (x - 2)^n$ 的收敛域.

解　令 $t = x - 2$，可得幂级数 $\sum_{n=1}^{\infty} \frac{1}{\sqrt{n}} t^n$，求此幂级数收敛半径
$$\rho = \lim_{n \to +\infty} \left| \frac{a_{n+1}}{a_n} \right| = \lim_{n \to +\infty} \left| \frac{\sqrt{n}}{\sqrt{n+1}} \right| = 1$$

故收敛半径 $R = 1$，收敛区间为 $(-1, 1)$，又由推论 1 得
$$-1 < x - 2 < 1$$
于是有
$$1 < x < 3$$
由此可知 $\sum_{n=1}^{\infty} \frac{1}{\sqrt{n}} (x - 2)^n$ 收敛区间为 $(1, 3)$.

当 $x = 3$ 时，幂级数成为数项级数 $\sum\limits_{n=1}^{\infty} \dfrac{1}{\sqrt{n}}$，由 p 级数的性质可知级数发散.

当 $x = 1$ 时，幂级数成为交错级数 $\sum\limits_{n=1}^{\infty} (-1)^n \dfrac{1}{\sqrt{n}}$，由莱布尼茨收敛准则可知级数收敛.

综上，级数的收敛域为 $[1, 3)$.

9.3.3　幂级数的性质

定义 3　设幂级数 $\sum\limits_{n=0}^{\infty} a_n x^n$ 的收敛域为 I，则对于任意 $x \in I$，都有对应于该级数的一个和数 s，于是 s 是 x 的函数，记为 $s(x)$，并称为幂级数的和函数. 即

$$s(x) = \sum_{n=0}^{\infty} a_n x^n,\ x \in I$$

例如，幂级数

$$1 + x + x^2 + \cdots + x^{n-1} + \cdots$$

的收敛域为 $(-1, 1)$，其和函数为

$$s(x) = \sum_{n=0}^{\infty} x^n = \frac{1}{1-x},\ x \in (-1, 1)$$

【注】和函数是以幂级数的收敛域为定义域的，所以用幂级数表示它的和函数时，必须同时指明其收敛域.

性质 1　幂级数的和函数在其收敛域内是连续的.

性质 2　幂级数 $\sum\limits_{n=0}^{\infty} a_n x^n$ 的和函数 $s(x)$ 在其收敛域内是可微的，并且

$$s'(x) = \sum_{n=0}^{\infty} (a_n x^n)' = \sum_{n=1}^{\infty} n a_n x^{n-1},\ x \in (-R, R)$$

其中 $\sum\limits_{n=1}^{\infty} n a_n x^{n-1}$ 的收敛半径与 $\sum\limits_{n=0}^{\infty} a_n x^n$ 的收敛半径相同.

这里性质 2 可以理解为，幂级数在它的收敛区间内可以逐项求导.

性质 3　幂级数 $\sum\limits_{n=0}^{\infty} a_n x^n$ 的和函数 $s(x)$ 在其收敛域内是可积的，并且

$$\int_0^x s(x)\mathrm{d}x = \sum_{n=0}^{\infty} \int_0^x a_n x^n \mathrm{d}x = \sum_{n=0}^{\infty} \frac{a_n}{n+1} x^{n+1},\ x \in (-R, R)$$

其中 $\sum\limits_{n=0}^{\infty} \dfrac{a_n}{n+1} x^{n+1}$ 的收敛半径与 $\sum\limits_{n=0}^{\infty} a_n x^n$ 的收敛半径相同.

这里性质 3 可以理解为，幂级数在它的收敛区间内可以逐项积分. 需要强调的是，幂级数经逐项求导或逐项积分后收敛半径不变，但在端点处的收敛性则可能改变.

例 24　求幂级数 $\sum\limits_{n=1}^{\infty} (-1)^{n-1} \dfrac{x^{2n-1}}{2n-1}$ 的和函数及收敛域.

解 求得级数的收敛域是$[-1, 1]$，设此幂级数的和函数为$s(x)$，则有

$$s'(x) = \sum_{n=1}^{\infty}\left[(-1)^{n-1}\frac{x^{2n-1}}{2n-1}\right]' = \sum_{n=1}^{\infty}(-1)^{n-1}x^{2n-2}$$

$$= \sum_{n=0}^{\infty}(-1)^n x^{2n} = \sum_{n=0}^{\infty}(-x^2)^n = \frac{1}{1+x^2}, \quad x \in [-1, 1]$$

等式两侧再从0到x积分，得

$$\int_0^x s'(x)\mathrm{d}x = s(x) - s(0) = \int_0^x \frac{1}{1+x^2}\mathrm{d}x$$

注意到$s(0) = 0$，从而得到

$$s(x) = \int_0^x \frac{1}{1+x^2}\mathrm{d}x = \arctan x\Big|_0^x = \arctan x, \quad x \in [-1, 1]$$

例 25 求幂级数$\sum_{n=0}^{\infty}(n+1)x^n$的和函数及收敛域.

解 求得此级数的收敛域是$(-1, 1)$，设此幂级数的和函数$s(x)$，则

$$\int_0^x s(x)\mathrm{d}x = \sum_{n=0}^{\infty}\int_0^x (n+1)x^n\mathrm{d}x = \sum_{n=0}^{\infty}x^{n+1}$$

$$= x + x^2 + \cdots + x^n + \cdots = \frac{x}{1-x}, \quad x \in (-1, 1)$$

再对上式两侧求导，可得和函数

$$s(x) = \left(\int_0^x s(x)\mathrm{d}x\right)' = \left(\frac{x}{1-x}\right)' = \frac{1}{(1-x)^2}$$

即

$$s(x) = \frac{1}{(1-x)^2}, \quad x \in (-1, 1)$$

任务解决

解 如果此人从离家门 10 米处以每秒 0.5 米的固定速度向家门走去，按芝诺的论证方法，此人走到离家门 5 米处要用$t_0 = \dfrac{5}{0.5} = 10$秒；走到离家门$\dfrac{5}{2}$米处要用$t_1 = \dfrac{\frac{5}{2}}{0.5} = 5$秒；再走到下一点要用$t_2 = \dfrac{\frac{5}{4}}{0.5} = \dfrac{10}{4}$秒. 由于从一点走到下一点的距离是这点到家门距离的一半，所以接下来，如用的时间依次是$\dfrac{10}{8}$秒，$\dfrac{10}{16}$秒，$\cdots$，$\dfrac{10}{2^n}$秒，$\cdots$这样，走到家门所用的总时间是$t = 10 + 5 + \dfrac{10}{4} + \dfrac{10}{8} + \dfrac{10}{16} + \cdots + \dfrac{10}{2^n} + \cdots = 10 \times \dfrac{1}{1-\frac{1}{2}} = 20$秒. （这是一个几何级数）

所以，芝诺的悖论也就是一个悖论而已.

能力训练 9.3

参考答案

1.求下列幂级数的收敛半径.

（1）$\sum_{n=1}^{\infty} nx^n$

（2）$\sum_{n=1}^{\infty} \dfrac{x^n}{n3^n}$

（3）$\sum_{n=1}^{\infty} \dfrac{3^n+(-2)^n}{n} x^n$

（4）$\sum_{n=1}^{\infty} (-1)^n \dfrac{x^n}{(2n+1)!}$

2.求下列幂级数的收敛域.

（1）$\sum_{n=1}^{\infty} n!x^n$

（2）$\sum_{n=1}^{\infty} \dfrac{x^{2n}}{n3^n}$

（3）$\sum_{n=2}^{\infty} (-1)^n \dfrac{1}{\ln n} x^n$

（4）$\sum_{n=1}^{\infty} \dfrac{(x-3)^n}{n5^n}$

3.利用幂级数的性质求下列幂级数的和函数以及函数的定义域.

（1）$\sum_{n=1}^{\infty} nx^{n-1}$

（2）$\sum_{n=1}^{\infty} \dfrac{x^n}{n(n+1)}$

9.4 函数展开成幂级数

任务提出

为优化工作环境，某办公大楼计划改造该建筑物的通风系统，为此需测算当前大楼内二氧化碳量.已知当通风系统工作时，t分钟后建筑物内二氧化碳的体积V（单位：立方厘米）可以由下式给出：$V=5+11e^{-\frac{t}{4}}$，请对此函数在$t=0$处展开成泰勒级数.

解决问题知识要点：任意阶可导函数的泰勒级数公式.

学习目标

掌握如何把函数展开成泰勒级数、麦克劳林级数.

知识学习

在上节，我们通过幂级数的和函数可以将幂级数表示成一个初等函数，反过来，给定的一个函数，是否可以把它表示成一个幂级数呢？如果能做到这点，会给研究函数带来很大的方便.本节将介绍如何把初等函数展开成幂级数.

9.4.1　任意阶可导函数的泰勒级数

定义　如果函数$f(x)$在x_0的某一邻域内具有任意阶导数，则称幂级数

$$f(x_0) + f'(x_0)(x - x_0) + \frac{f''(x_0)}{2!}(x - x_0)^2 + \cdots + \frac{f^{(n)}(x_0)}{n!}(x - x_0)^n + \cdots$$

为函数$f(x)$在x_0处的泰勒级数. 并记

$$P_n(x) = f(x_0) + f'(x_0)(x - x_0) + \frac{f''(x_0)}{2!}(x - x_0)^2 + \cdots + \frac{f^{(n)}(x_0)}{n!}(x - x_0)^n$$

称为泰勒多项式，记$R_n(x) = f(x) - P_n(x)$，称为拉格朗日余项.

特别地，当$x_0 = 0$时，函数$f(x)$的泰勒级数称为$f(x)$的麦克劳林级数，即

$$f(0) + f'(0)x + \frac{f''(0)}{2!}x^2 + \cdots + \frac{f^{(n)}(0)}{n!}x^n + \cdots$$

麦克劳林级数是泰勒级数的特殊情况，由定义可知，展开成麦克劳林级数的步骤如下.

（1）写出函数的麦克劳林公式：

$$f(x) = f(0) + f'(0)x + \frac{f''(0)}{2!}x^2 + \cdots + \frac{f^{(n)}(0)}{n!}x^n + R_n(x)$$

（2）判断$\lim\limits_{n \to +\infty} R_n(x)$是否为零，若为零，则直接写出幂级数展开式.

直接运用公式和定理展开成幂级数，除了要面对高阶导数的计算困难，还要验证余项是否为零，因此直接展开为幂级数的方法十分麻烦. 为了研究方便，在讨论怎样将初等函数表示成幂级数之前. 先介绍几个基本初等函数的幂级数展开.

9.4.2　几个基本初等函数的麦克劳林级数

例 26　将$f(x) = e^x$展开成x的幂级数.

解　函数$f(x) = e^x$的任意阶导数$f^{(n)}(x) = e^x(n = 1, 2, \cdots)$，故$f^{(n)}(0) = f(0) = 1$，于是得函数$e^x$麦克劳林公式

$$e^x = 1 + x + \frac{1}{2!}x^2 + \cdots + \frac{1}{n!}x^n + R_n(x)$$

它的收敛半径是$R = +\infty$.

对于任意有限数x，ξ在0与x之间，从而余项的绝对值为

$$|R_n(x)| = \left| \frac{e^\xi}{(n+1)!}x^{n+1} \right| = e^{|\xi|} \frac{|x|^{n+1}}{(n+1)!} < e^{|x|} \frac{|x|^{n+1}}{(n+1)!}$$

因$e^{|x|}$有限，且$\dfrac{|x|^{n+1}}{(n+1)!}$是收敛级数$\sum\limits_{n=0}^{\infty} \dfrac{|x|^{n+1}}{(n+1)!}$的通项，故当$n \to \infty$时$e^{|x|} \dfrac{|x|^{n+1}}{(n+1)!} \to 0$，所以

有$\lim\limits_{n \to \infty} R_n(x) = 0$，因此函数$f(x) = e^x$展开成幂级数为

$$e^x = 1 + x + \frac{x^2}{2!} + \cdots + \frac{x^n}{n!} + \cdots = \sum_{n=0}^{\infty} \frac{x^n}{n!} \quad x \in (-\infty, +\infty)$$

用同样的方法可以得到以下基本初等函数的幂级数展开式

$$\sin x = x - \frac{x^3}{3!} + \frac{x^5}{5!} - \cdots + \frac{(-1)^n}{(2n+1)!} x^{2n+1} + \cdots \quad x \in (-\infty, +\infty)$$

$$\frac{1}{1-x} = 1 + x + x^2 + \cdots + x^n + \cdots \quad x \in (-1, 1)$$

$$\frac{1}{1+x} = 1 - x + x^2 - x^3 + \cdots + (-1)^n x^n + \cdots \quad x \in (-1, 1)$$

$$(1+x)^\alpha = 1 + \alpha x + \frac{\alpha(\alpha-1)}{2!} x^2 + \cdots + \frac{\alpha(\alpha-1)\cdots(\alpha-n+1)}{n!} x^n + \cdots \quad x \in (-1, 1)$$

9.4.3 初等函数展开成幂级数

在掌握了以上几个基本初等函数的幂级数后,可以通过幂级数的四则运算、逐项求导、逐项积分及变量代换,将所给的函数展开为幂级数,这样不但计算简单,而且可以回避对余项的研究.

例 27 将函数 $f(x) = \dfrac{1}{x-3}$ 展开成 x 的幂级数.

解 将此函数看作几何级数的和函数,则有

$$\frac{1}{x-3} = -\frac{1}{3} \cdot \frac{1}{1-\dfrac{x}{3}} = -\frac{1}{3} \sum_{n=0}^{\infty} \left(\frac{x}{3}\right)^n$$

收敛域为 $\left|\dfrac{x}{3}\right| < 1$,即 $(-3, 3)$.

例 28 将函数 $f(x) = \sin x \cos x$ 展开成 x 的幂级数.

解 利用已知基本初等函数的幂级数展开式,间接展开得

$$\sin x \cos x = \frac{1}{2} \sin 2x = \frac{1}{2} \left[2x - \frac{(2x)^3}{3!} + \frac{(2x)^5}{5!} - \cdots + \frac{(-1)^n}{(2n+1)!} (2x)^{2n+1} + \cdots \right]$$

$$= \sum_{n=0}^{\infty} (-1)^n \frac{2^{2n}}{(2n+1)!} x^{2n+1} \quad x \in (-\infty, +\infty)$$

例 29 将函数 $f(x) = \ln(1+x)$ 展开成 x 的幂级数.

解 因为

$$f'(x) = \frac{1}{1+x} = 1 - x + x^2 - x^3 + \cdots + (-1)^n x^n + \cdots, \, x \in (-1, 1)$$

从0到x逐项积分,得

$$f(x) - f(0) = \int_0^x \left[1 - x + x^2 - x^3 + \cdots + (-1)^n x^n + \cdots \right] \mathrm{d}x$$

$$= x - \frac{x^2}{2} + \frac{x^3}{3} + \cdots + (-1)^n \frac{x^{n+1}}{n+1} + \cdots \quad x \in (-1, 1]$$

而 $f(0) = \ln 1 = 0$，所以

$$\ln(1+x) = x - \frac{x^2}{2} + \frac{x^3}{3} + \cdots + (-1)^n \frac{x^{n+1}}{n+1} + \cdots \quad x \in (-1, 1]$$

例 30 将 $f(x) = (1+x)e^x$ 展开成 x 的幂级数.

解 解法一 因为 $(xe^x)' = (1+x)e^x$，而

$$xe^x = x\left(1 + x + \frac{x^2}{2!} + \cdots + \frac{x^n}{n!} + \cdots\right) = x + x^2 + \frac{x^3}{2!} + \cdots + \frac{x^{n+1}}{n!} + \cdots \quad x \in (-\infty, +\infty)$$

两端求导，得

$$(1+x)e^x = (xe^x)' = \left(x + x^2 + \frac{x^3}{2!} + \cdots + \frac{x^{n+1}}{n!} + \cdots\right)'$$

$$= 1 + 2x + \frac{3x^2}{2!} + \cdots + \frac{(n+1)x^n}{n!} + \cdots = \sum_{n=0}^{\infty} \frac{(n+1)x^n}{n!} \quad x \in (-\infty, +\infty)$$

解法二

$$f(x) = e^x + xe^x = 1 + \frac{x}{1!} + \frac{x^2}{2!} + \cdots + \frac{x^n}{n!} + \cdots + x\left(1 + x + \frac{x^2}{2!} + \cdots + \frac{x^n}{n!} + \cdots\right)$$

$$= 1 + \left(\frac{1}{1!} + 1\right)x + \left(\frac{1}{2!} + 1\right)x^2 + \left(\frac{1}{3!} + \frac{1}{2!}\right)x^3 + \cdots + \left(\frac{1}{n!} + \frac{1}{(n-1)!}\right)x^n + \cdots$$

$$= \sum_{n=0}^{\infty} \frac{(n+1)x^n}{n!} \quad x \in (-\infty, +\infty)$$

任务解决

解 由函数 $f(x)$ 的泰勒级数展开式，有

$$f(x) = f(x_0) + f'(x_0)(x - x_0) + \frac{f''(x_0)}{2!}(x - x_0)^2 + \cdots + \frac{f^{(n)}(x_0)}{n!}(x - x_0)^n + \cdots$$

得

$$e^x = 1 + x + \frac{x^2}{2!} + \cdots + \frac{x^n}{n!} + \cdots$$

所以有

$$e^{-\frac{t}{4}} = 1 + \left(-\frac{t}{4}\right) + \frac{1}{2!}\left(-\frac{t}{4}\right)^2 + \cdots + \frac{1}{n!}\left(-\frac{t}{4}\right)^n + \cdots$$

$$V = 5 + 11e^{-\frac{t}{4}} = 16 - \frac{11}{4}t + \frac{11}{4^2 \cdot 2!}t^2 - \frac{11}{4^3 \cdot 3!}t^3 + \cdots + (-1)^n \frac{11}{4^n \cdot n!}t^n + \cdots$$

能力训练 9.4

1. 把下列函数展开成 x 的幂级数，并求收敛区间.

（1）$\ln(3+x)$　　　　　（2）$x\ln(x+1)$　　　　　（3）$\dfrac{1}{1+x^2}$

（4）$\sin\left(\dfrac{\pi}{4}+x\right)$（提示：先利用 $\sin(\alpha+\beta)$ 公式）

（5）3^x（提示：$3^x = e^{x\ln 3}$）

2. 把下列函数展开成 $x-1$ 的幂级数.

（1）$\dfrac{1}{x}$　　　　　（2）$\dfrac{1}{x+3}$

（3）$\dfrac{1}{x^2-3x+2}$（提示：将此函数拆成两项之和）

【数学实训九】
利用 MATLAB 求和函数与泰勒级数的应用

【实训目的】

1. 学会用 MATLAB 计算级数之和.

2. 将一个函数展开成泰勒级数.

实训 1　利用 MATLAB 求和函数

【学习命令】

求无穷级数的和需要用到符号表达式求和函数 symsum（），其调用格式为
$$\text{symsum}(s,\ v,\ n,\ m)$$

【说明】

s 表示一个级数的通项，是一个符号表达式.

v 是求和变量，v 省略时使用系统的默认变量.

n 和 m 是求和变量 v 的初值和末值.

【实训内容】

例 31　求级数 $s = 1+4+9+\cdots+n^2+\cdots$ 前 100 项之和.

操作　在命令窗口输入：

```
>> syms n
>>s=symsum(n∧2, n, 1, 100)
```

按回车键，显示结果为

```
s =
338350
```

例 32　求级数 $s = 1+\dfrac{1}{2^2}+\dfrac{1}{3^2}+\dfrac{1}{4^2}+\cdots+\dfrac{1}{n^2}+\cdots$ 之和.

操作 在命令窗口输入:

```
>> syms n
>>s=symsum(1/n∧2, n, 1, inf)
```

按回车键，输出结果为

```
s =
pi∧2/6
```

【注】在符号计算中，因为小数都表示为有理分数的形式，随着计算次数的增加，容易导致分子或分母出现极大整数从而无法计算的情况.

实训2 函数展开成泰勒级数

【学习命令】

在 MATLAB 中 taylor 函数可以返回某个函数的泰勒（Taylor）级数展开式. 使用 taylor 求函数 f 前 m 项的泰勒级数展开式的语法是:

$$taylor(f, v, a, order, Value)$$

说明:

（1）该函数将函数 f 按变量 v 在 a 点展开为泰勒级数.

（2）v 的默认值为 x，a 的默认值是 0.

（3）order 和 Value 为选项设置，经常成对使用，前者为选项名，后者为该选项的值. 未设置时，截断参数为 6，即展开式的最高阶为 5.

【实训内容】

例 33 求函数 $f(x) = \dfrac{1+x+x^2}{1-x+x^2}$ 在 $x = 1$ 处的 5 阶泰勒级数展开式.

操作 在命令窗口输入:

```
>> syms x;
>>f=(1+x+x∧2)/(1-x+x∧2);
>>F=taylor(f, x, 1)          % 省略了 order 和 Value 则展开式的最高阶为 5
```

按回车键，输出结果为

```
F =
2*(x - 1)∧3 - 2*(x - 1)∧2 - 2*(x - 1)∧5 + 3
```

例 34 求函数 $f = (x+1)^2 \sin x$ 在 $x = 0$ 处的 8 阶泰勒级数展开式.

操作 在命令窗口输入:

```
>>syms x;
>>f=(x+1)∧2*sin(x);
>> F=taylor(f, 'order', 8)     % 变量默认为 x，展开点默认为 0，所以
                                 这两项可以省略
```

按回车键，输出结果为

```
F =
(41*x∧7)/5040 + x∧6/60 - (19*x∧5)/120 - x∧4/3 + (5*x∧3)
/6 + 2*x∧2 + x
```

【实训作业】

1. 判别级数 $\sum\limits_{n=1}^{\infty}\ln\left(1+\dfrac{1}{n}\right)$ 的敛散性.

2. 把函数 $f(x)=\arcsin x$ 展开成 x 的 5 阶幂级数.

3. 求函数 $f(x)=\dfrac{1}{x^2-3x+2}$ 在 $x=0$ 处的 8 阶泰勒级数展开式.

【知识延展】

数学与艺术的交互融合

数学与艺术这两个人类文化的重要力量，有过三次结合紧密的时期，第一次是在以毕达哥拉斯学派为代表的古希腊时期，第二次是在以达·芬奇为代表的欧洲文艺复兴时期，第三次是在当代.

古希腊时期，人们崇尚理性、美和生命，而数学在普遍意义上表示秩序、结构、条理、和谐与完美，这恰好满足了古希腊人的追求. 毕达哥拉斯学派首先将数学与美、艺术结合在一起，他们提出了最高的美学理想：数的和谐. 于是古希腊有了优美的文学、理性的哲学、理想的建筑和雕刻，古希腊具有了现代社会的一切胚胎.

欧洲文艺复兴使人们恢复了对古代知识与思想的兴趣，艺术家们最先恢复了对自然界的兴趣，他们期望在画布上忠实地再现自然，这就面临了一个数学问题：如何将三维世界绘制到二维平面的问题，为此，艺术家们自觉地运用和研究数学. 这一时期的名作《最后的晚餐》《雅典学院》就是成功运用数学透视理论的杰作，而且数学透视理论还导致了射影几何学的产生.

在当代，随着数学向社会各个领域的全面渗透，数学与艺术又开始了第三次的交互融合，这是应用和思维的全面结合. 数学思维高度的抽象性和概括性，为抽象艺术的产生提供了思想熏陶和可能性准备. 于是，有了现代绘画之父塞尚对艺术"真实"的界定；有了抒情抽象的鼻祖康定斯基在作品《构成第九号》中建立的数学模式色彩基础；有了先锋电影艺术家维京·埃格琳的《对角线交响乐》《平行线交响乐》《地平线交响乐》等抽象电影. 此外，数学的数理逻辑模式化思维，还引发音乐家们创作了诸如《时值和力度的模式》《变的音乐》的序列音乐、机遇音乐、概念音乐等现代音乐.

参 考 文 献

[1] 石业娇. 高等数学 [M]. 北京：清华大学出版社，2022.

[2] 王小妮，李芳玲，马玉. 应用高等数学（经济类）[M]. 北京：北京理工大学出版社，2022.

[3] 徐华锋. 高等数学 [M]. 北京：清华大学出版社，2021.

[4] 刘兰明，张莉，杨建法. 新编高等应用数学基础 [M]. 北京：电子工业出版社，2020.

[5] 张弢，殷俊锋. 高等数学（微课版）[M]. 北京：人民邮电出版社，2020.

[6] 胡秀平，魏俊领，齐晓东. 高职应用数学 [M]. 上海：上海交通大学出版社，2017.

[7] 王桂云. 应用高等数学习题册 [M]. 杭州：浙江大学出版社，2015.

[8] 同济大学数学系编. 高等数学 [M]. 7 版. 北京：高等教育出版社，2014.

[9] 谢季坚，李启文. 大学数学（微积分及其在生命科学、经济管理中应用）[M]. 北京：高等教育出版社，1999.

[10] 黄泰安. 数学哲学与数学文化 [M]. 西安：陕西师范大学出版社，1999.

[11] 李心灿. 高职应用数学 205 例 [M]. 北京：高等教育出版社，1997.

[12] 张国楚，徐本顺. 文科高等数学教程（上册）[M]. 北京：教育科学出版社，1993.